JN015300

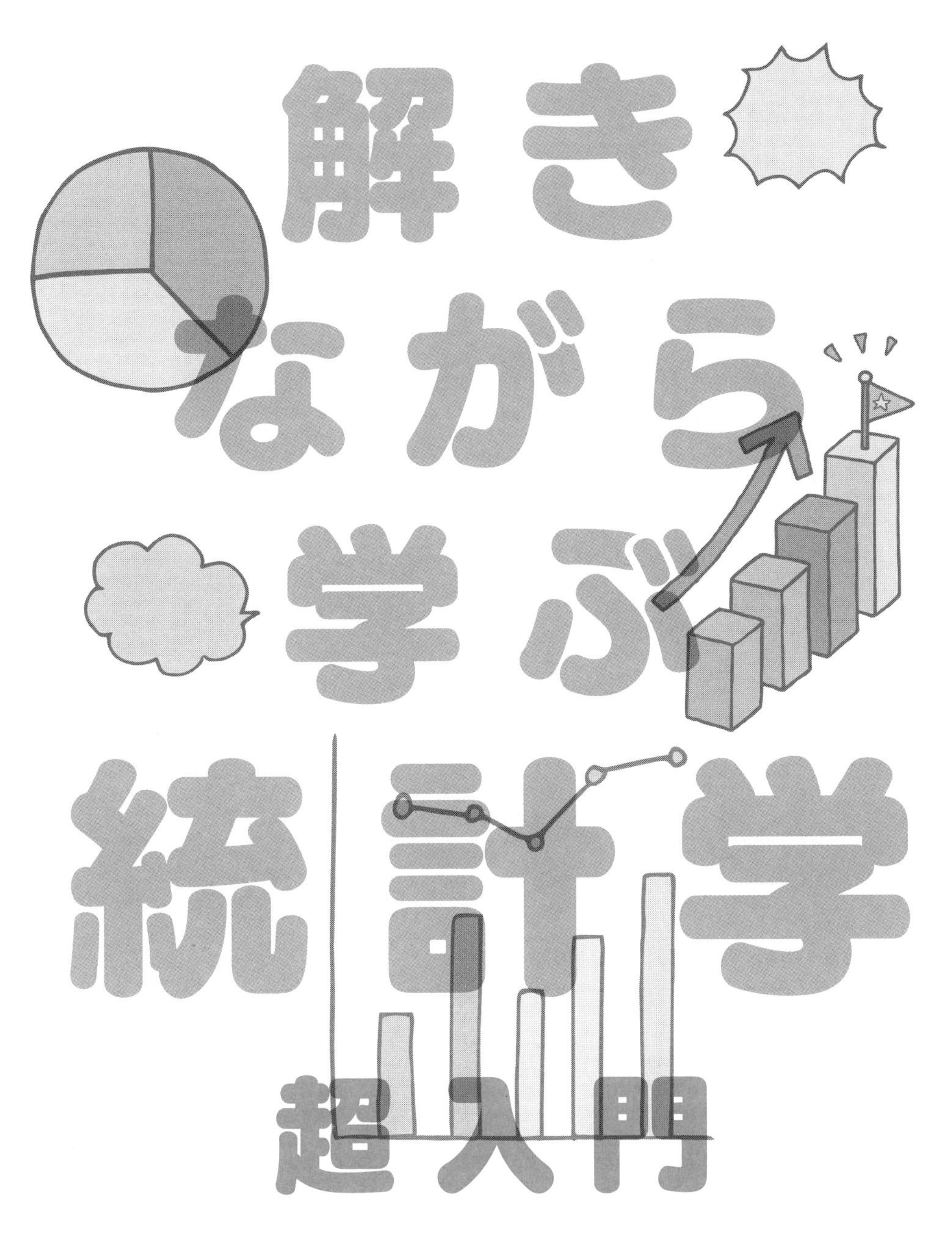

1 2 3 4 5 %
6 7 8 9 0 !?
+ − × ÷

大川内隆朗

技術評論社

ご注意：ご購入・ご利用の前に必ずお読みください

はじめに

本書は、これから統計学をはじめて学ぼうとする初学者向けに執筆した入門書になります。著者自身、大学で統計学の授業を受けたときに、知らない言葉がたくさん出てきたり、また難しい数式だらけの授業だったりで、非常に苦労したことが今でも記憶に残っています。そのときに困っていた自分は、ゼロから丁寧に教えてくれて、数式や証明は見たくないけど、うわべだけなく内容としてもしっかりした参考書を探しましたが、当時は今のような統計ブームでもなく、そのような都合の良い本はなく専門書のような書籍ばかりでした。この著者自身の実体験を糧に、本書ではゼロから1つ1つの用語を丁寧に説明することと、中学生くらいでも十分に理解できるような計算式を中心に解説を組み立てることを意識しました。

統計学やデータ処理は、概念や考え方を理解することがとても重要であると同時に、その知識をベースに実際の分析はコンピュータで行う時代となっています。そこで本書では、全11章の本文については、教科書として授業中に利用したり、電車の中で本書のみで読み進めていくこともできたり、様々な学習スタイルに適用できるような内容を心掛けて書きました。練習問題についても、手を動かして解くことで学習が捗ると思いますが、自分で解かずに解答と解説を読むだけでも理解が深まるような作りとしました。

またコンピュータによる統計処理は、多くの人が扱いに慣れているであろうMicrosoft OfficeのExcelを利用して、本書の本文で書いてあることを実際にパソコンで実践できるように操作手順を紹介しています。こちらにつきましては、必要な方のみが参照できるよう、あえて本文とは分けて、後半に付録してまとめました。

本書の内容やレベルの設定としては、初学者が統計検定3級程度の内容を理解できるようなものを想定すると同時に、現代はコンピュータでデータ処理を行う時代ですので、そこで必要となるICT分野での最低限の関連用語も、数は多くないですが必要に応じて取り上げています。

本書が読者の方にとって、統計学の勉強に関する最初の一歩を踏み出すための助けとなることができるよう心より願っております。

目次

第8章 分散

第9章 標準化

第10章 相関

第11章 時系列データ

付 録　Excelを利用した実践

● 本書の読み進め方

本書は統計学の基本的な知識を解説していくとともに、Microsoft Excelを利用して計算や集計を行ったり、グラフを作成したりする方法を紹介します。解説につきましては本文を先頭から読み進めていくことで知識を習得していけるような記載になっています。また本文中には「Excelでやってみよう」のコーナーがあります。

● 本書で扱うデータについて

本書では具体的なデータを用いて解説や計算方法の紹介を行っていきますが、特に参照元などの断り書きがある場合を除き、その多くはダミーデータ（架空のデータ）となります。現実のデータを利用することで学びにつながることも多々ありますが，現実のデータは数が多く、実際に手を動かして確認するうえではやや情報過多だと判断し、比較的計算に都合の良い値と量で構成されたダミーデータを中心に説明を行っていくことをご了承ください。

● Excelを利用した実践について

Excelでやってみよう

こちらは巻末の付録を参照してもらうことにより、当該箇所で説明している内容について、同じデータを用いてExcelではどのように処理を行えば良いのか、操作手順を1つ1つ確認することができます。知識のみでなく、具体的なスキルも同時に習得したい場合は，本書の巻末付録もご活用ください。

● サンプルデータについて

本書で解説用に利用するサンプルデータについては、以下の技術評論社Webページからダウンロードすることができます。サンプルデータについては著者・編集者で確認を行っておりますが、データ利用を通して生じた損害・障害につきましては責任を負いませんのであらかじめご了承ください。

サンプルデータの著作権は、著者および技術評論社が所有します。許可なく配布・販売・転載を行うことは固く禁止します。

https://gihyo.jp/book/2022/978-4-297-13018-3/support

CHAPTER 1

第1章

母集団と標本

1.1 統計学とは

本書の冒頭で、統計学とはどのような学問か、何のために統計学の知識が必要なのか、といったことを説明します。統計学をひと言で表すと、一部を調査することによって全体を予測するための学問です。

具体的な例で考えていきましょう。たとえば、日本国民の平均身長を知りたいとします。このとき、日本国民全員の身長を1人残らず測ることによって、平均身長の真の正解値がわかります。

しかし、そのような方法は現実的でなく、実際にこの調査を行うとしたら、自分の調査できる範囲で協力者を集めて身長を測っていくことになるでしょう。

そのとき集められるデータ数としては、努力次第では5,000名分の身長データが手に入ることもあるかもしれませんし、300名程度のデータしか集められないかもしれません。仮に300名分の身長データしか集められなかったとしたら、その300名のデータをもとにして日本国民の平均身長を予測するわけです。

このように実際の調査では、ほしいデータがすべて手に入ることはほとんどなく、多くの場合、しかたなくその一部を調査することになります。

したがって、大半の調査では、自分が「本当に知りたいこと」と「現実的に調査可能なデータ」の2種類のデータが存在することになります。先ほどの例の場合、本当に知りたいことは日本人全体（2017年現在：約1億2650万人）を調査したデータであり、実際に把握できることは集めた300名分のデータ、ということになります。

この「実際に把握できること」から「本当に知りたいこと」を予測することが、統計学の役割なのです。

図1.1 統計学の役割

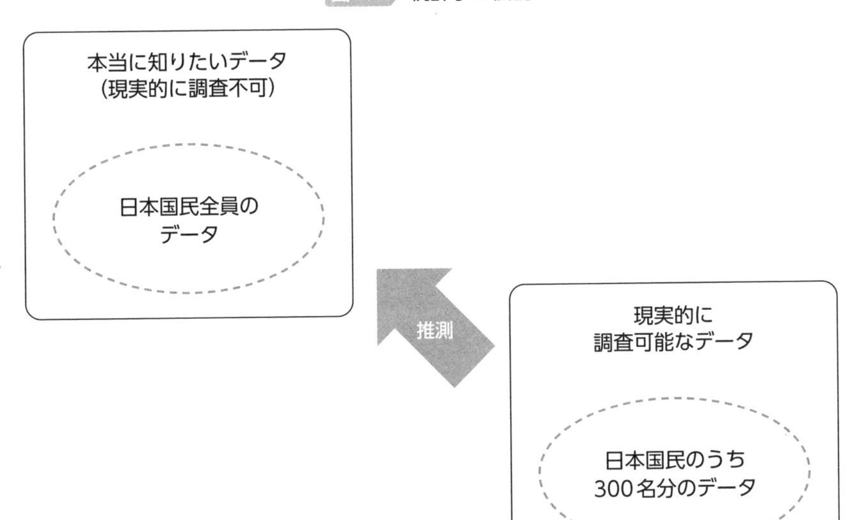

そしてこの点が、統計学と数学の学問としての大きな差でもあります。日本国民の身長データを1人残らずすべて集めるということは現実的ではなく、言葉を換えれば、真の正解値は最後まで不明なままです。実際に集めた300名のデータから平均身長を求めたところで、実際には見えない真の正解値に対して、大なり小なりの誤差が生じることは想像できます。

このように統計学では、真の正解値は最後まで不明であることがほとんどです。また調査結果から得られる値には誤差が生じることを伝える側も受け取る側もお互いに理解し、その曖昧さやリスクを受け入れることが前提の学問となります。

「統計学は数学の仲間」という意識を持っている方も多いかもしれませんが、この前提を始めにしっかりと認識しておくと統計学の話に入っていきやすくなると思います。平たく言えば「100%正確ではなくても、ある程度役に立つ情報が入手できればよい」という発想です。もちろん、少しでもその誤差や曖昧さを軽減するために意識しなくてはならない点がいくつもあり、そのような内容についても本書の中で紹介していきます。

1.2 母集団

前節でも述べたように、統計学ではまず、調査のために「本当に知りたいこと」を明確にする必要があります。さらには、それを知るためにはどのようなデータを集めなくてはならないのかを適切に設定しなくてはなりません。

日本人の正確な平均身長を知るためには、日本人1人残らずの全員分のデータが必要になります。ほかには、「国際結婚している夫婦の満足度」を正確に調べるためには、全世界で国際結婚をしている夫婦全員分のデータを集める必要がありますし、「エアコンの平均設定温度」を正確に調べるためには、全家庭のすべてのエアコンを調査する必要があります。

統計学では、本当に知りたいことの真の値（正解値）を知るために、調べなくてはならないデータ全体のことを**母集団**（ほしゅうだん）と呼び、調査を行ううえでは、まず母集団を定義することが最初の一歩となります。

表1.1 調査目的と母集団の例

調査の目的	母集団
国際結婚をしている夫婦の満足度	世界全体で国際結婚している全夫婦
日本国内に住む、国際結婚をしている夫婦の満足度	国際結婚をしていて、日本に住んでいる全夫婦
エアコンの設定温度の平均値	世界中の全家庭にあるすべてのエアコン
日本人の未成年の学習時間の調査	日本人の未成年全員

図1.2 調査目的と母集団の定義

【調査目的】
国際結婚の満足度を知りたい

母集団
『国際結婚をしている国内の全夫婦？』
or
『国際結婚をしている世界中の全夫婦？』

自分の調査目的と一致するのはどちらかで決める

練習問題 1.1

次の (1) ～ (3) の調査を行うための、母集団を定義してください。

(1) 日本の高校生の平均握力。

(2) 日本人が所有するスマートフォンにインストールされているアプリの数。

(3) 癌（がん）の新しい治療薬の効果性。

解答と解説 1.1

(1) は「日本の高校に通っている全生徒」になります。

(2) は「日本人が所有している全スマートフォン」ということになりますが、これは「現在も契約があり利用されているスマートフォン」のみになるでしょうか、それとも「もう契約もなく、使われてはいないが家にずっとあるスマートフォン」も含むのでしょうか。その答えは「調査の目的による」としかいえません。調査者の知りたいことが、契約中のスマートフォンのみであれば前者となりますし、使われていないスマートフォンも含むのであれば後者となります。

このように母集団の定義や範囲は、その目的、すなわち何を明らかにするために調査を行うのかによって変わってきます。

それでは (3) について考えてみましょう。母集団を「現在の全癌患者」とした場合、これから癌にかかってしまう患者には効かないかもしれず、そのありがたみが減ってしまいます。したがって、本来の目的からすると、母集団は「現在の全癌患者に加え、未来の全癌患者」ということになるかと思います。しかし、未来の癌患者に対して治療薬の効果性を調査することは不可能であり、現実問題として、しかたなく「現在の癌患者たち」を対象として調査することになります。このように、いくらお金や時間もあって、すべての人間が協力的であったとしても調査のできないこともありますが、母集団の定義自体は本来の目的に沿って設定した方が良いです。

1.3 標本

　母集団とは、本当に知りたいことを正確に調査するための対象全体のことを指しますが、それに対し、実際に調査する対象のことを**標本**（**サンプル**）と呼びます。日本国民の平均身長を知りたくて、国民のうち300名の身長を計測した場合、母集団は「日本国民全体」、標本は「実際に調査された300名」ということになります。また、母集団から標本を選び出す作業のことを**標本抽出**（**サンプリング**）と呼びます。

図1.3 標本抽出

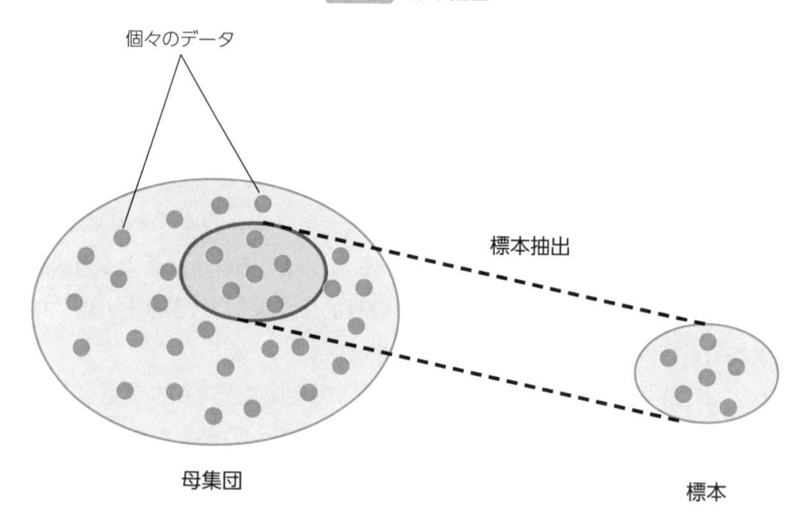

　ここまでに出てきた用語を含めて、統計学の役割をおさらいしておきます。たとえば、日本国民の平均身長を調査したい場合、次のような流れとなります。

表1.2 一般的な調査の流れ

順序	調査の内容	具体例	結果
1	母集団を定義する	「日本人の平均身長を知りたい」	「日本国民全員」が母集団である
2	母集団から標本を選び、データを取る（標本抽出）	「現実的に300名なら調査できる」	300名の身長を計測する
3	標本を分析する	（分析例）300名の身長の平均を求める	標本の平均は160cmであった
4	標本のデータから、母集団のデータを推測する	（推測例）日本国民の平均身長を推測する	母集団の平均も160cm程度なのでは??

図1.4 一般的な調査の流れ

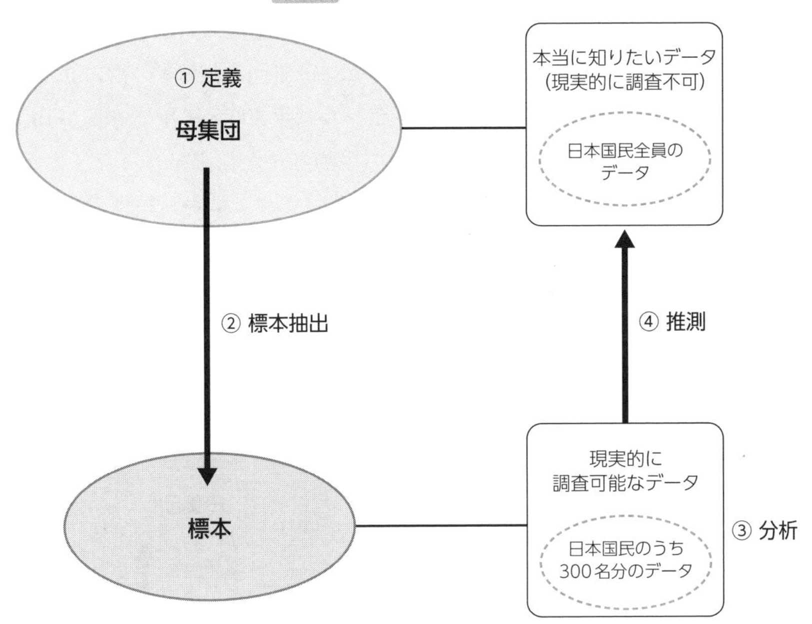

図1.4の②、③、④の具体的な手法については、本書の中で少しずつ解説していきますので、現時点では全体的な流れを把握できれば問題ありません。

また調査によっては、標本抽出をせずとも母集団全体の調査を行うことのできる場合もあるかもしれません。そのように母集団をすべて調査することを**母集団調査**（**全件調査**）、母集団の中から標本を抽出して行う調査のことを**標本調査**と呼びます。

1.4 標本抽出

本節では、「標本抽出」について、すなわち母集団から標本を選ぶ方法について学習します。

日本国民の平均身長の調査において、国民全体の300名程度を調査しようと決めた際に、その300名を自由に選んで良いわけではありません。もしバスケットボール選手300名を選んだら、その平均身長は非常に高いものになってしまいます。最も大きな問題点は、その値では「母集団の推測」の役に立たなくなってしまうことです。仮にバスケットボール選手300名の平均身長が192cmであったとして、そこから日本国民全員の平均身長が推測できるでしょうか。192cmより大分低い値になりそうなことは推測できますが、精度の高い推測は困難になってしまいます。これでは「日本国民全体の平均身長を知りたい」という目的を果たせていないわけです。標本抽出においては、このような**偏り**（**バイアス**）のある標本の選び方は避けるべきです。

図1.5 標本の偏りと母集団の推測

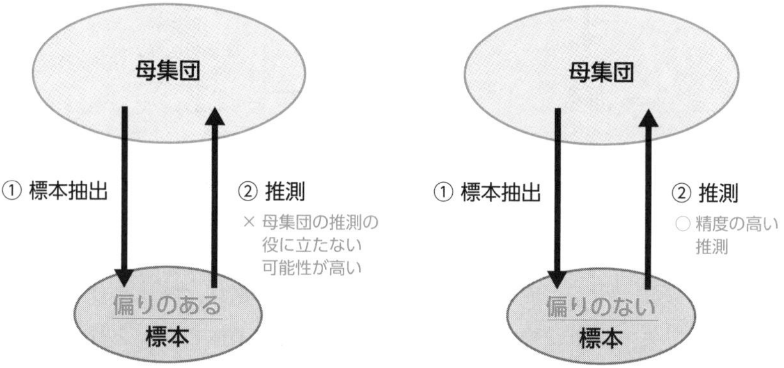

先ほどのものは極端な例であり、そのようないい加減な標本抽出をするわけないと考える方もいるかもしれませんが、あまり深く考えずに標本抽出を行う

と、意外と偏りのある調査を行ってしまうこともあります。たとえば、自分が日本国民の中から300名分の身長を計測しなくてはならなくなったとします。あまり労力をかけずに簡単に集めようとすると、まずは知り合いを次々とあたっていきたくなりませんか。そのようなデータの集め方を行うと、自分と同じ性別のデータばかり集めてしまう可能性があります。たとえば、日本人の性別は、男性:女性が61:65程度の比率となっている（※2017年度国勢調査）ので、その比率から離れたデータの集め方を行うと、その標本の平均身長は、母集団の平均身長とは離れた値になってしまうでしょう。

では、どのように標本を抽出すれば良いかというと、その方法は大きく2つに分かれます。

1つ目は**有意抽出法**と呼ばれる方法です。これは母集団の持つ、**特性**の比率に着目し、調査者が意図や意思を持って標本抽出を行う手法です。

前述のように、日本国民全体の平均身長について標本調査を行うためには、標本の男女比と母集団の男女比が近くなるように、標本を抽出する必要があります。また年齢によっても身長が変わってくることが予想できます。したがって、子どもばかり集めても、お年寄りばかり集めてもダメで、年齢についても母集団と同等といえるような比率でばらけた300名を集める必要があります。

あるいは職業によっても身長が変わってくるかもしれません。スポーツ選手ばかり集めてしまうと、やはり標本の平均身長が高くなってしまいそうです。職業についても、母集団の比率を意識した集め方をした方が良いでしょう。

このように母集団には、調査結果に影響しそうな特性がたくさんあります。そして母集団の各特性やその比率を意識しながらデータを取得する対象を絞っていく手法が有意抽出法になります。

しかし、有意抽出法にはデメリットもあり、母集団調査と比較した際に、標本調査による誤差が大きめに出てしまうこともあります。その理由として、身長に影響を及ぼしそうな特性が、まだほかにもあるためです。住んでいる地域、摂取している栄養のバランスなど、性別や年齢ほど結果（身長）への影響が大きなものでなくても、少し小さめの影響まで考慮するといくらでもあります。それらすべての特性の比率を考慮しながら300名分の標本のデータを集めることはほぼ不可能でしょう。

図1.6 有意抽出法の難しさ

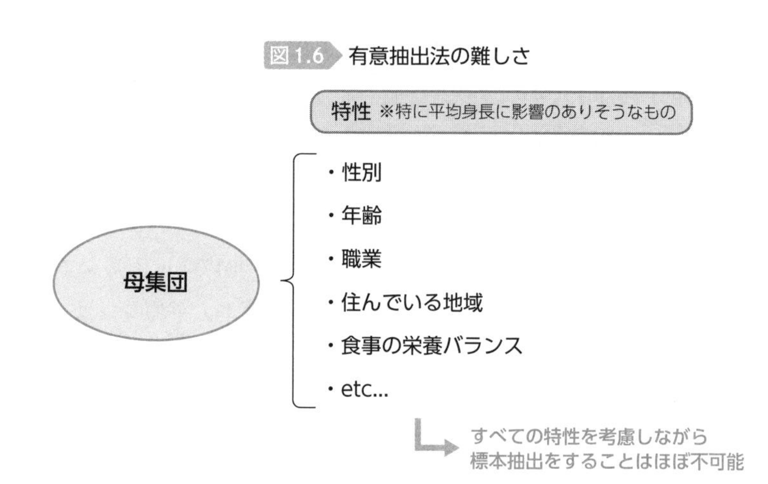

この問題点を考慮した抽出方法が、もう1つの**無作為抽出法**（**ランダムサンプリング**）と呼ばれる手法になります。無作為抽出法とは、母集団から標本抽出を行う際に、まったくの**無作為**（**ランダム**）に標本を選ぶ方法です。ランダムというのは、母集団から標本抽出を行う際に、個々のデータが標本として選ばれる確率がすべて等しい、という状態です。もう少し簡潔な言い方をすると、くじ引きを引いたりサイコロを振ったりするように、人間が極力関与しない確率に任せるという方法です。

確率に任せてしまって本当に問題ないのか心配になる方もいるかもしれませんが、無作為抽出法は、ビジネスや学問の世界でも幅広く利用されている信頼性の高い標本抽出方法になります。まずは理論的な背景を簡潔に説明するために、例としてコインの表裏で考えてみましょう。適当に投げた場合、それぞれの面が出る確率は$\frac{1}{2}$です。では、コインを100回投げたら、それぞれの面が何回程度出るでしょうか。きれいに50回ずつ出ることもあれば、そうはならないことも多いでしょう。しかし、それぞれの面の出る回数が50回に近い値になることは期待できます。同様にサイコロの例で考えてみましょう。サイコロではいずれの目が出る確率も$\frac{1}{6}$です。したがって、600回も振れば、各目の出る数は100回程度になるはずです。

実際にコインを100回も投げてみるとわかりますが、表70回、裏30回ほど偏ることはほとんどなく、多くの場合は50±10回程度の差に収まるはずです。

ポイントとしては、ある程度多くのデータを集めると偏る確率も低くなるということです。コインを10回投げたときは、表と裏が7：3で出ることもあるかもしれません。しかし、100回投げて70：30になることはほとんどありません。なぜなら、10回投げて表と裏が7：3で出るペースを、さらにその10倍の回数を繰り返さないといけないからです。元々の確率や比率に沿わないことをずっと繰り返していくことは、回数が増えるほど不可能に近くなっていきます。言い換えると、データ数が増えるほど、元々の確率や比率に近くなることが期待できます。

では、前述の、国民調査の例で無作為抽出法を考えてみましょう。前述のように国民の男女比は大体61：65です。したがって、完全にランダムで、ある程度のデータ数を集めると、たとえば、1000人も集めればやはりその男女比は61：65（約484人：516人）に近くなるはずです。血液型についても日本人はA：B：O：ABが4：2：3：1程度なのですが、無作為に1000名集めた血液型の比も400：200：300：100に近くなるはずです。このように、いずれかの特性に着目して集めなくても、無作為にくじを引くように標本抽出できれば、確率的にすべての特性が母集団の比率に近くなることが期待でき、精度の高い標本調査を行うことにつながります。

図1.7 無作為抽出法による母集団と標本の特性の比

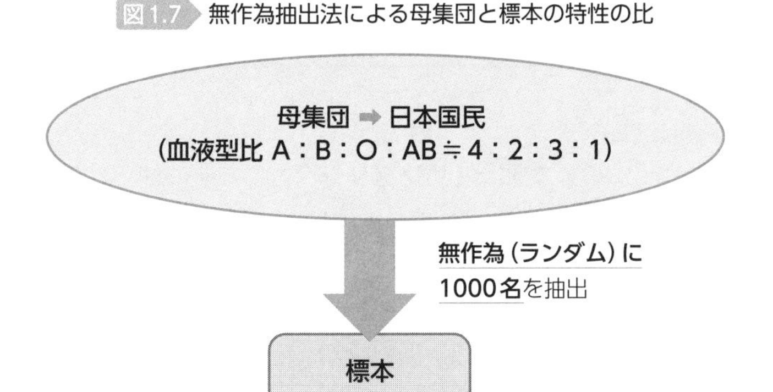

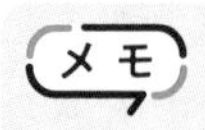

厳密には、国民調査とコインの確率の話は少し異なります。国民調査の場合、母集団は約1億2650万と大きい数ではあるものの有限です。一方、コインやサイコロの場合は、試行回数に上限はなく、無限に振り続けることができます。しかし、無作為抽出によってなぜ特性の比率の問題が解決できるのかという、確率的な考え方の基の部分には共通しているものがあります。

以上のように無作為抽出とは、標本抽出をする際に選ばれやすいデータや選ばれにくいデータがあってはいけないということであり、発想や考え方としては単純なのですが、実際の調査においては無作為に選ぶこと自体が非常に難しいのです。たとえば、新宿区在住のAさんが、あることについて国民全体の意識調査を行いたいとします。その際に、新宿駅に出て、街頭でアンケートをお願いしてはいけないということです。それは、標本のデータを集める際に、新宿駅を利用する人たちは関東圏に住む人たちが多いことが予想でき、「関東圏に住む人」と「関東以外に住む人」たちで標本に入る確率が変わってくるためです。したがって、アンケートの結果が、関東圏に住む人の趣向に近くなってしまい、それが母集団（関東圏外も含めた日本国民全体）の趣向と一致するとは限りません。無作為に抽出するためには、日本国内のどこに住んでいようが、どのような性別／年齢であっても、どのような生活を行っていても、同じ確率で標本として選ばれるような方法を用いる必要があります。

練習問題 1.2

次の(1)～(2)の標本抽出（サンプリング）の方法では、どのような偏り（バイアス）を生む可能性があるか指摘してください。

(1) あるお医者さんが、この1年間で風邪を引いた人の年齢を調査しようと考えました。まずは1年間分のデータで検証してみようと考え、この1年間で自分の病院で風邪と診断した患者が何歳であるかのデータをもとに標本調査を行いました。

(2) A大学では、A大学の学生が1日に何分程度インターネットを利用しているか調査を行いたいと考えました。そこでA大学のホームページの目立つ箇所にリンクを張り、WEBから回答できる形式でアンケート調査を行いました。

解答と解説 1.2

(1) 直近1年間のデータで検証をするつもりということなので、さしあたって1年分のデータで見ていくこと自体は特に問題ありません。問題点としてはまず地域です。この地域が、全国的に見て高齢化が進んでいる地域であれば、風邪を引いた患者の年齢も平均的に高くなってしまう可能性があります。では、母集団を「この地域」という条件に設定すれば標本に偏りはないかというと、そうでもありません。「風邪を引いた患者」という調査設定に対して、「病院に来た患者」を調査している点がやや気になります。たとえば、働き盛りの若い世代は、多少の風邪では仕事を休まず病院にも行かない可能性があります。そうすると、標本に偏りがないとは言い切れません。

(2) この調査においては、大学のホームページにリンクを張っているので、「少なくとも大学のホームページを見にくることがある」程度にはインターネットを利用している人たちのみが標本に入ることになります。したがって、インターネットをほぼ使わないような人たちが標本から外れることになります。結果としては、インターネットの平均使用時間が、母集団よりも長い時間になってしまうかもしれません。

以上のように、100%完璧な無作為抽出は非常に難しいです。現実的には、偏りを注意しながら、できる限り調査結果（母集団の推測）への影響が少なくなるような標本を集めるように努力・工夫することになります。また、練習問題の解説も含めて注意しておきたいことは、「偏りがあると調査が絶対に上手くいかない」ということではありません。偏りがあっても、調査結果に影響のない偏りであれば問題ないことも多いです。あるいは、多少のリスクを覚悟で偏りを受け入れることもあります。たとえば、新しく開発した子ども用の鉛筆が、従来のものより書きやすいかを検証する際に、わざわざ全国の子どもを集める必要性は少ないでしょう。鉛筆の持ちやすさに地域特性の影響は少なく、東京の子どもが書きやすいと評価すれば、全国の子どももおそらく同じように書きやすいことは想像できます。したがって、東京に住む子どもたちの中だけで無作為抽出を行うことも考えられます。

図1.8 調査目的と特性の影響

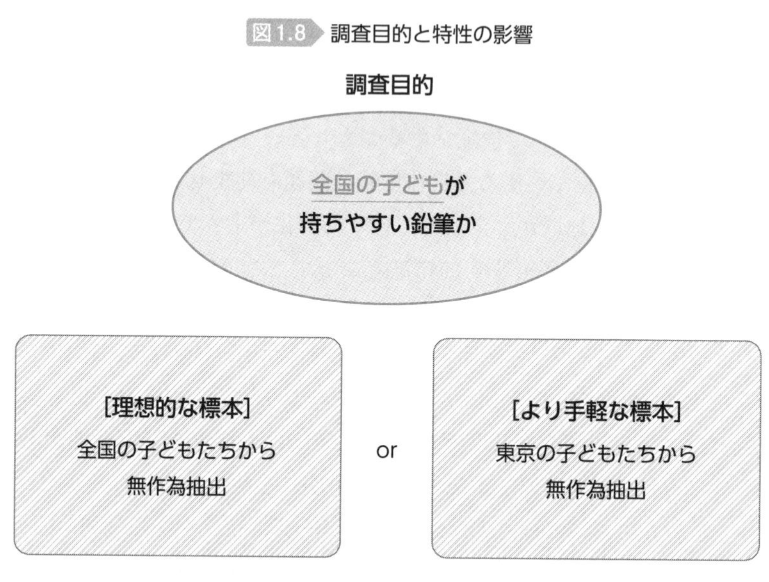

ただしこの場合、仮に東京の子どもたちの中から無作為に標本を抽出したとしても、それ以前に子どもたち全体の中から「母集団の代表」として、東京の子どもたちを意図的に選んだ時点で有意抽出といえます。

有意抽出を含む調査を行う際には、自分が影響ない偏りだと考えても、実際には影響がある場合もあり、自分の中での常識や先入観を信じすぎるのは禁物です。

本章の最後に、統計学の役割と前提をおさらいしておくと、統計学は本当に知りたい情報（母集団を調査できた場合の値）を推測するための学問ということになります。ただし標本調査である以上、誤差のまったくない調査は不可能です。調査や分析を行い、本来の目的に対し役に立つ値を得ることができれば成功ですし、そうでなければ失敗となります。どの程度の誤差まで許容できるかということも、目的によって変わってきます。

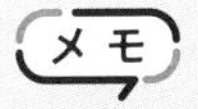

国勢調査は**総務省統計局**が実施している「日本に居住している全ての人及び世帯」を対象とした統計調査（全件調査）です。国勢調査では、世帯の氏名や性別、婚姻の状況、住居に関する情報、職業に関する業種などをアンケートで答えて提出します。

5年に1度実施されます。西暦が5で割り切れる年に実施されると覚えておくと良いでしょう。また西暦の末尾が「0」の年は大規模調査、西暦の末尾が「5」の年には簡易調査となっていて、大規模調査の方が質問の項目が少しだけ多いです。

コラム

ショッピングサイトのレビューやレーティング（星付け）で、高評価と低評価に二極化している商品を見かけることがあります。「わかる人にはわかるし、わからない人にはわからない商品」という印象を持つ人も多いでしょうが、本当にそうでしょうか。そもそもレビューをあまり書かない人もいるでしょうが、自分がもしレビューを書くとしたらどのようなときでしょうか。「大変満足したとき」か、あるいは逆に「不満があり文句を言いたいとき」という方も多いと思います。たとえば、普段はあまり関心のない歌手の楽曲を偶然聴いた際に「初めて聴いたけど満足でも不満足でもなく普通でした」と中間程度の評価でレビューしたり、わざわざそれをブログの記事として書いたりする人は少ないのではないでしょうか。国の政策への意見なども同様に、強く賛成する人と反対する人の意見が目立ち、二極化しているように見えることもあります。結果として、特にどちら寄りでもない、声なき中間層のレビューやブログを見ることは少なくなり、二極化したように見えてしまう商品や政策が多々あります。

本章で学んだ内容を踏まえると、自然な状態に任せて意見を集めたりすると、一見誰もが意見を述べることができる環境で公平なように見えますが、母集団に対して、中間層の意見が少ない偏った標本となってしまっているわけです。自然に任せる＝無作為ということにはならないこともある、ということをしっかり押さえておきましょう。

CHAPTER 2

第 2 章

データの収集

2.1 データの記録

第1章では、統計学の役割と、母集団と標本、そして抽出法について学習しました。本章では、データを収集する際に気を付けなくてはならない点と、記録の方法を中心に学習していきます。

多くの分野において、データは**表**形式で保存されることが多いです。まず、小学校のあるクラスにおける国語と算数の点数を記録した、下記の2種類のデータの記録方法を見比べてみましょう。

表2.1 記録形式A

出席番号	名前	国語の点数	算数の点数
1	相原 太郎	80	75
2	石川 春子	90	90
3	江川 次郎	50	55
4	岡田 夏美	60	40

表2.2 記録形式B

出席番号	1	2	3	4
名前	相原 太郎	石川 春子	江川 次郎	岡田 夏美
国語の点数	80	90	50	60
算数の点数	75	90	55	40

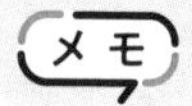

表は、英語では**テーブル**（**Table**）と呼び、この呼び方を利用する人もいます。

表2.1と表2.2の2つの記録形式では、どちらが良いでしょうか。よく見てみると、縦と横が逆であるのみで、記録形式AもBもまったく同じデータ（情報）を表していますが、特別な事情のない限り、Excelなどで記録する際には表2.1の形式を用いるようにしましょう。理由としては、コンピューターでデータを集計したり分析したりする際には、多くのソフトウェアでは基本的に表

2.1の形式でデータが保存されている前提で設計されているためです。すなわち、多くのソフトウェアでは、縦に並んでいるデータは「名前」や「国語の点数」など、同じ種類のデータであると考えて処理します。たとえば、Excelで「国語の点数」の良い順番にデータを並べ替えたい場合、Bの形式の場合は複雑な作業を伴いますが、Aの形式で保存されているデータの場合は簡単なクリック操作のみで実現可能です。

ここでいくつかの用語を確認しておきましょう。まず、表の中では縦横の代わりに**行列**という言葉を利用し、横のことを**行**、縦のことを**列**と呼ぶことが多いです。そして、前述のように、列には同じ種類のデータを入力して記録し、特に列ごとのタイトルを**項目**と呼びます。図2.1のように「国語の点数」というのは項目の1つですし、「名前」も項目の1つです。また、行には1件1件の個別のデータを記録し、これを**レコード**と呼びます。この言葉を利用すると、表2.1は4件（個）のレコードを持つデータとなります。

図2.1 項目とレコード

項目 ↓

出席番号	名前	国語の点数	算数の点数
1	相原 太郎	80	75
2	石川 春子	90	90
3	江川 次郎	50	55
4	岡田 夏美	60	40

レコード →

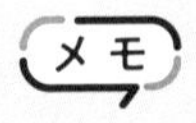

表の周りの用語については、英語も一通り確認しておきましょう。

- 行列 ……… マトリクス（Matrix）
- 行 ………… ロウ（Row）
- 列 ………… カラム（Column）
- 項目 ……… アイテム（Item）

このあたりは日本語の書籍でも、上記のような英語あるいはカタカナ表記で書かれているものもあります。レコードについては、英語でもそのままRecordとなります。

また列のタイトルを指す項目については、**属性**、**鍵**、**見出し**など書籍や人によってさまざまな呼ばれ方をされており、英語でも同様に**アトリビュート**（**Attribute**）、**キー**（**Key**）、**ヘッダ**（**Header**）、**フィールド**（**Field**）などの表記を行うこともあります。

Excelでやってみよう

Excelを利用して、表2.2形式で記録されているデータの縦横の向きを変換したり（283ページ）、表2.1のデータをテストの点数順に並べ替えたりする（284ページ）操作を行ってみましょう。

練習問題 2.1

小学校のあるクラスの血液型を調べた下記の表について、(1) および (2) の設問に答えてください。

表2.3 一部重複のあるデータ

名前	血液型
相原太郎	A
石川春子	AB
江川次郎	O
岡田夏美	B
岡田夏美	B

(1) 項目数はいくつですか。

(2) レコード数はいくつですか。

解答と解説 2.1

(1) は「名前」と「血液型」の2項目です。また5名分のデータが入っているので、(2) のレコード数は5件です。

ここで1つ気になるポイントがあります。「B型の岡田 夏美」さんというデータが2件あります。これは見た目上、まったく同じデータですので、一見すると間違いなのか、本当に2人いるのか区別できません。ここでは仮に、間違いではなく本当に2人いたとして、さらに「学校から家まで何分掛かるか」というデータを加えたとしましょう。

表2.4 一部重複のあるデータ

名前	血液型	家から学校まで（分）
相原太郎	A	10
石川春子	AB	15
江川次郎	O	15
岡田夏美	B	5
岡田夏美	B	10

2人の「岡田 夏美」さんは別人なので、登校に掛かる時間が異なっていることは不自然なことではありません。では、続けて、「身長」のデータを追加するとします。「岡田 夏美」さんはそれぞれ130cmと132cmでした。それぞれどちらの身長に書き加えるべきか、だんだんとわかりづらくなってきます。また修正する際も、「岡田 夏美さんが引っ越して、家から徒歩7分になった」という指示では不十分で、どちらの岡田さんかわかりません。

この問題のそもそもの原因は、項目の中に、データを完全に区別できるものがなかったことです。もしここに、小学校ではおなじみの、「出席番号」という項目があったらどうでしょうか。

表2.5 主キーのあるデータ

出席番号	名前	血液型	家から学校まで（分）
1	相原太郎	A	10
2	石川春子	AB	15
3	江川次郎	O	15
4	岡田夏美	B	5
5	岡田夏美	B	10

今度は2人の岡田 夏美さんが区別できるようになりました。ここでのポイントは、出席番号はほかと重複することがないことです。このように、ほかと重複することのない項目があると、個々のデータを確実に区別できるようになります。先ほどまでと違い、「出席番号4番のデータに、身長132cmを追加する」、「出席番号5番のデータの、家から学校までの時間を7分に修正する」といったように、出席番号のみで迷わず区別できます。

このように、各レコードを完全に区別するための項目を**主キー**（しゅ）と呼びます。すなわち、表2.5の表では「出席番号」が主キーです。データを記録する際には、必ず主キーをデータに含めるようにしましょう。匿名のアンケートでは、「回答者番号」や「被験者番号」として、「1, 2, 3, …」と連番で記録しておくだけで十分です。

主キーを設定するうえで注意すべき点は、自分が収集・記録するデータの中で、その項目が本当に主キーとなりうるかです。たとえば、「氏名」や「あだ名」などは、中々重複しないとは思いますが、主キーとしては適切なものではありません。

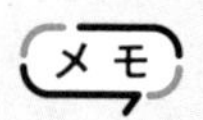

個別のデータを完全に区別することを「一意に区別する」とよく表現します。この言葉を用いると、主キーは各レコードを一意に区別するための項目といえます。また主キーは英語では**プライマリキー**（**Primary Key**）と呼びます。

練習問題 2.2

下記の表は、ある小学校に通う生徒のデータをまとめた表になります。主キーはどれでしょうか。

表2.6 主キーのあるデータ

学年	組	出席番号	名前	血液型
1	1	1	相原太郎	A
2	2	2	石川春子	AB
2	2	3	江川次郎	O
3	1	1	岡田夏美	B
4	1	2	岡田夏美	B

解答と解説 2.2

設問の表は、日本の小学校ではよく見るタイプのデータかと思います。1つの小学校には「学年」が同じ生徒はたくさんいますし、学年が異なれば「組」や「出席番号」が同じ生徒もたくさんいます。すなわち、いずれの項目も、単体ではレコードを一意に区別するほどの情報とはならず、主キーとはなりえません。しかし、「学年」と「組」と「出席番号」の3つが揃えば、主キーとなります。たとえば、4年1組の出席番号2番の生徒は1人しかいません。したがって、解答としては、学年、組、出席番号となります。本設問のように、複数の項目が合わさって主キーとなるものを特に**複合主キー**と呼びます。

2.2 尺度

データにはいろいろな種類があります。画像データ、音声データ、文字データなどが考えられますが、さまざまなデータの分析のほとんどは数値データの分析を基礎としたものです。本書では、統計学の基本となる数値データの扱いを中心に解説します。

まずはデータの**尺度**（しゃくど）について説明していきます。尺度というと少しイメージが湧かないかもしれませんが、「データの尺度＝数値データの種類」と考えてしまって問題ありません。数値に種類があるのかと思う方もいるかもしれませんが、統計学における数値データは4つの尺度に分類されます。下記のデータを見てみましょう。

尺度は英語で**スケール**（**Scale**）と呼びます。

表2.7 体育の授業での各種記録と成績

学生番号	性別	100m走のタイム（秒）	気温（℃）	体育の成績
1	男性	12.3	25.2	良
2	女性	13.9	25.4	優
3	女性	13.2	25.4	可
4	男性	16.7	25.2	不可

これはある体育の授業で100m走のタイムと、体育の成績について記録したものです。走ったときの気温は一般的には記録されないと思いますが、ここでは説明の都合上、データに入れておきます。データとしては特に不明な点はないかと思います。しかし、一部の文字データは、数値データに変換してしまってもデータの意味は変わりません。

表2.8 体育の授業での各種記録と成績（数値化済み）

学生番号	性別（男性＝1、女性＝2）	100m走のタイム（秒）	気温（℃）	体育の成績（優＝4、良＝3、可＝2、不可＝1）
1	1	12.3	25.2	3
2	2	13.9	25.4	4
3	2	13.2	25.4	2
4	1	16.7	25.2	1

表2.8は、表2.7の各値を数値データへと変換したものです。たとえば、性別については、男性を1、女性を2として数値に置き換えました。体育の成績についても同様に、不可～優の評価について、1～4の数値に変換しました。このように数値データへと変換しても、データの意味や、データから得られる情報量が、基本的には変わっていないことが確認できます。この表2.8の表をもとに、数値データの4つの分類を説明していきます。

名義尺度

1つ目のデータの種類は、**名義尺度**と呼ばれるもので、先ほどのデータでは「学生番号」と「性別」がそれにあたります。

どのようなデータかというと、各項目内で区別さえできれば問題ない種類のデータになります。

表2.8の性別においては、「男性」か「女性」かの区別さえ付けば良く、その具体的な数値に特に意味はありません。男性が1で女性が2となっていますが、逆に男性が2で女性が1でも良いし、男性が−1で女性が9999でも実質的には問題ありません。ほかの尺度との違いは、値に優劣がないことが挙げられます。男性が1で女性が2だとして、2が1よりも優れているわけではありません。

代表的な名義尺度の例としては「名前」、「血液型」、「出身地」などがあります。表2.8の性別は数値で番号が振られていますが、名義尺度については1, 2, 3, 4,…などの番号付けがされることなく、「A型」や「東京都」のように、文字データとして収集・記録されることも多いです。

図2.2 名義尺度

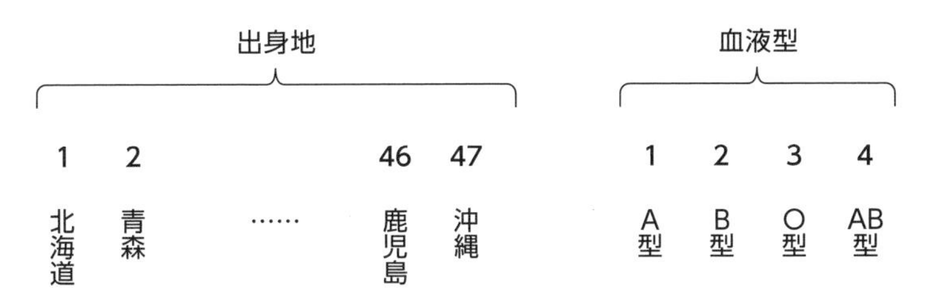

・番号が違うことで、区別ができれば良い
・番号の大小で、優劣があるわけではない

順序尺度

2つ目の尺度は、**順序尺度**と呼ばれるもので、区別できるのみでなく、数値の間で優劣があります。表2.8では「体育の成績」が順序尺度に該当します。成績として、「4（優）」が最も良く、「1（不可）」が最も悪いわけです。また、数値の優劣関係の順序は、逆でも構いません。すなわち、不可が4、可が3、良が2、優が1でも問題ありません。ただし、各数字の間で、優劣関係の順序が逆転してはいけません。たとえば、1が不可で、2が優で、3が可という番号付けでは、1から2は良くなっているのに対し、2から3では悪くなっていて、順序による優劣関係がバラバラになってしまうためです。

図2.3 順序尺度

・数値で区別ができることとに加え、優劣関係がわかる

順序尺度のもう1つの特徴は、数値の順序には意味があるものの、数値の大きさ自体には意味がないことです。たとえば、体育の成績について、優→良→可→不可を4, 3, 2, 1の順番で番号付けしたとしましょう。このとき、優(4)と良(3)の差は1であり、また良(3)と可(2)の差も1です。ともに1段階の差だとしても、同じくらいの差であるとは限りません。「優」と「可」をほとんど出さずに「良」の成績を中心的に付けるような先生の場合、可から良に上がることはそれほど難しくなく、良から優に上がるのはかなり難しくなります。すなわち、1段階の差の大きさや意味が、場所によって異なる可能性があるのが順序尺度の特徴です。

名義尺度と順序尺度の2つをまとめて、**質的変数**と呼びます。質的変数の特徴は、必ずしも数値である必要がないことです。血液型は名義尺度ですが、数値で記録しなくても「A・B・O・AB型」と表現しても問題なく、順序尺度についても、「優・良・可」や「1級・準1級・2級・準2級・3級・4級・5級」などの数値を使わない書き方で実質問題ありません。ただし、数値にしておくメリットはあります。たとえば、好きな飲み物を記録する際に「1（カフェオレ）」と番号付けしておけば、入力の手間が楽になりますし、その分だけミスも少なくなります。それを文字で記録すると「カフェオレ」と「カフェ・オ・レ」などの表記の違いで、集計作業が上手くいかず分析ミスにつながってしまうこともあります。

間隔尺度

3つ目の尺度は**間隔尺度**です。これは引き算を行った際の、差の持つ意味が保証されているデータになります。前述の例では「気温」がそれにあたります。たとえば、「－10℃」と「5℃」の差は15℃であり、「20℃」と「35℃」の差も15℃です。それぞれの15℃の持つ意味は同じ意味であり、同じ基準で測ることが可能です。順序尺度では、引き算した際の、差の持つ意味や大きさが同等のものであると保証されてはいませんでした。この点が順序尺度と間隔尺度の違いです。

図2.4 順序尺度（成績）と間隔尺度（気温）

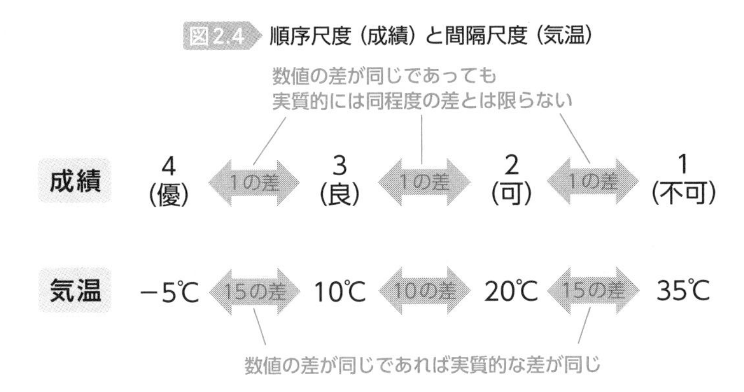

間隔尺度には「気温」のほかに、「日付」、「西暦」などがあります。間隔尺度の特徴としては、掛け算の持つ意味が保証されていないことです。たとえば、1℃を2倍すると2℃になりますが、これは2倍暑くなっているといえるでしょうか。また−5℃を2倍すると−10℃になりますが2倍暑くなったといえるでしょうか。後者に関しては、2倍暑くどころか寒くなっています。このように、引き算（差）は保証されていますが、掛け算（比）したときの意味が保証されていないデータが間隔尺度になります。原因としては0を基準としていないことになりますが、こちらに関しては次の尺度の紹介の際に詳細を解説します。

比例尺度

最後の尺度は**比例尺度**（**比尺度**（ひしゃくど）とも呼ぶ）です。これは掛け算の意味を保証しているデータです。代表例としては、「身長」や「体重」が挙げられます。身長50cmと100cmの人は、身長が2倍異なります。また身長60cmの人の3倍は身長180cmであり、これは実質的に3人分の大きさということになります。この特徴は0が基準となっていることに起因します。気温は比例尺度ではなく間隔尺度ですが、その基準となる0℃というのは水が凍る温度であり、人間が勝手にこのときの温度を0℃と決めただけです。水が沸騰する温度が0℃でも良かったわけです。さらには、0℃というのは、決して温度が存在しないわけではありません。一方、身長0cmや体重0kgというのは存在しないという意味と同義です。このような性質を持つデータは掛け算が保証されており、比例尺度のデータとなります。

図2.5 間隔尺度（気温）と比例尺度（身長）

0℃
気温
10℃
20℃
2倍の温度ではない
0cm
身長
50cm
100cm
2倍の身長

比例尺度の例としては、「身長」、「体重」のほかに、「速度」、「年収」、「テストの点数」などが挙げられます。

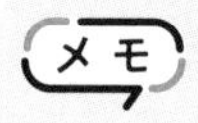

「温度」については間隔尺度と紹介しましたが、厳密にいえば、日本でよく用いられる℃（セルシウス温度：摂氏温度）は間隔尺度であり、K（絶対温度：ケルビン）はマイナスがなく0が基準ですので比例尺度になります。

名義尺度と順序尺度は、数値でなくともその目的を果たすことのできる質的変数と呼ばれるデータであると説明しました。それに対し、間隔尺度と比例尺度は数値でないとその目的を果たすことができません。間隔尺度と比例尺度をまとめて**量的変数**と呼びます。

4つの尺度について簡単におさらいしておきます。

表2.9 ある検定試験の結果

名前	会場	合格した級	会場周辺の気温	先月の勉強時間
Aさん	1（北海道）	1（1級）	−1℃	120時間
Bさん	2（青森）	2（準1級）	2℃	100時間
Cさん	13（東京）	3（2級）	5℃	50時間

表2.9のデータを見てみましょう。3名はそれぞれ異なる会場で受験したことがわかりますが、どれが良いなどはありません（名義尺度）。またAさんの方がBさんよりも上位の級を合格したことはわかりますが、実際それがどのくらいの差なのかはわかりません（順序尺度）。青森会場は北海道会場よりも気温が3℃高いですが、実質的に何倍くらい暑いかは不明です（間隔尺度）、AさんはBさんよりも20時間多く勉強したことがわかりますし、実質的に1.2倍程度多く

勉強したこともわかります(比例尺度)。また「名前」は名義尺度になります。

このように、名義尺度 ＜ 順序尺度 ＜ 間隔尺度 ＜ 比例尺度の順で、読み取れる情報量が多くなっていくことがわかります。この読み取れる情報量の多さを**水準**と表現し、情報量の多い尺度のことを高水準の尺度、逆に情報量の少ない尺度のことを低水準の尺度と呼びます。すなわち比例尺度が4つの中で最も高水準の尺度となります。

図2.6に簡潔にまとめましたので、しっかりと確認しておきましょう。

図2.6 数値データの分類

数値データ	質的データ	名義尺度	区別のみができるデータ (例) 名前、血液型
		順序尺度	優劣のあるデータ (例) 成績、順位
	量的データ	間隔尺度	足し算・引き算した結果の持つ意味が保証されているデータ (例) 摂氏温度、西暦
		比例尺度	掛け算・割り算した結果の持つ意味が保証されているデータ (例) 身長、体重、貯金

低
情報量(水準)
高

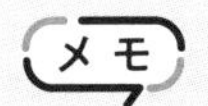

引き算が保証されているということは、足し算が保証されていることと同じになります。25℃より5℃低い温度は20℃ですが、5℃の引き算を行っていると見ることもできますし、－5℃の足し算を行っていると見なすこともできます。同様に、掛け算が保証されているということは割り算が保証されていることになります。2で割ることは、0.5 ($\frac{1}{2}$) 倍することと同じです。

また水準の高い尺度は、自分より水準の低い尺度の特徴を含んでいます。たとえば、比例尺度は、順序尺度や間隔尺度の特徴を備えていて、引き算を行って差を検証することも可能ですし、優劣関係や大小関係もあります。したがって、比例尺度を、順序尺度や名義尺度と見なして分析することも理論的には可能です。ただし、情報量が減るだけなので実際にはまず行いません。

少し長くなりましたが、数値データとひと言で表しても、4つの種類(尺度)に分類でき、そこから読み取れる情報量が変わってくる、ということが本節のまとめとなります。

練習問題 2.3

次の表は4名の生徒について、クラス・お小遣い・勉強時間を調査しまとめたものです。(1)、(2) の問いに答えてください。

表2.10 お小遣いと勉強時間

回答者番号	クラス	毎月のお小遣い	毎日の勉強時間
1	1	3000円	180分
2	2	5000円	150分
3	2	3000円	120分
4	3	10000円	90分

(1) 間隔尺度になりえる項目はどれでしょうか。

(2) 最も高い水準を考えた場合でも、名義尺度にしかならない項目はどれでしょうか。

解答と解説 2.3

(1) 間隔尺度になりえる、という問いであるなら「毎月のお小遣い」、「毎日の勉強時間」が該当します。ただし、特別な事情のある場合を除き、この2つは比例尺度と考えて扱う方が自然ではあります。

(2) まず「回答者番号」は名義尺度と考えるべきです。もう1つの候補としては「クラス」です。もしこれが『成績順』など、何らかの意図によりわけられたクラスであれば順序尺度と見なすことができます。しかし、ランダムで割り振ったようなクラスの場合は、名義尺度にしかなりません。問題文と問いの文面からは、いずれとも言い切れません。

このように「クラス」だから○○尺度、というようにハッキリ分けることはできないのが実際です。36ページでも述べたように、「温度」であっても間隔尺度とも比例尺度とも取れる場合があります。どのような目的のために集めたデータなのか、その項目がどのようなルールや基準で決まってくる値なのか、ということまで考慮しないと尺度を厳密には定義できません。

2.3 交絡

前節では数値データの種類（尺度）について学習しました。何か調査や分析を行う際に、「データがあるから、ここからわかることを何か分析してみて」といったように、先にデータが手元にある状態で始まることもありますが、多くの場合は目的を先に決めて、それにあったデータを探すことから始まります。インターネット上に無償で公開されているデータ（**オープン・データ**）や、自分の学校や会社が蓄積してきたデータを利用することもありますが、目的に合うようなデータがない場合は、データを取るための実験や観察を行う必要もあります。

実験や観察などの具体的なデータ収集の手順については、第3章でほかの学習内容を押さえた後により詳しく解説しますが、基本的な事項を本節で先に紹介します。

例として、新開発した100m走用の靴を考えてみましょう。その靴が従来のものよりも本当に良いものであるのかを把握するためには、従来の靴で走ってもらったタイムと、新開発した靴で走ってもらったタイムを比較する方法が考えられます。データ数としては少ないですが、2名の被験者にそれぞれの靴を履いて走ってもらったタイムが表2.11になります。

実験を受ける側の対象者や対象物のことを、**被験者**や**被検体**と呼びます。

表2.11　2種類の靴での100m走

被験者番号	調査日	靴	タイム（秒）
1	2022/01/10	従来型	12.2
2	2022/01/10	従来型	14.4
1	2022/01/17	新開発	11.3
2	2022/01/17	新開発	12.9

2名の被験者がいますが、それぞれ従来型の靴を履いて走ったときよりも、新開発した靴で走ったタイムの方が、やや速くなっているように見えます。そういった細かい分析に入る前の段階として、表2.11は特に目立って変わったところのないようなデータに見えます。では、次のデータはどうでしょう。

表2.12 一部項目を追加した結果

被験者番号	調査日	コース	イヌ派／ネコ派	靴	タイム
1	2022/01/10	屋外競技用	イヌ	従来型	12.2
2	2022/01/10	屋外競技用	ネコ	従来型	14.4
1	2022/01/17	屋外競技用	イヌ	新開発	11.3
2	2022/01/17	屋外競技用	ネコ	新開発	12.9

表2.12では、「コース」と「イヌ派／ネコ派」が増えました。先ほどの表2.11と比較して、やや見慣れない不自然なデータに見えます。まずは「コース」です。このようにすべて共通の事項については、記録する必要性は低いと考えられます。今回の実験に関しては、被験者のデータとして、コースのほかに「種族」=『哺乳類』などの項目も考えられますが、こういった固定で決まっているデータは記録するだけ無駄でしょう。また仮に「コース」が重要であったとしても、全レコードで共通であるわけですから、表の中で個々のレコードに記録しておく必要はなく、データの備考として『屋外競技用コースで測定』と別途記録しておけば十分です。

このように、各レコードで共通するような項目を**定数**と呼びます。それに対し、レコードごとに値が変わってくる可能性のある項目を**変数**と呼びます。表2.12では、「コース」のみが定数、それ以外の項目はすべて変数となります。

もう1つ気になる点が「イヌ派／ネコ派」です。これは定数ではなく変数ですが、なぜ不自然に感じるのでしょうか。それは、同データがおそらく結果に影響することはないためです。「両親の名前」、「子どもの頃のあだ名」、「身長」、「体重」…と変数は大量に存在するため、そのすべてを記録していたらキリがありません。したがって、実験のデータとして記録する際には、「新開発した100m走用の靴の性能を測る」という目的において、影響のあるデータのみ入れるべきで、影響のない、あるいは無視できるほど影響の小さいものについては記録する必要はありません。

それでは次の図2.7はどうでしょうか。左側が実際に記録して得られたデータですが、右側のデータを見ると実験の際に特に記録しなかった変数が存在しています。

図2.7 記録されなかった変数の存在する実験

被験者番号	調査日	靴	タイム
1	2022/01/10	従来型	12.2
2	2022/01/10	従来型	14.4
1	2022/01/17	新開発	11.3
2	2022/01/17	新開発	12.9

実験の際に記録されたデータ

被験者番号	調査日	天候	靴	タイム
1	2022/01/10	雪	従来型	12.2
2	2022/01/10	雪	従来型	14.4
1	2022/01/17	晴	新開発	11.3
2	2022/01/17	晴	新開発	12.9

実験の際には、特に記録されていなかった

先ほどの「イヌ派／ネコ派」と同様に、走った日の「天候」について、記録こそしていないですが、特に問題はないでしょうか。おそらく、そのようには感じずに、『靴の善し悪し以前に、屋外競技場で雪の中走ったら、遅くなって当然』と考える方が自然でしょう。こうなってしまうと、靴の性能を測ることがもう不可能になってしまいます。新開発した靴を履いて走ったタイムの方が良いですが、それはもう靴のおかげなのか、天候（＝コースの状態）の影響なのか、判断することはできません。あるいは、従来型の靴の方が実際には良かった可能性すらあります。すなわち、靴としては従来型の方が速く走れるが、天候が雪でその影響の方が大きかったため、新開発の靴で走ったタイムの方が速くなってしまったケースです。このような調査方法では、靴の善し悪しを評価することはできず、実験としては完全に失敗です。

この実験が失敗した原因は、次の2つが同時に起こったためです。実験の際に、1. 記録していない／意識していない変数が存在していて、かつ、2. その変数が結果に影響を与えていたためです。これを**交絡**（こうらく）といいます。実験の際には、この交絡が起こらないように、結果に影響するような要因がほかにないか、十分に考慮する必要があります。今回のケースでは、靴の善し悪しを調査したかったのですから「靴」以外の変数は、できる限り条件を揃えるべきです。どうしてもそれができずに、結果に影響しそうな変数がほかに存在する場合は、しっかり漏れることなく記録しておくようにしましょう。

また、実験や分析の結果となる変数を**目的変数**（あるいは**従属変数**）と呼び、その従属変数に影響を与えるような変数を**説明変数**（または**独立変数**）と呼びます。今回の実験では、100m 走のタイムが伸びるかどうかを分析したかったのであり、その「タイム」が目的変数、「靴」や「天候」が説明変数となります。これらの用語を使って、実験・分析の意義や目的を表現すると、『目的変数に対して、それぞれの説明変数がどの程度影響を与えるかを調査すること』となります。

図2.8 説明変数と目的変数

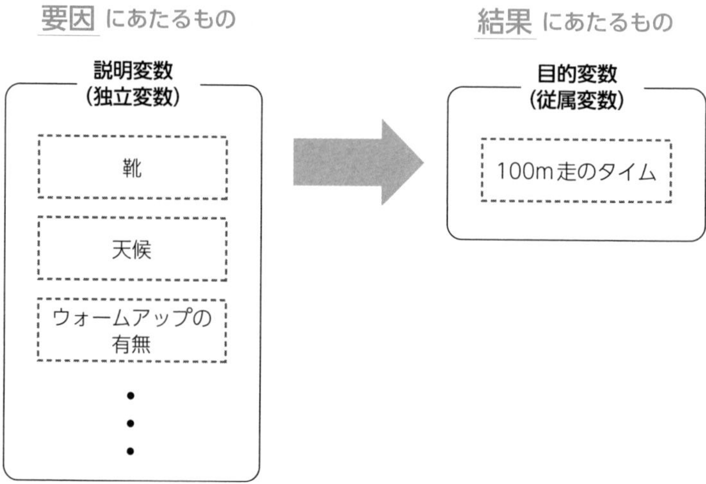

感覚的にわかるかもしれませんが、基本的には、説明変数が少ないほど分析が楽になります。多くなる分だけ、どの要因が結果に対してそれぞれどの程度の影響を与えているか、といったより複雑な分析を行う必要が出てきます。

練習問題 2.4

次の (1)、(2) の実験では、交絡が発生している可能性があります。その可能性がある要因についてそれぞれ指摘してください。ただし、標本の数や質には特に問題がないとします。

(1) ある大学の先生は、「食後の授業は眠くなる」と考えました。そこで自身が担当している「1限の授業 (9：00開始)」と「3限の授業 (13：00開始)」の2つの授業について、どの程度の学生が居眠りをしているかカウントしました。ともに必修の授業で学生はすべて同じです。結果を見ると、3限の授業の方が居眠りの比率が明らかに高かったので、食後の授業は眠くなると判断しました。

(2) ある医療研究機関で、新しい風邪薬を開発しました。風邪と診断された患者について、新薬を投与するグループと、特に薬を飲ませないグループに無作為に分けました。その結果、後ほど「症状が楽になった」と答えた比率について、新薬を飲ませたグループの方が、投薬なしグループを大きく上回りました。このことより研究機関では、新薬の効果が実証されたと判断しました。

解答と解説 2.4

どちらもサンプリングには問題がないとして、ここでは実験や調査の方法についてのみ考えていきましょう。(1) では、1限と3限ともに学生が同じなので、同じ内容の授業ではないことがわかります。したがって、「食後かどうか」のほかに、「授業の内容」が3限の授業の方が退屈であった可能性があります。また授業の開始時間が異なるので、食後かどうかではなく「起床からどの程度時間が経っているか」が関係している可能性もあります。仮に8：00に起床している学生がいたら、起きてから1時間後の9：00の授業よりも、起きてから5時間後の13：00の方が、疲れが溜まってきて眠くなってもしかたがありません。ただし、いずれも「食後の方が眠い」という結果に、疑問を投げかけるものではあっても、否定するものではありません。すなわち、3限の方が眠かったのは、食事の影響なのか、それ以外の要因なのか判断が付かない状態になってしまっています。

(2)については、プラセボ効果と呼ばれる有名な実験例になります。「病は気から」という言葉にもあるように、薬を飲んだだけで実際には効果がなくても気分の良くなる人が一定数いるといわれています。そこで人体にとってプラスにもマイナスにもまったく影響のないことが判明している、ブドウ糖や小麦粉などで作った**偽薬**(ぎやく)(別の呼称として**プラセボ**、または**プラシーボ**)という、新薬に外見を似せたものを用意します。新薬を投与しない人たちに対しても、このプラセボを投与して結果を見ます。それでも新薬の方が、気分が良くなるという比率が高かった場合には、新薬は有効であると判断します。したがって、問題文の中で交絡が起こる可能性がある要因は、「薬(と思われるもの)を飲んだ行為」になります。この条件を揃えることでより公平な判断が可能となります。このように、医学的な実験であっても、効能とは関係のない気持ちの問題で交絡が発生することもあるので、実験環境には十分に気を遣いたいところです。

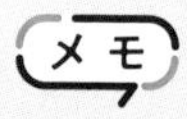

あるものの効果を検証するために、手を加えた被験者(被検体)のグループのことを**実験群**(または**コントロール群**)と呼びます。一方、手を加えていない自然な状態のものを**対照群**(または**処理群**)と呼びます。

ただし、実際の調査や研究の中では、手を加えているかどうかよりも、焦点を当てている方を実験群、従来のものや比較対象を対照群、といったような使われ方がされることも多いです。練習問題2.4の(2)では、新薬を投与したグループが実験群、偽薬を投与したグループが対照群となります。

第1章では、標本の抽出方法に偏りがあると正しい結果が得られないことがある、ということを説明しました。本章では、それに加え、標本は妥当な方法で選ばれたとしてもデータの取り方を誤ると、誤った結論を導いてしまう可能性があることを学習しました。

「統計学」と聞くと分析方法を中心に考えてしまうことも多いですが、そもそも妥当性の高いデータが十分に揃っていないと、妥当性の高い結果を導くことができるわけがない、ということは分析方法の前にしっかりと意識しておきましょう。

コラム

会社での新商品・新サービスの提案、大学の研究などで調査やデータ分析を行う際に「自分が関わったものをよく見せたい」という気持ちを持ってしまうことはしかたのないことかと思います。しかし、調査や分析の本当の目的は「無理矢理に良いとアピールすること」ではなく、「事実をしっかりと確認し、その根拠を示すこと」にあります。この本来の目的を見失ってしまうと失敗につながります。

本文の例にもあった、新開発した靴について、よく見せたいために、従来型の靴のデータ取りの際に、悪天候など不利な条件で走らせるような調査を行ってしまうと、後々になって『新開発の靴を使っているが全然速くない』といったクレームや、ひいては会社の信用問題にまで関わってきます。上手くいかなかった場合は、ともに条件などを変えたうえでの公平な調査を行い、「こういう条件下であれば効果的な商品／研究です」とアピールすれば良いのです。それでも有利な点が見つかるようなデータが取れなければ、失敗してしまった事実を発表する必要もありませんが、その商品や研究については日の目を見せることなくお蔵入りさせた方が倫理的に正しいです。悪いものを無理矢理良いものと見せるための、手心を加えた調査や分析にならないようにしましょう。

2.4 フィッシャーの3原則

R.A. Fisher（**フィッシャー**）という統計学者が実験を行う際に、気を付けなくてはいけない3つの原則を提唱しました。すなわち、実験を行う際は次の3つを考慮しましょう、ということです。ここで改めて用語として紹介しますが、考え方としては前章および本章ですでに学習しているものです。復習も兼ねて改めて、データを取る際のリスクについて考えていきましょう。

フィッシャーの3原則の1つ目は、**反復**（**Replication**）です。これは、データを取る際には、複数回行いましょうということです。たとえば、AとBの2種類のコーヒーがあり、どちらが美味しいかを調査したいとします。このとき、1人の被験者がコーヒーAの方が美味しかったと答えたとします。その結果より、コーヒーAの方が美味しいと判断してしまって良いでしょうか。この判断が良くなさそうなことは、感覚的にもわかると思います。この被験者の好みが一般とずれているかもしれません。あるいは、運が悪くBのコーヒー豆が偶然に不良品であったかもしれません。したがって、1件の調査のみで結果を判断することは非常に危険であり、調査や実験の際にはデータをたくさん取るようにしましょう、ということがいえます。

2つ目は、**無作為化**（**Randomization**）です。2種類のコーヒーを複数の被験者に飲ませ、どちらが美味しいかを判断してもらう場合、どちらのコーヒーからあげる方が良いでしょうか。リスクとしては、コーヒーAの味が口に残っていたために、コーヒーBの味を美味しく感じなくなってしまうようなことがあるかもしれません。最も良い方法は、無作為に順序を入れ替えることです。すなわち被験者によって、コーヒーAから飲ませたり、コーヒーBから飲ませたり、順序を変えます。それでもコーヒーAの方が美味しいという人が多ければ信頼性が高まります。もし、コーヒーの種類に関わらず、先に飲んだ方を美味しいと答える人が多ければ、それはコーヒーの味の差よりも、飲む順番の影響（順序効果）が大きい可能性が高いです。したがって、データを取る際の順序や割当は、本来比較したいことに対しての影響を少なくするために無作為に行いましょうということです。特に、割当の原則としては、無作為に行うことが重要であり、『男性の被験者には先にコーヒーAを飲ませ、女性の被験者には先にコーヒーBを飲ませる』といったことも避けないといけません。

3つ目は**局所管理**（**Local Control**）です。たとえば、2種類のコーヒーを飲んでもらう際に、被験者によって、場所や時間を変えて実験を行ったとします。そうすると、午前中と午後で求める味の好みが違ったり、あるいは場所や雰囲気によって好みが変わったりしてしまうようなことがないとは言い切れません。したがって、「コーヒー」以外の要因は、関係ないとは言い切れない以上、できる限り条件を揃えて統一したいところです。端的にいえば、局所化とは、調査したい要因以外の条件の差はできる限り揃えて、調査したい要因のみに焦点が当たるようにしましょうということです。

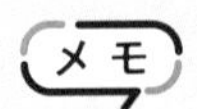

フィッシャーは元々、農学の分野でこの考え方を提唱しましたが、現在は上記のように少し援用された解釈で、ほかの分野での調査や実験にも広く応用されています。

そして、もう1つ重要なポイントとして、実験者（実験を依頼する側）は、原則として観察者に徹するべきです。もちろん、『次は○○してください』といったように、実験を進めるための最低限の指示は必要ですが、必要以上に実験中に介入してはいけません。コーヒーを飲んでいる最中に、何気ない会話をするだけでも、その会話によってリラックスしたり不快になったりするようなことがあっては、結果に影響を与えかねません。

図2.9 避けるべき実験者の介入

2.5 データの表現

データに関する集計方法や見せ方については、次章以降からまた詳しく紹介しますが、ここでは代表的なグラフについて、その特徴や使いどころを簡潔に紹介していきます。

● 棒グラフ

比較的汎用性が高く、多くの用途に利用できますが、基本的には数値の比較を目的としたグラフになります。

図2.10 棒グラフの例

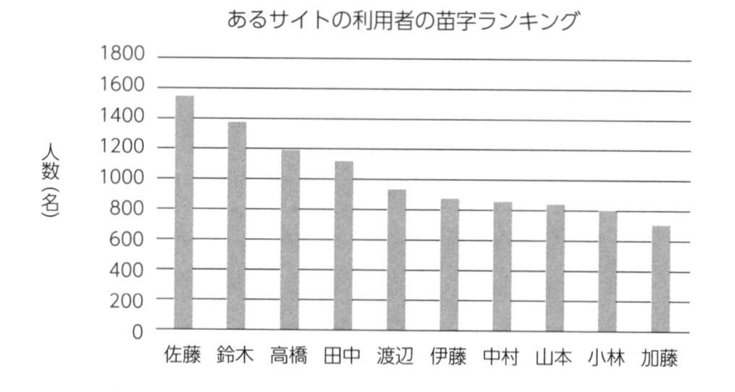

特に順番に意味がなければ、データの大きい順や小さい順に並べておくと良いでしょう。一方で数値順ではなく、順番に意味を持たせると見やすくなることもあります。たとえば、あいうえお順や、都道府県の北から順などの並び順も見やすいでしょう。

● 折れ線グラフ

時系列データ（時間とともに変化するデータ）を表現する際に利用されます。右にいくほど時間が進んでいくように作成しましょう。

図2.11 折れ線グラフの例

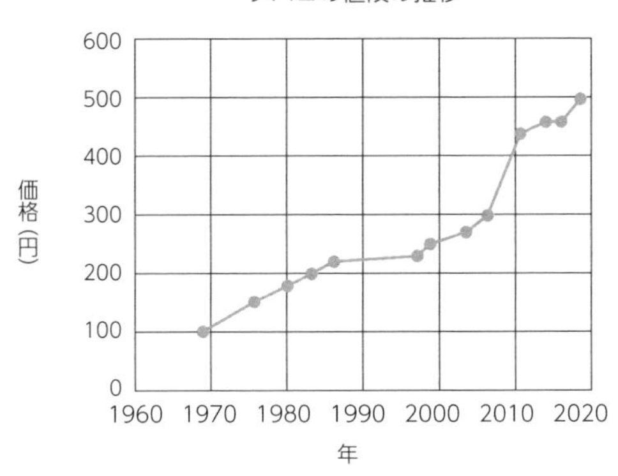

円グラフ

主に1つのデータ内で項目ごとの構成比（どれくらいの割合を占めるか）を表す目的で利用します。

図2.12 円グラフの例

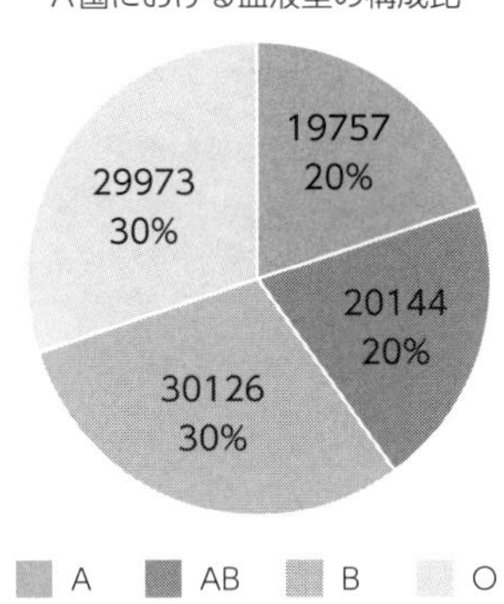

円グラフで複数のデータどうしを比べることもありますが、その場合は通常、次に紹介する帯グラフを利用することが一般的です。

帯グラフ

主に構成比の比較を行う際に利用されます。

図2.13 帯グラフの例

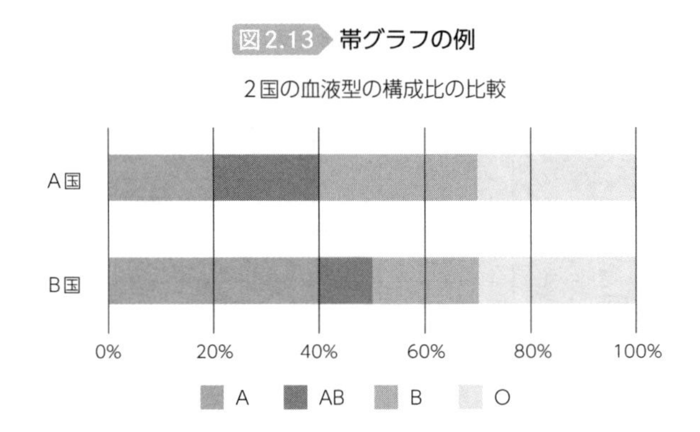

上記例では2つで比較を行っていますが、3つ以上のデータであっても比較を行うことが可能です。もし基準となるデータがある場合は、それをいちばん上に配置しておくと見やすいでしょう。

● レーダーチャート

構成比や得点率を表す際に利用します。特に、優れている点や劣っている点を目立たせたい場合に使われます。

図2.14 レーダーチャートの例

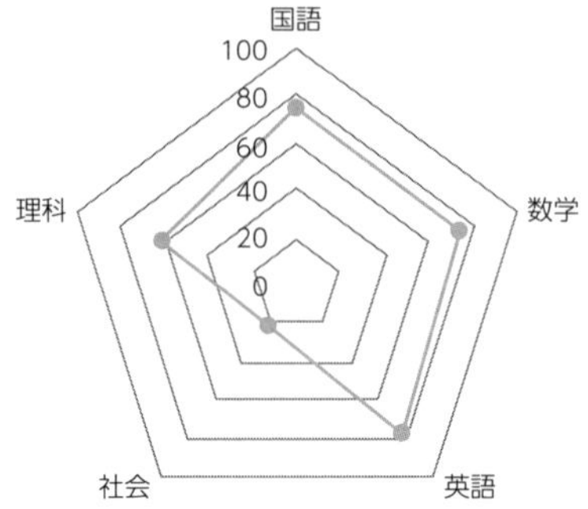

上記のレーダーチャートの場合、社会の値がほかの科目に比べて低いことがわかります。また、複数のデータがあった場合、それぞれの面積を比較することで、どちらの方が全体的に良い成績であったのかがある程度把握できます。

CHAPTER 3

第3章

クロス集計表

3.1 記述統計学

統計学は大きく分けると、**記述統計学**と**推測統計学**の2つに分類されます。本書では、記述統計学のみを扱います。記述統計学とは、相手にデータの内容を説明するための統計学です。たとえば、10,000名分の身長データを集めたとします。この情報を相手に伝えるための方法として、

> *1人目の身長は168.0cmでした。2人目の身長は157.2cmでした。*
> *…10,000人目の身長は174.7cmでした。*

といったように10,000人分をすべて読み上げるとします。これは情報として正確であり、かつ、大量のデータを伝えたことになります。しかし、読み上げられた方としては、長時間かけて読み上げてもらったにも関わらず、その情報はあまり記憶に残ってないと思います。「どんなデータだった?」と聞かれても、「とりあえず10,000人分の身長データがあることはわかった」程度しか答えられないかもしれません。

実はデータを伝えるということは、大量のデータをすべて見せたり聞かせたりすれば良いということではありません。人間の処理能力はそこまで高くないので、情報の垂れ流しによる伝達は、結果として非常に伝わりづらい方法なのです。

では、より伝わりやすい方法は何なのかというと、データを要約した数値を示すことです。たとえば、『10,000人の身長を測った結果、平均は165.5cmでした、最も低い身長は135.2cmでした』と説明された方が、データの全体像がイメージできる気がしませんか。これが記述統計学です。

もう1つ重要なことは、平均165.5cmと言われてデータが少しイメージできるのは、平均というものがどのようなものなのかを理解しているためです。「分散は200でした」と説明されたときに、分散がわかる人にとってはその値が情報になりますし、分散がわからない人にとっては意味のない値となってし

まいます。同様に、散布図というグラフを示された場合に、散布図の見方を知っている人には情報になりますが、見方を知らない人にとって情報量は増えません。このように10,000名分の身長データなどについて、『元データ全体の値を要約した値（平均など）について、その計算方法や意味について理解すること』と『グラフなどの作成方法および読み取り方を理解すること』が記述統計学になります。

一方、推測統計学とは、「日本の大学生の平均身長は、90%の確率で165～175cmの範囲に入っていると考えられます」や「ハンバーガーAよりもハンバーガーBの方が95%の確率で美味しいと考えられる」といったように、確率を伴う推測が入る分析を行う学問になります。先ほどの「10,000人の身長を測ったところ、その平均は165.5cmでした」という報告は事実を示すものであり、そこに推測は入っていません。この点が記述統計学との違いです。基本的には、標本データについては実際に調査したデータであり正確なことがいえますが、母集団のデータについて何かを述べる際には推測が伴うことになります。

図3.1 記述統計学と推測統計学

記述統計学

・取得したデータについて特徴を捉えるための統計学
⇒「平均や分散（ばらつき具合）を求める」など

推測統計学

・取得したデータから母集団の値を予測する統計学
⇒「300名の身長データから、国民全体の身長を推測する」など

3.2 クロス集計表

統計学では母集団と標本の考え方、データの収集方法が重要であり、そのため前置きが少し長くなってしまいましたが、本章から、データの集計方法について少しずつ解説していきます。例として、次のデータを見てみましょう。

図3.2 男女20名の血液型

性別　1：男性　2：女性
血液型　1：A型　2：B型　3：O型　4：AB型

被験者No.	性別	血液型
1	1	1
2	2	2
3	2	3
4	1	1
5	1	2
6	2	1
7	1	3
8	1	2
9	2	1
10	2	2
11	2	3
12	1	1
13	1	4
14	2	3
15	1	1
16	2	4
17	1	3
18	1	1
19	2	1
20	2	3

図3.2は、A国の小学生のうち、男女20名分の血液型について、数値化したうえで、表形式にまとめたものです。項目としては、「被験者No.」を含めて3項目であり、それぞれ質的変数、さらに詳しくいえば、いずれも名義尺度のデータとなります。

本章では、まず**クロス集計表**（**分割表**）について説明していきます。クロス集計表は、主に質的変数で記録されたデータを集計するために用いられる集計方法の1つです。言葉で説明するよりも先に現物を見た方が早いと思います。

図3.3 クロス集計表の例

	1：A型	2：B型	3：O型	4：AB型
1：男性	5	2	2	1
2：女性	3	2	4	1

	1：男性	2：女性
1：A型	5	3
2：B型	2	2
3：O型	2	4
4：AB型	1	1

図3.3は、いずれも正しいクロス集計表の例になります。行と列に、それぞれの変数（項目）の要素を列挙する形です。上側のクロス集計表を2行4列のクロス集計表、または2×4のクロス集計表と呼びます。同様に、下側は4×2のクロス集計表です。このクロス集計表も記述統計学、すなわちデータを見やすくするための手法の1つです。

図3.4 クロス集計表の呼び方

2行4列のクロス集計表（2×4）

	1：A型	2：B型	3：O型	4：AB型
1：男性	5	2	2	1
2：女性	3	2	4	1

4行2列のクロス集計表（4×2）

	1：男性	2：女性
1：A型	5	3
2：B型	2	2
3：O型	2	4
4：AB型	1	1

呼び方は、行数×列数の順

2つの変数をクロスさせて記述するもので、行と列が入れ替わったところで、情報として特に変化するものではありません。ここでは上側のクロス集計表を例に説明していきます。

図3.5 クロス集計表の見方

表頭

表側

	1：A型	2：B型	3：O型	4：AB型
1：男性	5	2	2	1
2：女性	3	2	4	1

『O型の女性は4名いる』ことを示している

図3.5のように、左側にある見出しを表側（ひょうそく）と呼び、上側にある見出しのことを表頭（ひょうとう）と呼びます。また表中の各数字は、そこに該当するレコードが何件あるかを示しています。たとえば、図3.5のクロス集計表より、O型の女性は4名いることがわかりますし、A型の男性が5名いることがわかります。

3.3 クロス集計表の集計

クロス集計表を確認すると、それぞれの属性を持つデータが何件ずつあるかがわかります。それに加えて、クロス集計表を足し算した集計結果を求めることによって、さらに情報量が増えます。その際の足し算による集計方法が全部で3種類あるので確認していきましょう。

行集計

最初は**行集計**です。これは横方向に足し算した値の結果となります。

図3.6 行集計

	1：A型	2：B型	3：O型	4：AB型	小計
1：男性	5	2	2	1	→ 10
2：女性	3	2	4	1	→ 10

横方向に足し算した値

データをすべて足し算した値のことを**合計**と呼びますが、データの一部（項目ごと）を足し算した値のことを**小計**と呼びます。今回は男性のみ、女性のみの足し算となるので、合計よりも小計という言葉の方が適しているといえます。行集計を行うと、表側（左側）の項目についての人数を比較することができます。今回のデータでは、行集計の結果、男性も女性も10名ずつであることがわかります。

クロス集計表の集計でもう1つよく使われるのが、**構成比**を示したものです。図3.7が構成比付きのクロス集計表です。

図3.7 構成比付きのクロス集計表

	1：A型	2：B型	3：O型	4：AB型	小計
1：男性	5 (0.5)	2 (0.2)	2 (0.2)	1 (0.1)	10 (1.0)
2：女性	3 (0.3)	2 (0.2)	4 (0.4)	1 (0.1)	10 (1.0)

	1：A型	2：B型	3：O型	4：AB型	小計
1：男性	5 (50%)	2 (20%)	2 (20%)	1 (10%)	10 (100%)
2：女性	3 (30%)	2 (20%)	4 (40%)	1 (10%)	10 (100%)

構成比とは、内訳として何割ずつ、または何%ずつかという比率を示したものです。図3.7を見ると、男性の中でA型の比率は0.5（＝ 50%）であることがわかります。計算式としては、その箇所のデータの数を小計で割り算した値となります。

「男性」の「A型」：5 ÷ 10 = 0.5
「女性」の「B型」：2 ÷ 10 = 0.2

のように求めることができます。また、50%のようにパーセンテージを利用して表記した形を**百分率**、0.5のような表記方法を**歩合**と呼びます。100で掛け算したり割り算したりすることによって、互いの表記法へ変換することができます。基本的には同じ情報を示しています。野球の打率などでは歩合が用いられていますが、日常生活では百分率の方がよく見かけるかもしれません。ただし、統計学やデータ分析の世界では、比率は歩合で扱うことが多いです。

構成比を用いると、調査数の異なるデータどうしの比較を行いやすくなります。図3.8はA国とB国の小学生の男女それぞれについての血液型の構成比を示したクロス集計表です。

図3.8 2国のクロス集計表の比較

A国の小学生20名を標本調査

	1：A型	2：B型	3：O型	4：AB型	小計
1：男性	5 (0.5)	2 (0.2)	2 (0.2)	1 (0.1)	10 (1.0)
2：女性	3 (0.3)	2 (0.2)	4 (0.4)	1 (0.1)	10 (1.0)

B国の小学生400名を標本調査

	1：A型	2：B型	3：O型	4：AB型	小計
1：男性	60 (0.3)	60 (0.3)	40 (0.2)	40 (0.2)	200 (1.0)
2：女性	50 (0.25)	60 (0.3)	40 (0.2)	50 (0.25)	200 (1.0)

たとえば、「男性」のうち「A型」である人に着目した場合、A国では5人、B国では60人なので、一見、B国の方が多く見えます。もちろん、人数のみで考えると、決して間違いではないのですが、そもそもデータ数が異なります。A国の標本は20名であることに対して、B国の標本は400名です。標本のデータ数は、それぞれ同数程度集まるとは限りませんし、そもそも同数程度集めなくてはならないものでもありません。

このような際に構成比で比較する方法が役に立ちます。男性のうち「A型」である構成比について、A国では0.5（50%）、B国では0.3（30%）となっています。したがって、もしA国の男性とB国の男性が同じ数ずついた場合には、A国の方が「A型」の人数が多い可能性が高そうです。今回の例のように、件数のみで判断できないようなケースも多いので、構成比での比較は、有効な検証手段の1つといえます。

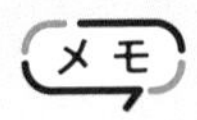

構成比について、『男性のうちA型の構成比は0.5（50%）』といったように個別の比率で表記されることもあれば、全体をまとめた形で『男性の血液型の構成比はA:B:O:AB = 5：2：2：1』と表現されることもあります。

列集計

行集計が横方向での集計であったのに対し、縦方向の集計を**列集計**と呼びます。

図3.9 列集計

縦方向に足し算した値

	1：A型	2：B型	3：O型	4：AB型
1：男性	5	2	2	1
2：女性	3	2	4	1
小計	8	4	6	2

図3.9が列集計を行った結果です。今度は血液型ごとに何人ずついるのかが見やすくなり、A型が最も多く、AB型が最も少ないことがすぐわかります。その一方で、男性・女性がそれぞれ全体で何人ずついるかということが見づらくなります。また列集計の場合も同様に構成比で比較・確認することが可能です（図3.10）。

図3.10 列集計の構成比

	1：A型	2：B型	3：O型	4：AB型
1：男性	5 (0.625)	2 (0.5)	2 (0.3333)	1 (0.5)
2：女性	3 (0.375)	2 (0.5)	4 (0.6667)	1 (0.5)
小計	8 (1.0)	4 (1.0)	6 (1.0)	2 (1.0)

	1：A型	2：B型	3：O型	4：AB型
1：男性	5 (62.5%)	2 (50%)	2 (33.33%)	1 (50%)
2：女性	3 (37.5%)	2 (50%)	4 (66.67%)	1 (50%)
小計	8 (100%)	4 (100%)	6 (100%)	2 (100%)

※割り切れない値は一部四捨五入

行列集計

横方向と縦方向の両方で行った集計を**行列集計**と呼びます（図3.11）。

図3.11 行列集計

	1：A型	2：B型	3：O型	4：AB型	小計
1：男性	5	2	2	1	10
2：女性	3	2	4	1	10
小計	8	4	6	2	合計：20

小計はそれぞれ、横方向と縦方向に足した値

図3.11を見てわかるように、行集計と列集計の両方を行ったような表になります。右下の合計を求める際は、縦の小計の足し算（10＋10＝20）か、横の小計の足し算（8＋4＋6＋2＝20）のいずれかの方法で計算します。両方の小計をさらに足し算してしまわないように気を付けましょう。また、この合計の数値は、データ数と一致します。今回は男女20名分の標本調査でしたので、合計は20となっています。この値がずれてしまうときは、集計の際にどこかを間違えてしまっているので、その際には元データや計算間違いなどを、もう一度確認するようにしましょう。

行列集計についても構成比を求めることが可能です（図3.12）。

図3.12 行列集計の構成比

	1：A型	2：B型	3：O型	4：AB型	小計
1：男性	5 (0.25)	2 (0.1)	2 (0.1)	1 (0.05)	10 (0.5)
2：女性	3 (0.15)	2 (0.1)	4 (0.2)	1 (0.05)	10 (0.5)
小計	8 (0.4)	4 (0.2)	6 (0.3)	2 (0.1)	合計：20 (1.0)

	1：A型	2：B型	3：O型	4：AB型	小計
1：男性	5 (25%)	2 (10%)	2 (10%)	1 (5%)	10 (50%)
2：女性	3 (15%)	2 (10%)	4 (20%)	1 (5%)	10 (50%)
小計	8 (40%)	4 (20%)	6 (30%)	2 (10%)	合計：20 (100%)

図3.12が行列集計の構成比になります。計算としては全体の合計（20）に対しての、それぞれの比率を求めます。

「男性」の「A型」：5÷20＝0.25
「女性」の「B型」：2÷20＝0.1

この値を見ると、「男性のA型」が全体の25％ほどいると一目でわかります。その反面、男性全体の中でA型は何割程度いるのか、といったことがわかりづらくなります。行集計、列集計、行列集計の3つの中で、どれが優れているとか見やすいといったことはなく、何を確認したいかによって、どの集計方法が適しているかが変わってきます。とりあえず集計を行う際には、本節で挙げた3つの集計方法いずれも試してみることで何か見えてくることもあるかもしれません。

もう1つポイントとしては、図3.13のように構成比の場合でも、小計値は各行および各列の足し算の値となっている特徴に変わりはありません。この特徴も、検算や確認の際に利用すると良いでしょう。

図3.13 構成比と小計値

	1：A型	2：B型	3：O型	4：AB型	小計
1：男性	5 (0.25)	2 (0.1)	① 2 (0.1)	1 (0.05)	10 (0.5)
2：女性	② 3 (0.15)	2 (0.1)	4 (0.2)	1 (0.05)	10 (0.5)
小計	8 (0.4)	4 (0.2)	6 (0.3)	2 (0.1)	合計：20 (1.0)

① 0.25＋0.1＋0.1＋0.05＝0.5
② 0.25＋0.15＝0.4

構成比に直しても、小計が足し算であることは変わらない

Excel でやってみよう

ここまでの内容を参考に、先ほどの性別と血液型のデータ例をもとに、Excelでクロス集計表の作成し、行列集計を行ってみましょう（286ページ）。

練習問題 3.1

A大学とB大学には学生がそれぞれ10,000名ずついます。両大学の学生に、「恋人と結婚相手に求めるものは同じだと思いますか？」という質問をYesかNoの二択で行った結果が下記の表です。また、調査は母集団調査であり、全学生が1人残らず答えてくれたとします。

表3.1 A大学の学生の回答

	1：Yes	2：No
1：男性	3,500	4,500
2：女性	300	1,700

表3.2 B大学の学生の回答

	1：Yes	2：No
1：男性	2,500	2,500
2：女性	1,000	4,000

(1) A大学の男子学生と、B大学の男子学生、どちらがYesの比率が高いですか。

(2) A大学の女子学生と、B大学の女子学生、どちらがYesの比率が高いですか。

(3) A大学の学生と、B大学の学生、どちらがYesの比率が高いですか。

解答と解説 3.1

まず各大学の行集計を行った結果を見てみましょう。

表3.3　A大学の学生の行集計

	1：Yes	2：No	小計
1：男性	3,500 (0.4375)	4,500 (0.5625)	8,000 (1.0)
2：女性	300 (0.15)	1,700 (0.85)	2,000 (1.0)

表3.4　B大学の学生の行集計

	1：Yes	2：No	小計
1：男性	2,500 (0.5)	2,500 (0.5)	5,000 (1.0)
2：女性	1,000 (0.2)	4,000 (0.8)	5,000 (1.0)

表3.3および表3.4を見てわかるように、A大学の男子学生のYes率は0.4375、B大学の男子学生のYes率は0.5ですので、(1)の解答としては、B大学の男子学生のYes率の方が高いです。同様に、A大学の女子学生のYes率は0.15、B大学の女子学生のYes率は0.2ですので、(2)についてもB大学の女子学生のYes率の方が高いといえます。

(3)については男女含めての比率ですので、行列集計を行いましょう。

表3.5　A大学の学生の行列集計

	1：Yes	2：No	小計
1：男性	3,500 (0.35)	4,500 (0.45)	8,000 (0.8)
2：女性	300 (0.03)	1,700 (0.17)	2,000 (0.2)
小計	3,800 (0.38)	6,200 (0.62)	合計：10,000 (1.0)

表3.6 B大学の学生の行列集計

	1：Yes	2：No	小計
1：男性	2,500 (0.25)	2,500 (0.25)	5,000 (0.5)
2：女性	1,000 (0.10)	4,000 (0.40)	5,000 (0.5)
小計	3,500 (0.35)	6,500 (0.65)	合計：10,000 (1.0)

上記2つの表より、A大学全体のYes率は0.38、B大学全体のYes率は0.35であるので、A大学のYes率の方が高いことがわかります。同練習問題は、解答としては単純な集計の計算問題ですが、注意点として着目しておきたいところは、(1)、(2) の解答はB大学であるのに、(3) の解答がA大学であることです。すなわち、性別ごとに行集計で見ると「B大学の男性の方がYesと答える比率が高い」、「B大学の女性の方がYesと答える比率が高い」にも関わらず、「全体ではA大学の方がYesと答える比率」が高いということです。一見、おかしな結果に見えますが、これは間違いではありません。

上記について、数字を見ながらじっくり考えていきましょう。まずB大学では、表3.4で示したように男性のYes率が0.5、女性のYes率が0.2でした。ここでの重要なポイントは男女の人数比です。B大学は男女が同数です。その結果、大学全体としてYesの割合は、表3.6で計算したように0.35となります。一方、A大学は、表3.3で示したように男性のYes率が0.4375で、女性のYes率が0.15です。ただし、A大学は男女比で男性の比率の方が圧倒的に高いので、全体のYes率は、男性のYes率に大きく引っ張られます。その結果、大学全体のYes率は表3.5で示した値である0.38となり、B大学を上回る結果となります。

したがって、個別で見ると男女ともに性別ごとのYes率はB大学の方が高いですが、大学全体としてのYes率はA大学の方が高い、という結果になります。

3.4

前向き調査・後ろ向き調査

クロス集計表と構成比が理解できたところで、再びデータの取り方について検討してみたいと思います。今度はデータを取得するタイミングについて考えていきます。まずは下記の例を見ましょう。

ある医者が「日本人のうち、AB型は風邪を引きにくいのではないか」と考えました。そこで、自分の病院を訪れた風邪患者について血液型を調査しました。500人分のデータを取ったところ、50人がAB型で、残り450人がほかの血液型でした。

上記は、無作為の風邪患者500名の血液型を調べたところ、AB型の人は1割しかいなかった、という結果です。問題は、この結果をもって「AB型は風邪を引きにくい」として良いかです。答えはNoです。理由としては、日本人の場合、血液型の比率は大体、A：B：O：AB＝4：2：3：1となっています。

この構成比からすると、元々AB型の人は10％程度しかいません。すなわち、全員が同じような確率で風邪を引いたとしても、その内訳としてA型の人が4割程度、AB型が1割程度となることは自然なのです。したがって、上記の調査で、患者のうちAB型が10％しかいなかった原因は、「AB型が風邪を引きにくいから」ではなく、「そもそも母集団にAB型が10％程度しかいないため」です。

では、先ほどの医者が、間違いを犯さないためにはどうすれば良かったのでしょうか。それは、追加調査で「母集団に、AB型がどれくらいいるのか」を調べれば良かったのです。もしその調査で、母集団（日本人）のうちAB型の比率が10％程度であれば、AB型は風邪を引きやすくも引きにくくもないとなります。ここで、仮に母集団のAB型が30％であったとします。すると、自然な状態であれば風邪患者の30％はAB型であるはずなのに、実際にはAB型の風邪患者は10％しかいなかったことになります。この場合は、AB型は風邪を引きにくいという可能性が高まります。あるいは逆に、母集団のAB型が2%しかいなかったとすると、AB型は風邪を引きやすいという結果にもつながります。

図3.14 追加調査による結果解釈の変化

500名の患者のうち、
50名(10%)がAB型であった
⇒ AB型は風邪を引きにくい??

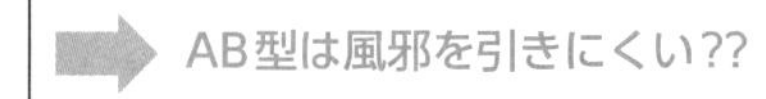

追加調査

母集団のAB型の比率

AB型の比率は2%	⇒	AB型は風邪を引きやすい
AB型の比率は10%	⇒	AB型は風邪を引きやすくも引きにくくもない
AB型の比率は30%	⇒	AB型は風邪を引きにくい

元々の調査の不十分な部分は、母集団の比率を考慮しなかったことが原因ですが、別の視点から見ると、風邪を引いた人たちのみを見て、風邪を引かなかった人たちを見なかったことです。「風邪を引いた人たちのAB型の比率」と、「風邪を引いていない人たちのAB型の比率」が違うかどうかが重要であるのに、比較をせずに片側の結果のみで『AB型は風邪を引きにくい』という判断を出してしまうことは早計です。

後ろ向き調査

前述の問題点を踏まえたうえで、「AB型は風邪を引きにくいか」という例を用いて、前向き調査と後ろ向き調査について解説します。前向き調査とはまだ結果が出ていないものを観察してデータを取る調査で、後ろ向き調査とはすでに結果が出ているものについてデータを取る調査です。

先ほどの例では、病院に来た患者の血液型の構成比を調べることによって、AB型が風邪を引きにくいのかを判断しようとしています。すなわち、すでに「風邪を引く」という結果に至っている対象を調べていることになるので、後ろ向き調査になります。後ろ向き調査で気を付けなくてはいけないのは、結果が出ている対象のみを調べるだけでは不十分で、前述のように、風邪を引いていない人たちの構成比も調べる必要があります。

図3.15 後ろ向き調査

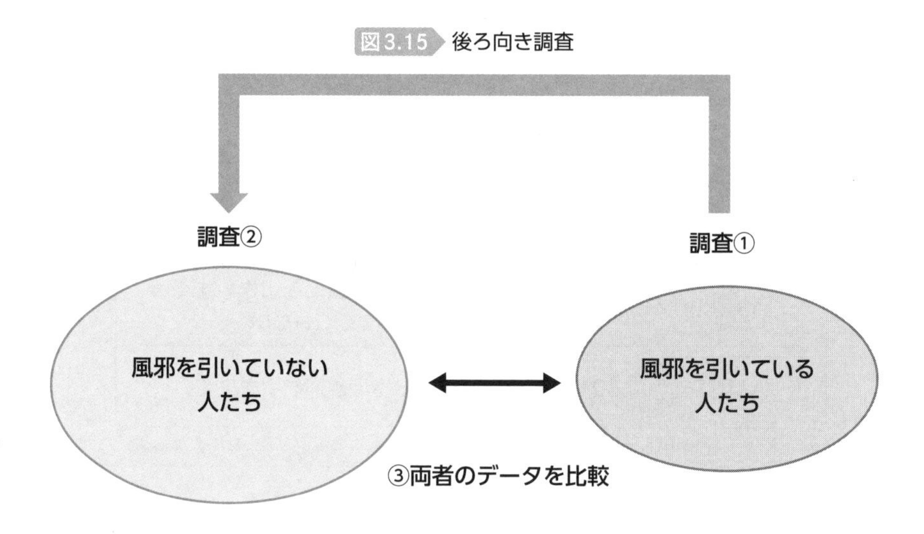

図3.15に示したように、後ろ向き調査とは、すでに結果が出ているものについて、その原因や差を調査しようとするものです。

前向き調査

前向き調査とは、まだ結果が出ていない人たちを先に集めて、経過を観察する方法です。たとえば、AB型とそれ以外の血液型の人間を1,000名ずつ集めます（ここではわかりやすく同人数ずつ集めていますが、実際には人数が異なっていても問題ありません）。それから一定期間経過した後に、AB型1,000名と、それ以外の1,000名で、互いにどれくらいの人（割合）が風邪を引いたかをデータとして取り、その比率について比較を行います（図3.16）。その結果、AB型の方が風邪を引いた比率が少なければ、「AB型は風邪を引きにくい」ということについて信頼性が高まります。

図3.16 前向き調査

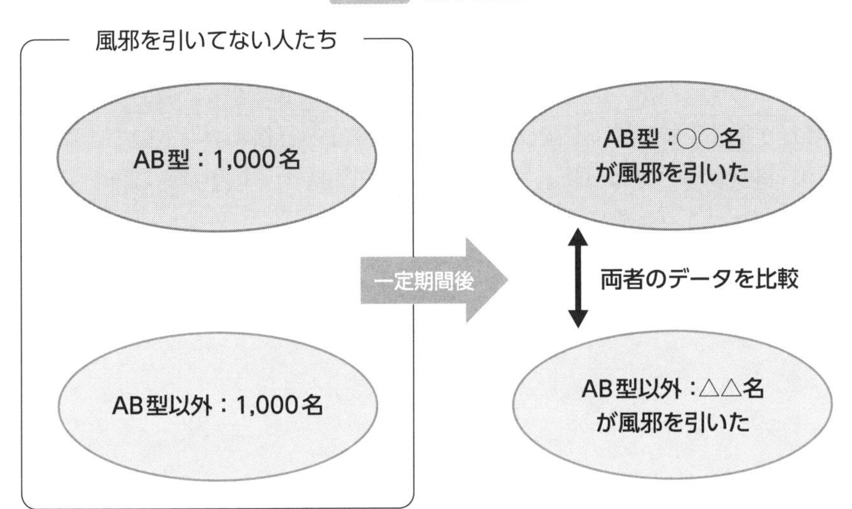

この調査の良い部分は、風邪を引いた人と引いていない人の、両方のデータを見て検証することになるので、信頼性が高いことです。難しい点としては、実験の内容によっては長期間にわたって被験者を追わないといけないことです。「10年間喫煙を続けると、非喫煙者に比べて発がんのリスクが高まるか」について前向き調査を行う場合、片方のグループには10年間もタバコを吸い続けてもらわないといけないわけです。このように長期間にわたって被験者の行動を制限するような実験、しかも健康的に問題のある可能性のある調査や実験は、倫理的にも避けるべきです。このようなケースでは、後ろ向き調査を行うしかありません。

基本的には、可能であれば前向き調査を行う方が良いと考えられています。ただし、コストや倫理的な問題など、現実的に難しい場合には後ろ向き調査を行う、といった方針が良いでしょう。

3.5

モザイク図

本節では、クロス集計表をより視覚的に表現した図である**モザイク図**について解説します。ただし、モザイク図は、クロス集計表よりも一般的に利用される頻度が低く、特にアカデミックな分野ではあまり見慣れないものですが、統計の資格試験などで問われることもあるので知っておく価値はあるでしょう。

まずは次のクロス集計表を見ましょう。

表3.7 行列集計のクロス集計表

	1：A型	2：B型	3：O型	4：AB型	小計
1：男性	5 (0.25)	2 (0.1)	2 (0.1)	1 (0.05)	10 (0.5)
2：女性	3 (0.15)	2 (0.1)	4 (0.2)	1 (0.05)	10 (0.5)
小計	8 (0.4)	4 (0.2)	6 (0.3)	2 (0.1)	合計：20 (1.0)

全体の構成比を見ると、A：B：O：AB＝4：2：3：1であることがわかります。数字を見るとわかりますが、これを見た目でわかるようにするために、モザイク図ではまず、行の横幅を4：2：3：1に合わせます。

図3.17 行の幅を表頭の構成比に合わせたクロス集計表

	1：A型	2：B型	3：O型	4：AB型
1：男性	5 (0.25)	2 (0.1)	2 (0.1)	1 (0.05)
2：女性	3 (0.15)	2 (0.1)	4 (0.2)	1 (0.05)

4 ： 2 ： 3 ： 1

図3.17は、各血液型の構成比を基準に、行の横幅を調整したものです。これで、数値を見なくても、一目見たのみで視覚的に、A型が多く、AB型が少ないといったことがわかるようになりました。ただし、現段階ではまだ、A型の中で男性と女性がどの程度ずついるのかを、視覚的に見ることはできません。そこで、先ほどと同様に、今度は男女比についても列の縦幅で、視覚的に見やすくします。たとえば、A型でいえば、男女比は0.25：0.15＝5：3であるので、男性の縦幅を5、女性の縦幅を3で高さを調整してあげれば良いことになります。

図3.18 列の高さを表側の構成比に合わせたクロス集計表

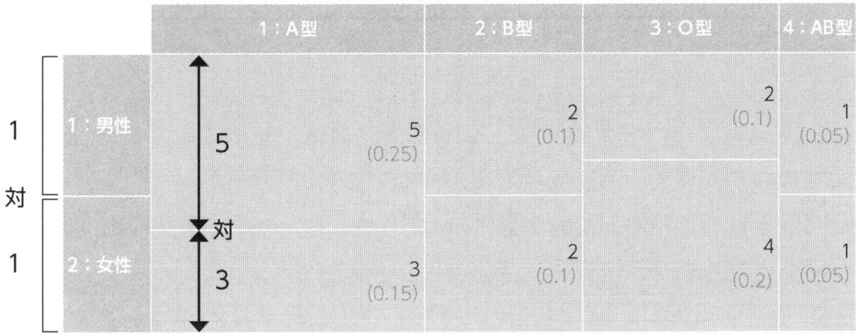

	1：A型	2：B型	3：O型	4：AB型
1：男性	5 (0.25)	2 (0.1)	2 (0.1)	1 (0.05)
2：女性	3 (0.15)	2 (0.1)	4 (0.2)	1 (0.05)

1 対 1
5 対 3

図3.18は、各男女型の構成比を基準に、列の縦幅を調整したものです。A型は先ほど説明したように5：3の高さの比になっていますし、B型は男女の人数が同じなので1：1になっています。また、「男性」「女性」の見出し（表側）の高さについては、男性全体：女性全体の比で決めます。今回は全体で男性10名、女性10名なので、表側の高さも1：1とします。これでモザイク図としての、枠組みはほぼ完成です。仕上げとして、

- 横と縦にそれぞれ目盛を付ける（「0～1」または「0～100%」）
- 表側に合わせて色分けする（今回の表側は「男性」と「女性」）

の作業を行います。

図3.19 モザイク図

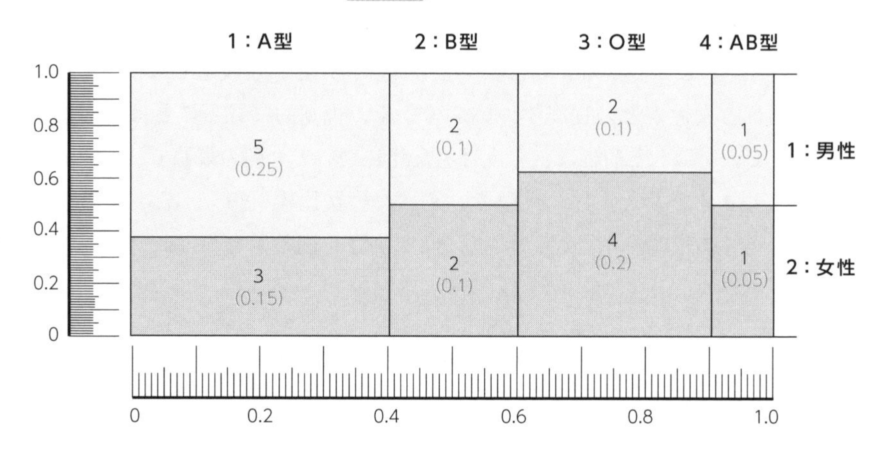

図3.19が完成したモザイク図となります。面積を見ることで、男性のA型や女性のO型が多く、AB型の男女が少ないことが視覚的にすぐわかります。また目盛を見ることで、A型は全体の4割程度、B型の中で男女の比は同程度、といった比較的細かい情報を確認することも可能です。

練習問題 3.2

先ほどの例の行と列を入れ替えた、次の表について、モザイク図を作成してください。

表3.8 性別と血液型のクロス集計表

	1：男性	2：女性
1：A型	5	3
2：B型	2	2
3：O型	2	4
4：AB型	1	1

解答と解説 3.2

先ほどと同様の手順で作成したモザイク図が図3.20となります。作り方や見方をよく確認しておきましょう。

図3.20 行列を入れ替えたモザイク図

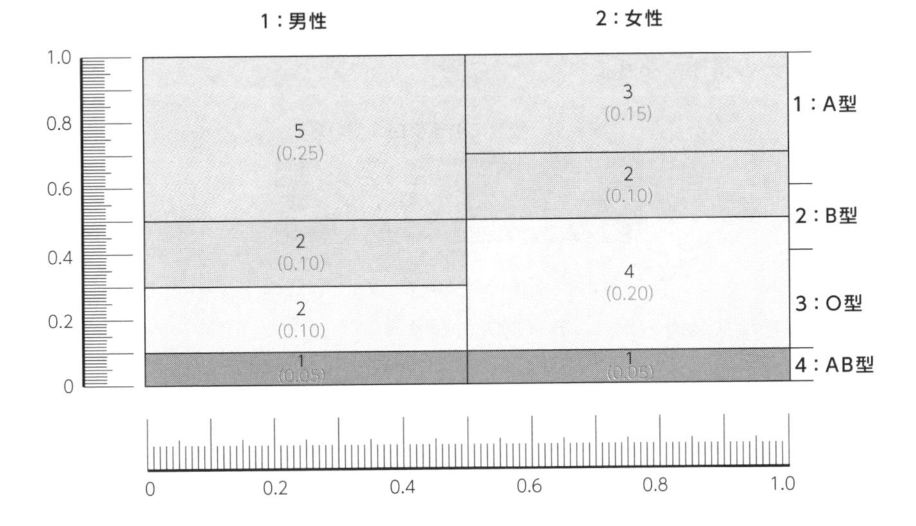

3.6 リスク比とオッズ比

ここでは構成比のほかに、資格試験で出題される**リスク比**と**オッズ比**について照会します。いずれも2×2のクロス集計表において、2つの要因の関連性を図るための指標になります。

表3.9 変数によるクロス集計表

	変数Y-1	変数Y-2
変数X-1	A	B
変数X-2	C	D

表3.9のようなクロス集計表があった場合、それぞれの下記の式で計算した値のことをリスク比・オッズ比と呼んでいます。

$$\text{リスク比（相対危険度）} = \frac{A}{A+B} \div \frac{C}{C+D}$$

$$\text{オッズ比} = \frac{A}{B} \div \frac{C}{D}$$

簡単な数値を利用した具体例で確認してみましょう。喫煙の有無と、肺がんを患っているかいないかのクロス集計表が下記にあります。

表3.10 肺がんおよび喫煙の有無によるクロス集計表

	肺がん あり	肺がん なし
喫煙 あり	20	80
喫煙 なし	10	90

この場合、リスク比は、上記計算式より

$$\frac{20}{20+80} \div \frac{10}{10+90} = \frac{1}{5} \div \frac{1}{10} = 2$$

となります。

この式や値の解釈として、喫煙者は0.2の割合で肺がんであり、非喫煙者は0.1の割合で肺がんであるので、その比率には2倍の差があることを示しています。すなわち、喫煙者の方が2倍の肺がん率となっていることを示しています。

一方のオッズ比は、

$$\frac{20}{80} \div \frac{10}{90} = \frac{1}{4} \div \frac{1}{9} = \frac{9}{4} = 2.25$$

となります。これは喫煙者と非喫煙者で、肺がんを患っていない人に対する肺がん患者の割合を比べており、喫煙者の方が2.25倍高いことがわかります。

リスク比もオッズ比も、どちらも2つの要因の関係性（相関）を確認するための値です。厳密には目的や使い道が異なるのですが、両者の差を理解するためにはもう少し学習しなくてはならないことがあり、本書では割愛します。

ただし、入門レベルでも一点だけ押さえておきたいポイントがあります。下記のデータでもう一度、リスク比とオッズ比を計算してみます。

表3.11 リスク比とオッズ比の計算

	肺がん あり	肺がん なし
喫煙 あり	20	80
喫煙 なし	20	80

このデータの場合、喫煙の有無に関わらず、肺がんを患っている人は20名、患っていない人は80名で、その人数比が変わっておらず、喫煙と肺がんの発症は無関係であることは明らかです。実はこのデータの場合、リスク比とオッズ比はともに計算すると1になります。リスク比もオッズ比も、2つの変数の関係が弱いほど1に近付くということは覚えておきましょう。

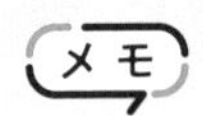

オッズ比 $= \frac{A}{B} \div \frac{C}{D} = \frac{AD}{BC}$ と変換できるので、こちらの式を利用した方がオッズ比の計算は速いです。

コラム

データを取る際に、可能な範囲で、変数を多く取得しておいて損はありません。たとえば、ある野菜を食べて美味しいと感じるかどうかを調査する際に、次のような結果になったとします。

表3.12 ある野菜の好み

1：美味しい	2：美味しくない	合計
600	400	1,000

上記の表を見ると、美味しいと答えた方がやや多めの結果であることがわかりますが、それ以上のことはわかりません。もし、ここで「性別」という変数をデータとして取得していたとしたら、上記に加えて、下記のようなクロス集計表を作成することが可能です。

表3.13 ある野菜の好みと性別のクロス集計表

	1：美味しい	2：美味しくない	小計
1：男性	250	250	500
2：女性	350	150	500
小計	600	400	合計：1,000

「性別」という変数が増えたことにより、新しく見えてくることがあります。それは「この野菜は、男性は特に好きでも嫌いでもありませんが、女性に好まれているのではないか」ということです。「性別」を記録していなかった場合は、この分析はできないことになります。このように「性別」や「地域」などのカテゴリを作り、グループを分けて分析することを**層別分析**（そうべつぶんせき）と呼びます。

また表3.12のように、クロス（交差）していない、1変数のみで集計した表を**単純集計表**と呼びます。

CHAPTER 4

第4章

度数分布表とヒストグラム

4.1

度数分布表

クロス集計表は主に、名義尺度や順序尺度などの質的変数を集計する際に、非常に有効的な手法といえます。また変数の数は、1つあるいは2つとなります。しかし、間隔尺度や比例尺度などの量的変数をクロス集計表でまとめようとすると非常に見づらい表となってしまいます。本章では、量的変数についてデータを見やすく集計するための**度数分布表**と呼ばれる表現方法を紹介します。

例として、200名分の身長を調査したデータを考えてみます。前章でも説明したように、『1人目の身長は162.2cm、2人目の身長は151.27cm、3人目は…』と読み上げていく方法は非常にわかりにくいです。一般的に、データというのは元のまま直接見ても、把握しづらいことが多いのです。このデータを説明するための別の方法として「140（以上）～145（未満）cmの人は1人、135～140cmの人は10人…」と伝えると、元データそのまま伝えるよりも大分わかりやすくなります。これを表の形にしたものが度数分布表になります。次の表が、200名分の身長データを示した度数分布表の例です。

表4.1 身長データの度数分布表

階級			度数
130以上	～	135未満 cm	0
135	～	140	0
140	～	145	5
145	～	150	11
150	～	155	18
155	～	160	26
160	～	165	30
165	～	170	41
170	～	175	31
175	～	180	27
180	～	185	7
185	～	190	4
190	～	195	0
195	～	200	0
合計			200

表4.1を見ながら、いくつかの注意点と用語を紹介していきます。

階級というのは「○○～□□の間に」ということを示したものです。表の中では1つ1つに単位を付けると大変なうえに、逆に見づらくなってしまうこともあるので、本例のように、最初の項目にのみ単位が表記されることも多いです。また、135cmの人がどちらに振り分けられるかが明確になるように、「以上・より大きい」や「未満・より小さい」などの記載もしておく方が良いでしょう。あるいは、テストの点数のように、小数点が存在しないことがわかっているデータの場合は、『0～9』で最初の階級、『10～19』で次の階級、とすることも可能で、その場合は「以上」や「未満」などを表記する必要はありません。

度数というのは、その階級に含まれるデータ数のことです。今回の場合は「人数」という見出しでも良さそうですが、データの種類によって「人数」や「個数」など、見出し名を変更することが面倒ですので、度数という用語を用います。通常、度数には「○○人」や「□□個」などの単位は付けずに省略します。また、度数の合計はデータ数と一致するはずですので、検算や確認に利用すると良いでしょう。

分布という言葉は一般的な用語としても使いますが、基本的に、どこにどの程度のデータ数が集まっているかといったことを示します。

以上の言葉を用いて度数分布表を定義すると、『階級ごとの度数を示し、分布を把握するための表』ということになります。

表4.1を確認すると、165～170cmのあたりにデータが集まっていることや、135～140cmあたりにはまったくデータがないことが確認できます。このように、分布の全体像を容易に把握できるようになることが度数分布表の最大の利点となります。そのために、度数分布表を作成する際には、度数順に並べたりするようなことは行わず、必ず階級の小さい順に行を並べるようにしましょう。

度数を確認することで、それぞれの階級にどの程度の人数がいるかわかりますが、それが全体の何割程度であるのかが、少しわかりづらいです。そこで**相対度数**と呼ばれる、各階級の構成比を度数分布表の中に示す方法もあります。表4.2が相対度数付きの度数分布表になります。

第4章

表4.2 相対度数付きの度数分布表

階級	度数	相対度数
130以上 ～ 135未満 cm	0	0
135 ～ 140	0	0
140 ～ 145	5	0.025
145 ～ 150	11	0.055
150 ～ 155	18	0.09
155 ～ 160	26	0.13
160 ～ 165	30	0.15
165 ～ 170	41	0.205
170 ～ 175	31	0.155
175 ～ 180	27	0.135
180 ～ 185	7	0.035
185 ～ 190	4	0.02
190 ～ 195	0	0
195 ～ 200	0	0
合計	200	1.0

表4.1では、165～170cmのあたりにデータが集まっていることがわかりましたが、表4.2ではさらに、その割合が全体の0.205（20.5％）であることがわかります。式としては、

> 相対度数＝その階級の度数÷全体のデータ数

で求めることができ、この式に当てはめると、

41÷200＝0.205

のように計算することができます。

報告書を作成したりプレゼンを行ったりする際に、何か特別な制限がないようであれば、度数分布表の中には相対度数を含めておいた方が、より情報として伝わりやすくなります。相対度数の合計は必ず1.0になりますので、そちらも確認しておきましょう。

また、相対度数の表記の際には歩合が用いられることが多いですが、百分率を用いても構いません。その場合は、百分率であることが明確になるように、

見出しを「相対度数（%）」などとした方が良いでしょう。

度数分布表の中の、度数と相対度数により、各階級にどの程度のデータが集まっているかについて、データ数と割合で、一目でわかるようになりました。度数分布表の中でもう1つ、頻繁に利用されるものが、**累積度数**と**累積相対度数**です。度数と相対度数の頭に、それぞれ累積という言葉が付いたものですが、これらは「その階級までの度数（相対度数）」を示したものになります。実物を見た方がわかりやすいと思いますので、図4.1に累積度数と累積相対度数を追加した度数分布表を示します。

図4.1 累積度数および累積相対度数付きの度数分布表

累積 … その階級までの和（足し算）

階級			度数	相対度数	累計度数	累計相対度数
130以上	～	135未満 cm	0	0	0	0
135	～	140	0	0	0	0
140	～	145	5	0.025	5	0.025
145	～	150	11	0.055	16	0.08
150	～	155	18	0.09	34	0.17
155	～	160	26	0.13	60	0.3
160	～	165	30	0.15	90	0.45
165	～	170	41	0.205	131	0.655
170	～	175	31	0.155	162	0.81
175	～	180	27	0.135	189	0.945
180	～	185	7	0.035	196	0.98
185	～	190	4	0.02	200	1.0
190	～	195	0	0	200	1.0
195	～	200	0	0	200	1.0
合計			200	1.0	200	1.0

図4.1を見ると、150〜155cmの累積度数が34となっていますが、これはその階級まで（当該の階級も含める）の度数の和となります。具体的な計算としては、

$$0+0+5+11+18=34$$

で求めることが可能です。また同階級の累積相対度数が0.17となっていますが、こちらも同様にその階級までの、相対度数の和であり、

$$0+0+0.025+0.055+0.09=0.17$$

の計算で求まります。

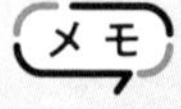

累積度数の計算は、そこまでの度数をすべて足し算しても求められますが、「1つ上の階級までの累積度数＋その階級の度数」の計算を用いると、より容易に求めることが可能です。上記例の150〜155cmの累積度数を求める際に、

16（1つ上の階級までの累積度数）+18（その階級の度数）=34

と求めても、等しい値になることが確認できます。累積相対度数についても同様の計算方法を利用可能です。

累積度数および累積相対度数がないと、165〜170cmの階級に41名（割合にして20.5%）の人が集まっていることしかわかりませんが、累積情報が付いていると、170cm未満までに131名（割合にして65.5%）の人がいることがわかります。「全体の$\frac{2}{3}$程度が170cmまでにいるのか」といったように、データをより具体的にイメージできるようになってきます。

最後に、合計については注意が必要です。累積度数および累積相対度数の合計を求める際には、各累積の足し算を行ってはいけません。その計算を行ってしまうと、人数はデータ数を上回り、割合も1.0（100%）を超えてしまいます。累積の合計は、最後の階級の累積値と同じ値を入れれば良いです。

図4.2 累積度数および累積相対度数の合計値

170	～	175	31	0.155	162	0.81
175	～	180	27	0.135	189	0.945
180	～	185	7	0.035	196	0.98
185	～	190	4	0.02	200	1.0
190	～	195	0	0	200	1.0
195	～	200	0	0	200	1.0
	合計		200	1.0	200	1.0

累積の合計値は、足し算を行わない。
最後の階級の累計値と同じ値となる。

度数分布表の最後の項目について学習するため、少し視点を変えて、今、身長データについて平均値を知りたいとします。元データが手元にあるのなら計算することが可能ですが、次の図4.3のような度数分布表のみがあることを考えます。

図4.3 度数分布表の例題

階級			度数	相対度数	累計度数	累計相対度数
130以上	～	135未満 cm	0	0	0	0
135	～	140	0	0	0	0
140	～	145	5	0.025	5	0.025
145	～	150	11	0.055	16	0.08
150	～	155	18	0.09	34	0.17
155	～	160	26	0.13	60	0.3

この度数分布表から平均値を計算するためにはどのようにすれば良いでしょうか。平均を求めるためには、まず合計を知る必要があります。そして合計を求める際に、度数が0の部分は気にする必要はありませんが、たとえば、140～145cmの5名をどう扱うかが問題になってきます。もちろん、度数分布表か

らのみでは個別の値はわかりません。ここで5名全員を最低値である140cmとして扱ってしまうと平均身長は低くなってしまいそうですし、最高値である約145cmとして扱うと今度は平均値が高くなりすぎてしまいそうです。そこで、平均値を計算する際に、5名全員を、その階級の中間値である142.5cmとして扱います。そのように計算すれば、平均値が大きすぎず小さすぎず、最も妥当な値に近くなるだろう、という発想です。この各階級の中間値となる値のことを**階級値**と呼びます。たとえば、140～145cmの階級値は、その間を取る形で、（140＋145）÷2＝142.5 cmとなります。

では、階級値を加えた度数分布表を表4.3に示します。

表4.3　階級値付きの度数分布表

階級	階級値	度数	相対度数	累積度数	累積相対度数
130以上 ～ 135未満 cm	132.5	0	0	0	0
135 ～ 140	137.5	0	0	0	0
140 ～ 145	142.5	5	0.025	5	0.025
145 ～ 150	147.5	11	0.055	16	0.08
150 ～ 155	152.5	18	0.09	34	0.17
155 ～ 160	157.5	26	0.13	60	0.3
160 ～ 165	162.5	30	0.15	90	0.45
165 ～ 170	167.5	41	0.205	131	0.655
170 ～ 175	172.5	31	0.155	162	0.81
175 ～ 180	177.5	27	0.135	189	0.945
180 ～ 185	182.5	7	0.035	196	0.98
185 ～ 190	187.5	4	0.02	200	1.0
190 ～ 195	192.5	0	0	200	1.0
195 ～ 200	197.5	0	0	200	1.0
合計		200	1.0	200	1.0

階級値には合計値がないので、その点だけ確認しておきましょう。では、新しい用語や計算方法がいくつか出てきたので、ここまでの内容について練習問題を通して確認してみましょう。

130～135cm未満の階級値を求める際に、その階級の最大身長は厳密には134.9999…cmになります。この値を用いて計算すると階級値は132.4999…となりますが、統計学は数学と異なりそこまで厳密である必要はなく、役に立つ値がわかれば問題ありません。したがって、中央値は132.5の値で精度としては十分であり、元々の階級の最大値についても、「未満」というよりも、ほぼ135cmと考えて構いません。

練習問題 4.1

下記は、あるクラスで100点満点の算数のテストを行った結果となる度数分布表です。

表4.4 あるクラスの算数のテストの度数分布表

階級	度数
0～9点	0
10～19	2
20～29	0
30～39	4
40～49	10
50～59	4
60～69	2
70～79	4
80～89	6
90～100	10

(1) 度数分布表に、「階級値」、「相対度数」、「累積度数」、「累積相対度数」、「合計」を加えてみましょう。

(2) このテストの平均値は、何点程度と考えられますか。

解答と解説 4.1

(1) は下記のようになります。今回の例のように、計算の中で四捨五入を行っていると、相対度数などの合計値が表の中で一致しないことがありますが、そのあたりは誤差として基本的には気にしなくて構いません。

表4.5 集計した度数分布表

階級	階級値	度数	相対度数	累積度数	累積相対度数
0～9点	4.5	0	0	0	0
10～19	14.5	2	0.0476	2	0.0476
20～29	24.5	0	0	2	0.0476
30～39	34.5	4	0.0952	6	0.1429
40～49	44.5	10	0.2381	16	0.3810
50～59	54.5	4	0.0952	20	0.4762
60～69	64.5	2	0.0476	22	0.5238
70～79	74.5	4	0.0952	26	0.6190
80～89	84.5	6	0.1429	32	0.7619
90～100	95	10	0.2381	42	1.0
合計		42	1.0	42	1.0

※小数点第5位を四捨五入

階級値に着目しておきましょう。今回の度数分布表では、階級の幅について、最後の階級のみ10、それ以外は9となっています。したがって、最後の階級値のみ、値が少し特殊に感じるかもしれませんが、上記で正しい値となっています。各階級の幅は、すべて一致させる必要はなく、本例のように一部幅がずれている階級があっても構いません。ただし、不必要に階級幅をバラバラにする必要もありません。

(1) で作成した度数分布表の階級値と度数をもとに平均値を計算します。平均値は「合計÷個数」で求めることができ、今回の合計を求める際には階級値×度数を掛け算したものをすべて足し合わせれば良いので、

$$\frac{14.5\times2+34.5\times4+44.5\times10+54.5\times4+64.5\times2+74.5\times4+84.5\times6+95\times10}{42}=\frac{2714}{42}\fallingdotseq64.62$$

となり、64.62点程度と考えることが妥当でしょう。もちろん、この値は元データから算出した平均値の正確な値とは異なりますが、ある程度近い値となっている可能性は高いです。このあたりも統計学の特徴であり、完全に正確な値でなくとも近い値、役に立つような値であれば多少の誤差は大きな問題となることはありません。

4.2 ヒストグラム

本節では、新たなグラフとして**ヒストグラム**の学習を行います。ヒストグラムは、度数分布表を元データとし、横軸に階級、縦軸に度数を軸として作成するグラフになります。例として、表4.1の度数分布表を改めて確認し、それをヒストグラムにしたものを下記に示します。

図4.4 度数分布表とヒストグラム

階級			度数
130以上	～	135未満 cm	0
135	～	140	0
140	～	145	5
145	～	150	11
150	～	155	18
155	～	160	26
160	～	165	30
165	～	170	41
170	～	175	31
175	～	180	27
180	～	185	7
185	～	190	4
190	～	195	0
195	～	200	0
合計			200

グラフ化

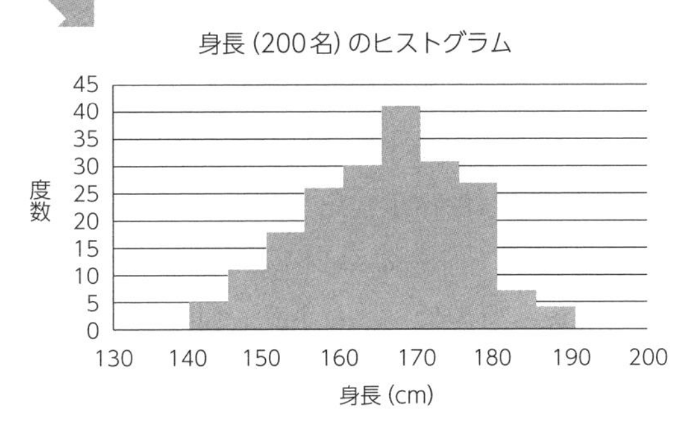

一見すると、度数分布表を棒グラフにすれば良いのかと考えてしまうかもしれませんが、棒グラフとヒストグラムは似ているようで、一部異なる点があります。図4.5に同じ度数分布表を棒グラフで表現したものを示しますので、上記のヒストグラムとの違いを確認していきましょう。

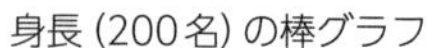

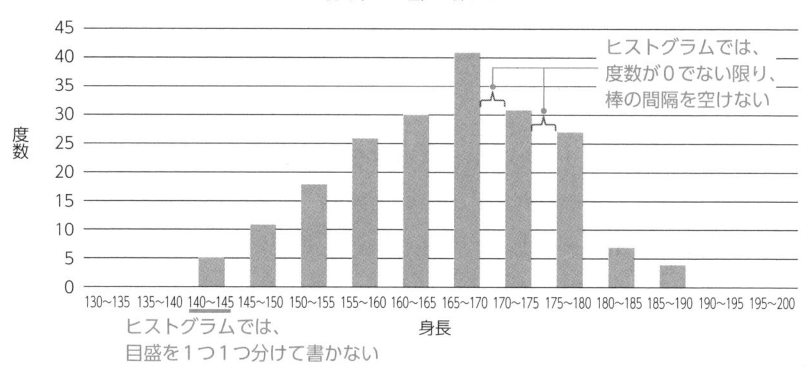

図4.5 棒グラフ

ここでまず確認したい1点目は、グラフの上での棒の間隔です。ヒストグラムは度数分布表をグラフにしたものであり、それはどのあたりにどの程度のデータが集まっているのか、すなわち分布が明確に示されている必要があります。度数分布表で棒の間隔が空いているということは、そこにはデータが存在しないことを表します。したがいまして、ヒストグラムでは階級の度数が途切れていない限りは、棒の間隔を空けないようにします。2点目は、横軸の目盛です。図4.4と図4.5を見比べるとわかるのですが、図4.4では連続的に目盛が振られていて見やすいかと思います。またヒストグラムと棒グラフとで異なる点がもう1点あるのですが、そちらに関しては後ほど解説します。

次にヒストグラムから読み取れる情報を確認していきましょう。図4.4を見ると、「身長170cm手前あたりにデータが集まっていること」、「165〜170cmから離れるほどデータが少なくなっていくこと（＝グラフの形状として山が1つ）」、「最も背の低い人は140〜145cm程度、最も背の高い人は185〜190cm程度」といったことが読み取れます。さらに、それぞれの度数も、縦の目盛を確認することで大体はわかります。このように、一目見たのみでデータの全体像が容易に把握できることが、ヒストグラムの最大の利点になります。

またヒストグラムを作成するうえでは、刻み幅が非常に重要です。刻み幅によって見えてくるものが大分変わってくることもあります。図4.4とまったく同じデータについて、130cmから0.1cm刻みで作成したヒストグラムと、

15cm刻みで作成したヒストグラムを図4.6に示します。

図4.6 0.1cm刻みと15cm刻みのヒストグラム

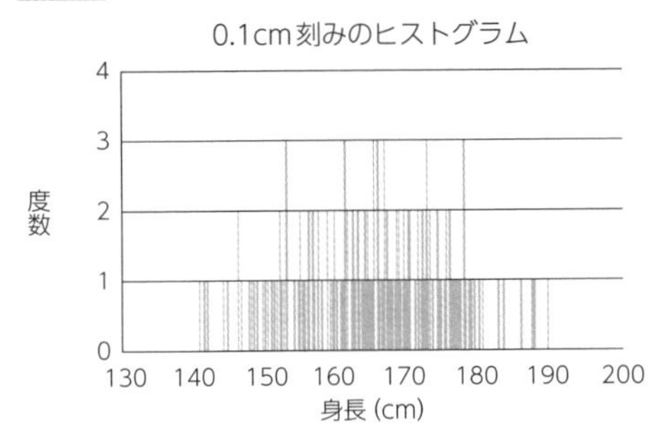

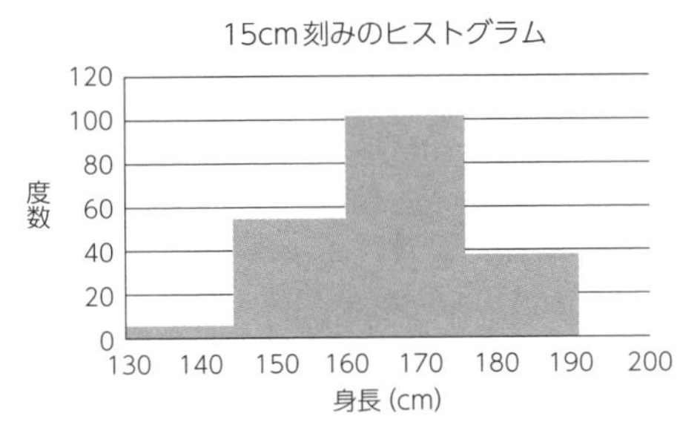

0.1cm刻みの場合、間隔が短すぎて、データがどのあたりに集中しているのか見づらくなっています。一方、15cmにしてしまうと、幅が荒すぎて、160～175cmあたりに人が多いことはわかりますが、より細かい情報が見えなくなってしまいます。したがって、長すぎも短すぎもしない幅を選択するようにしましょう。必要によっては、いくつかの幅でヒストグラムを作成して、実際に見比べながら、最も妥当な幅を見極めても良いかもしれません。

刻み幅を決める際に意識したいことは、自分が強調したいことがわかるようなヒストグラムになることは前提として、もう1つは相手がイメージしやすい刻み幅にすることです。身長データであれば、1、2、5、10cmなどの刻みにするとイメージしやすいですが、3cmや7cmで刻んでしまうと少し見づらいですし、さらには0.7cmのような小数点刻みにしてしまうと、仮にグラフとしては良い形状であったとしても、見る側としてはかなりイメージしにくいものになってしまうでしょう。

ヒストグラムは分布を通して、調査データの全体像を把握するための手法です。この点を理解するうえで、もう1つ重要なポイントを、練習問題を通して確認していきましょう。

練習問題 4.2

次の度数分布表は、中学生80名のお小遣いの金額を調査した結果を示したものです。この度数分布表をもとに、ヒストグラムを作成してください。

表4.6 中学生80名のお小遣い

階級	度数
0以上 ～ 1000未満 円	20
1000 ～ 2000	10
2000 ～ 3000	20
3000 ～ 4000	10
4000 ～ 5000	5
5000 ～ 10000	15

解答と解説 4.2

まず、下記のヒストグラムを確認してみましょう。特に5,000～10,000円の度数に着目します。

図4.7 誤答となるヒストグラム

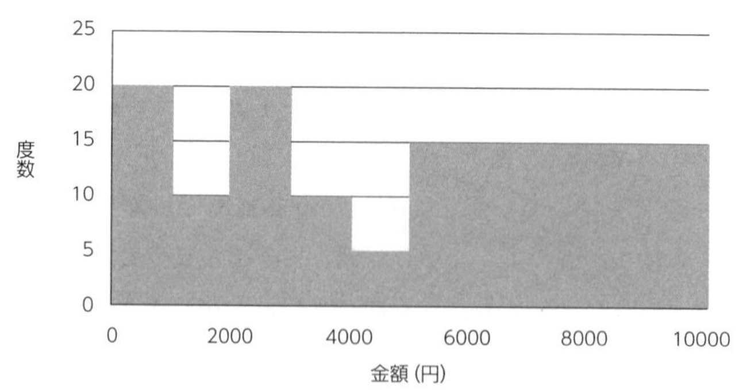

このグラフはヒストグラムの形式は保っているものの、問題文で与えられている度数分布表のヒストグラムとしては間違いです。ヒストグラムは分布を表すもので、どの階級にどの程度のデータが集まっているかを示したものです。上記のヒストグラムだと「4,000～5,000の階級」と「5,000～10,000の階級」のどちらにデータが集まっているように見えるでしょうか。このヒストグラム上では「5,000～10,000の階級」の方がグラフの高さがより高いので、データが集まっているように見えてしまいます。

しかし、元々の度数分布表を考えみると「4,000～5,000の、1,000円の幅に5人」と「5,000～10,000の5,000円の幅に15人」です。階級の幅が5倍も異なります。階級の幅が広ければ、データ数が多くなるのは自然ではありますが、それは決してデータが集まっているからではありません。『データの集まり具合』をより公平に表現するためには、階級幅の異なる箇所に調整を加えてあげる必要があります。「5,000～10,000の5,000円の幅に15人」ですので、1,000円の幅で考えると、

15人÷(5,000÷1,000)＝15÷5＝3人

となります。すなわち、「5,000～10,000の間に15人」というのは「1,000の幅ごとに3人」のデータが集まっていることになります。それをヒストグラムで表現すると、図4.8のようになります。

図4.8 正答となるヒストグラム

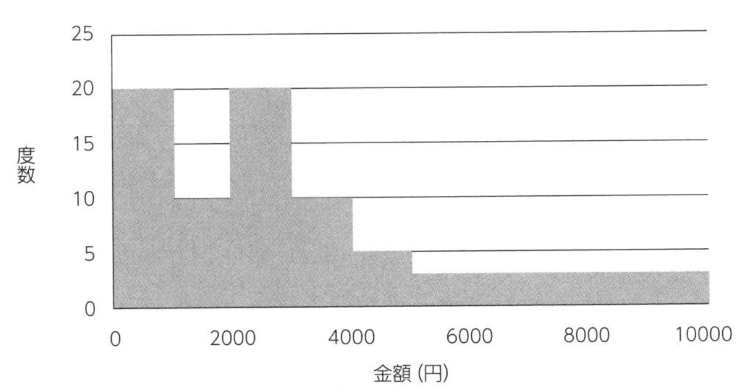

以上を踏まえて、より厳密にいえば、ヒストグラムは「階級の度数」を表したグラフではなく、「**密度**」を表したグラフといえます。密度というのは、その場所にどの程度のデータが集まっているのかを示したもので、密度の全体像を表したものが分布となります。図4.8では5,000～10,000円のお小遣いをもらっている人たちの比率はそこまで高くないことがわかります。

ヒストグラムの特徴について確認できたところで、次に累積相対度数を加えたヒストグラムを確認しましょう。この累積相対度数付きのヒストグラムは、実際にも頻繁に利用される有用度の高いヒストグラムです。次の図4.9は、図4.4で利用していたデータについて、累積相対度数の情報を加えたヒストグラムです。

図4.9 相対度数付きのヒストグラム

階級	度数	累計相対度数
130以上 ～ 135未満 cm	0	0
135 ～ 140	0	0
140 ～ 145	5	0.025
145 ～ 150	11	0.08
150 ～ 155	18	0.17
155 ～ 160	26	0.3
160 ～ 165	30	0.45
165 ～ 170	41	0.655
170 ～ 175	31	0.81
175 ～ 180	27	0.945
180 ～ 185	7	0.98
185 ～ 190	4	1.0
190 ～ 195	0	1.0
195 ～ 200	0	1.0
合計	200	1.0

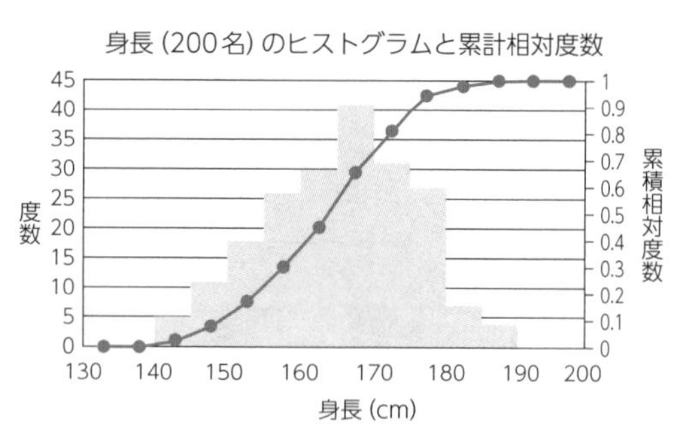

基本的には、度数を棒状のグラフ、累積相対度数を折れ線グラフで表現することが多いです。また目盛については、度数と累積相対度数の目盛をそれぞれ左右に振ります。度数についてはすでに解説済みですので、ここでは累積相対度数の折れ線グラフの特徴について説明します。同グラフは下記の特徴を持ちます。

1. 0（または0%）から始まる
   ※ ただし、最初の階級の度数が0でない場合はこの限りでない
2. 1（または100%）で終わる
3. グラフは右肩上がりであり、決して下がることはない
4. 階級の度数が高いほど傾きは急になり、度数が低いほど緩やかになる。
   また、階級の度数が0の場合、傾きは0（横軸と並行）となる

1. 2. 3. については、相対および累積という特徴を考えれば当然といえます。4. の特徴を言い換えると、累積相対度数の折れ線グラフの傾きは、度数によって決まるということです。傾きが急であるほど度数が高い、すなわちその箇所にデータが集まっているということになります。また、この累積度数の折れ線グラフから、82ページで説明したような内容（170cmまでに割合にして65.5%程度の人がいる）について、視覚的に把握することができます。

第4章

練習問題 4.3

（ア）～（エ）は、ある100点満点のテストについて、4クラス分の累積相対度数を示した折れ線グラフです。いずれのクラスも人数は50名です。

図4.10 4つの累積相対度数グラフ

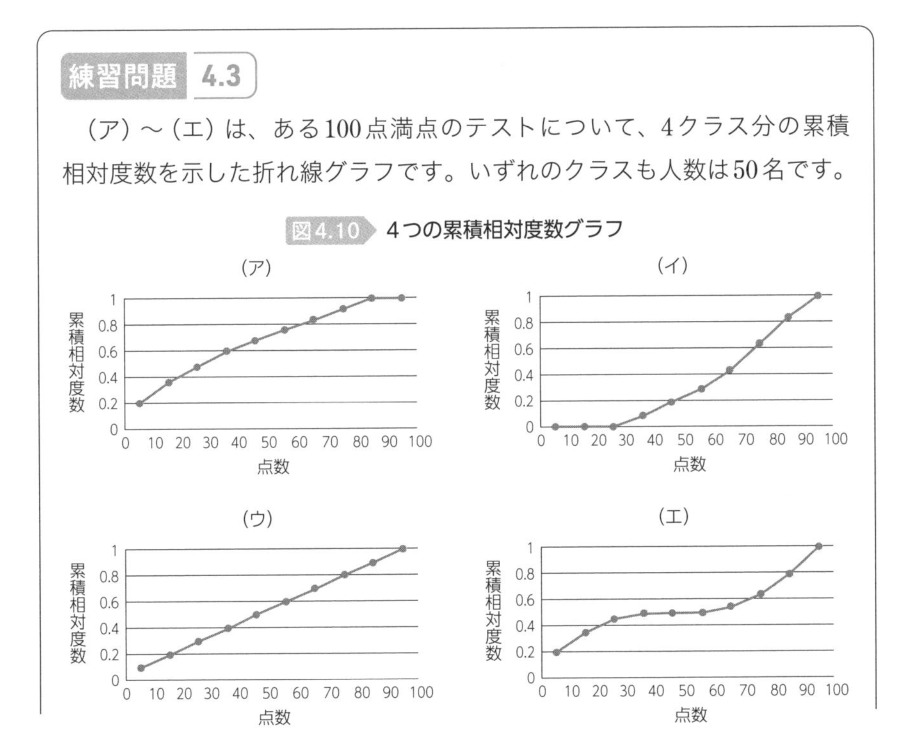

この4つの折れ線グラフはそれぞれ、下の (a) ～ (d) のいずれのヒストグラムに対応するものか選択してください。

図4.11 4つのヒストグラム

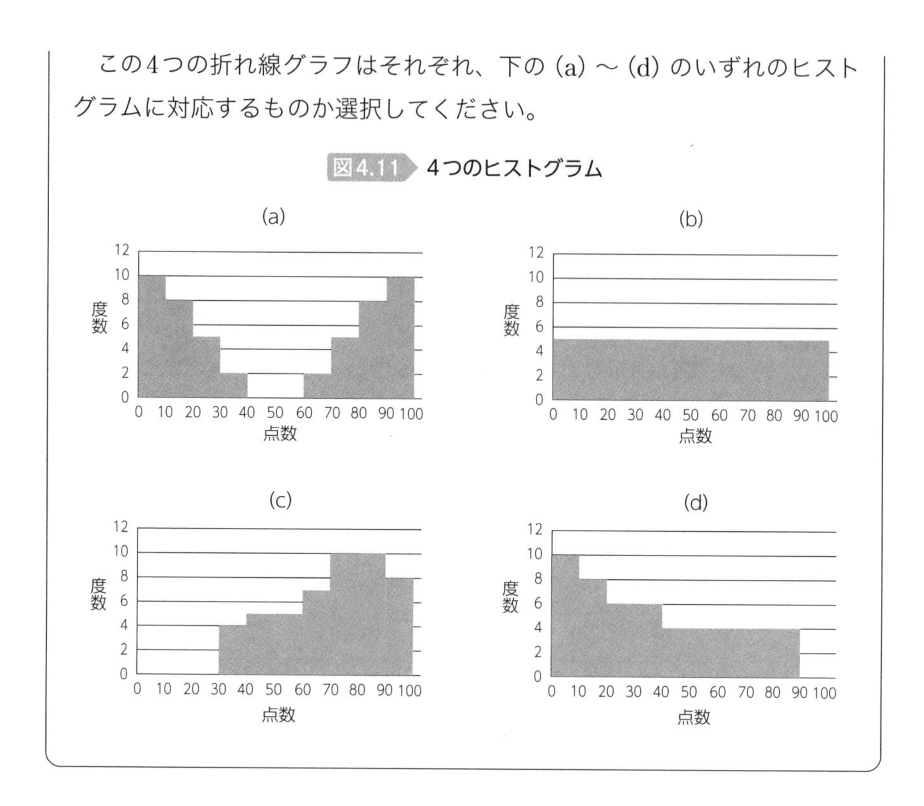

解答と解説 4.3

わかりやすいグラフから確認していくと、(ウ) は最初から最後までずっと一定の傾きで増え続けています。したがって、(b) のヒストグラムであることがわかります。(エ) のグラフは前半に上昇し、中盤は傾きが0になり、その後にまた上昇を開始します。この特徴に一致するヒストグラムは (a) です。(イ) は最初の方はまったく傾きがなく、後半に向けて傾きが一気に大きくなります。これは (c) のヒストグラムの特徴といえます。最後の (ア) のグラフは、前半に傾きが大きく、その後も緩やかに上昇し、最後は傾きが0になっています。すなわち (d) のヒストグラムとわかります。

このように、累積相対度数のグラフがわかると、度数のヒストグラムの形状がある程度予測が付きます。これは逆も成り立ちます。

図4.12 累積相対度数と度数のグラフ

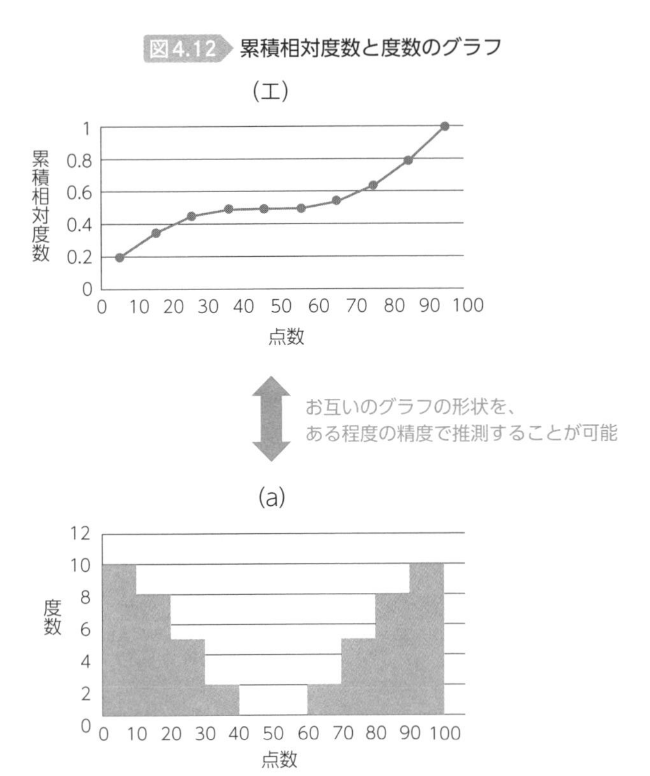

補足として、さらにもう1つ、度数分布表のそれぞれのグラフの特徴を紹介します。図4.13は、練習問題4.3の（エ）の累積相対度数のグラフを左に、それに対応する累積度数を示したグラフを右に並べたものです。

図4.13 累積相対度数（左）と累積度数（右）のグラフ

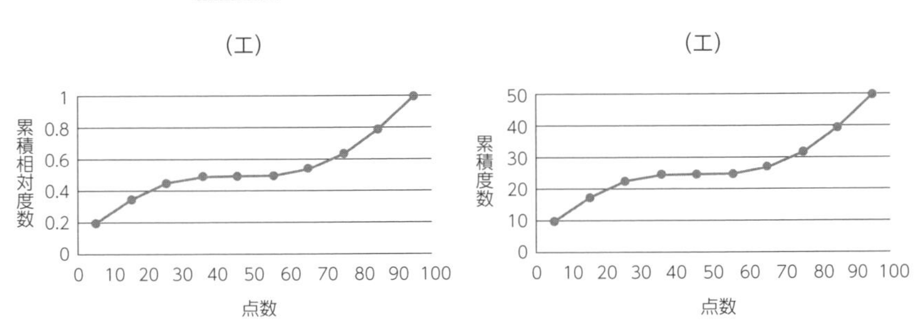

2つのグラフはまったく同一の形状をしていることに気付くと思います。異なるのは目盛のみです。これは偶然ではなく、累積相対度数と累積度数は目盛さえ調整すれば同一の形状になります。そもそも累積相対度数の各値は、累積度数を割合に変換したのみですのでグラフの形状自体は変わりません。

これと同様のことが、度数と相対度数にもいえます。図4.14は、練習問題4.3の(a)の度数のヒストグラムを左に、それに対応する相対度数のヒストグラムを右に並べたものです。

図4.14 度数（左）と相対度数（右）のヒストグラム

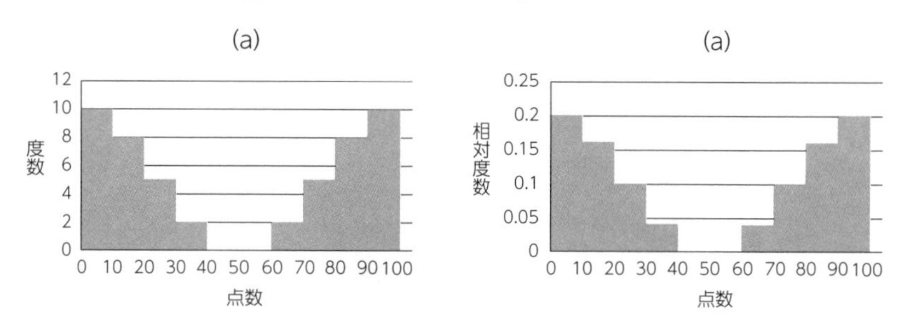

相対度数の各値も、度数を割合に変換したものであり、目盛の振り方さえ変えてあげればやはり同じ形状となります。したがって、どちらか一方のグラフが確認できれば、もう一方のグラフの形状を確認する必要はほとんどないといえるでしょう。

Excelでやってみよう

ここまでの内容を踏まえ、図4.9で紹介した度数分布表およびヒストグラムについてExcelを用いて作成してみましょう（292ページ）。

コラム

本文では棒グラフ状のヒストグラムを紹介しましたが、度数を直線で結んだ折れ線グラフ状のヒストグラム、さらにそれを円滑化した曲線タイプのヒストグラムもあります（図4.15）。

いずれも、データとしては棒グラフ状のものが基本であると考えて構いません。

図4.15 いくつかのタイプのヒストグラム

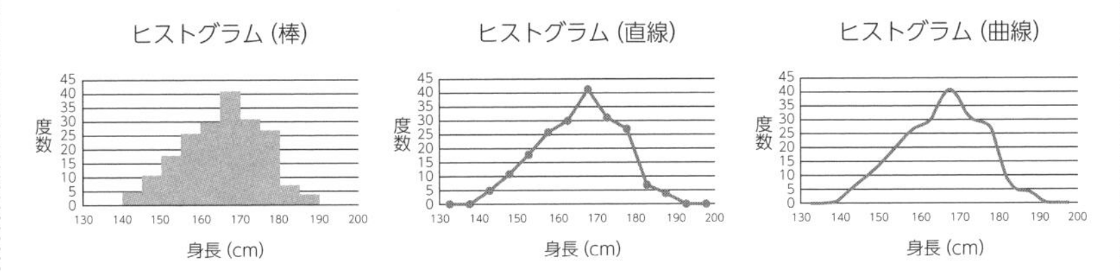

通常は棒グラフ状のヒストグラムを利用していれば問題ありません。ただし、ヒストグラムに複数のグラフを重ねる場合、棒状のグラフは非常に見づらくなります。

したがって、複数のグラフを重ねる場合は、折れ線などの別タイプのグラフを利用すると良いでしょう（図4.16）。

図4.16 複数重ねたヒストグラム

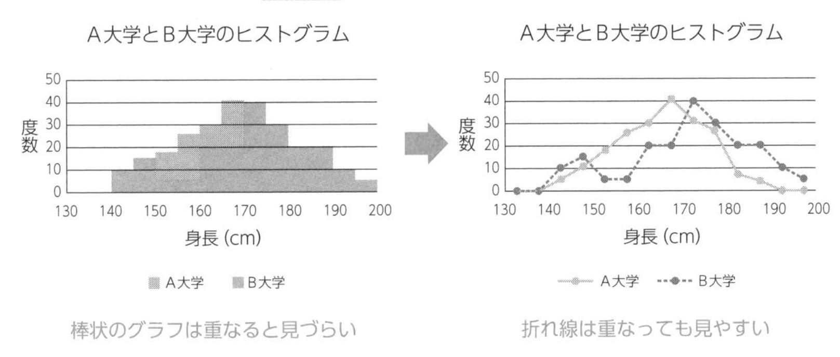

4.3 ローレンツ曲線とジニ係数

ここでは**ローレンツ曲線**と**ジニ係数**という、ある集団における貧富の差が、大きいかどうかを示すための、2つの経済指標について紹介します。

まず下記の表を見てみましょう。

表4.7 調査対象10名の年収

調査番号	年収（万円）
1	100
8	100
10	200
2	200
7	200
3	300
5	400
6	1000
4	1500
9	2000

10名の年収について、小さい順（昇順）に並べてあります。この小さい順に並べてあることが重要なポイントです。次に年収の累積値を計算し、さらには人数の累積比率と年収の累積比率をそれぞれ求めます。

表4.8 年収の累積値

調査番号	人数の累計比率	年収（万円）	年収の累積値	年収の累計比率
1	0.1	100	100	0.0167
8	0.2	100	200	0.0333
10	0.3	200	400	0.0667
2	0.4	200	600	0.1000
7	0.5	200	800	0.1333
3	0.6	300	1100	0.1833
5	0.7	400	1500	0.2500
6	0.8	1000	2500	0.4167
4	0.9	1500	4000	0.6667
9	1.0	2000	6000	1.0000

累積値の計算を終えたら、この累積値について、折れ線グラフで表します。折れ線グラフは通常、時系列データを表現するのに用いますが、今回学習するローレンツ曲線も、折れ線グラフで表現します。ただし、時系列データではないので間違えないようにしましょう。

図4.17 表4.8のデータにおけるローレンツ曲線

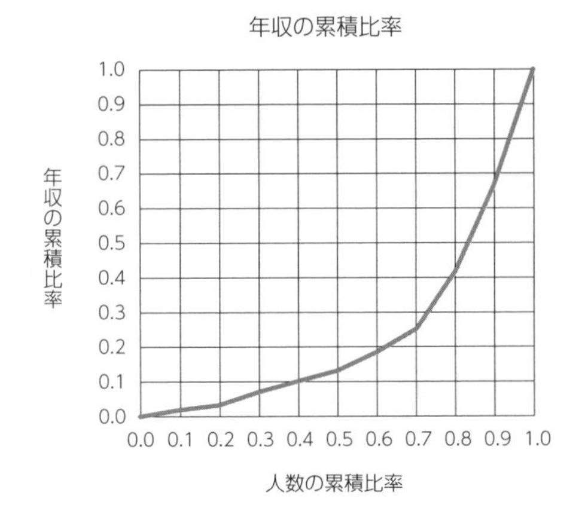

人数が10名ですので、横軸はちょうど0.1刻みになります。そして縦軸である年収の累積比率は、1人目の約0.0167の値から始まり、10人目の箇所で1.0に到達します。図4.17のグラフの形状として、右下方向にややへこんだ形に

なっていることが確認でき、これをローレンツ曲線と呼びます。すなわち、データを小さい順に並べ、累積比率を折れ線グラフで表したものです。では、なぜこのグラフで貧富の差がわかるのか考えてみます。

もし仮に、今回の10名に貧富の差がなく、600万円ずつ稼いでいたとしたら、表は次のようになります。

表4.9 貧富の差がまったくない年収と累積値

調査番号	人数の累計比率	年収（万円）	年収の累積	年収の累計比率
1	0.1	600	600	0.1
8	0.2	600	1200	0.2
10	0.3	600	1800	0.3
2	0.4	600	2400	0.4
7	0.5	600	3000	0.5
3	0.6	600	3600	0.6
5	0.7	600	4200	0.7
6	0.8	600	4800	0.8
4	0.9	600	5400	0.9
9	1.0	600	6000	1.0

そしてローレンツ曲線を表すグラフは次のようになります。

図4.18 表4.9のデータにおけるローレンツ曲線

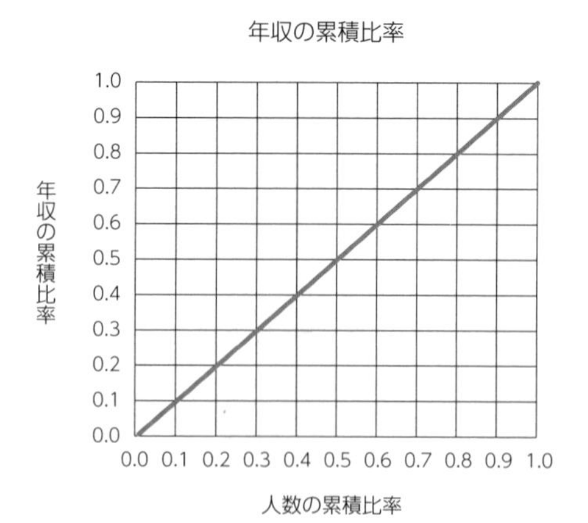

図4.18を見てわかるように、曲線ではなく、完全な直線となります。すなわち、貧富の差がまったくない状態では、ローレンツ曲線は1本の直線となるのです。貧富の差が激しく、貧しい人が多いと、ローレンツ曲線は、初めのうちは緩やかに進み、最後の方になってからグラフは一気に上昇します。その結果として、先ほどのような右下方向にへこんだ形状となります。

したがいまして、ローレンツ曲線の右下方向へのへこみ具合が大きいほど、貧富の差が激しいということになります。

もう一方のジニ係数とは、ローレンツ曲線のへこみ具合を数値化したものです。具体的には、下記のように、ローレンツ曲線の左下と右上を基準として描いた直角三角形に対して、へこんだ部分の面積の比率がどれくらいになるかという数値です。

図4.19 ジニ係数が指す面積の箇所

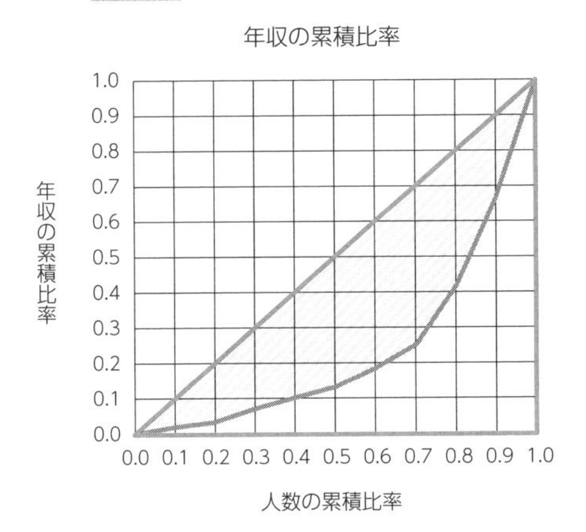

貧富の差がまったくない状態であれば、ジニ係数は0となります。またジニ係数の最大値は1です（1人のみに収入があり、ほかの人は全員0の状態）。ジニ係数の計算方法については、やや面倒な手順となるので本書では割愛しますが、数値の意味だけは押さえておきましょう。また比率を表す際には歩合を用いるので、百分率で考えないよう注意しましょう。

CHAPTER 5

第5章

要約統計量

5.1 数値要約

3章でクロス集計表、4章で度数分布表とヒストグラムを学習しました。これらは、相手にデータを説明する際に、図表を用いてより視覚的に概要を伝える手法です。特に前章でも説明したように、ヒストグラムは、データの分布や全体像を把握するために非常に有用な手法といえます。

本章では、図表ではなく、個別の数値を用いることで相手にデータを説明する方法を学習します。「大学生の身長データを調べてきました」と言われたときに、どのような数字を教えられると、データの全体像をイメージできるでしょうか。『最も低い身長の人は135.2cmでした』と説明されると、下限値についてのイメージが湧くようになります。これはすなわち、135.2という数値が、データの全体像をイメージするうえで役に立っているためであるといえます。

このように、データの全体像を伝えるために、数値でデータを説明（表現）することを**数値要約**と呼びます。また数値要約を行う際に出てくる数値1つ1つのことを**統計量**と呼びます。先ほどのデータの中で最も小さい値も統計量の1つですし、ほかには**平均値**もデータをイメージするうえで重要な情報となる統計量の1つです。

図5.1 数値要約と統計量

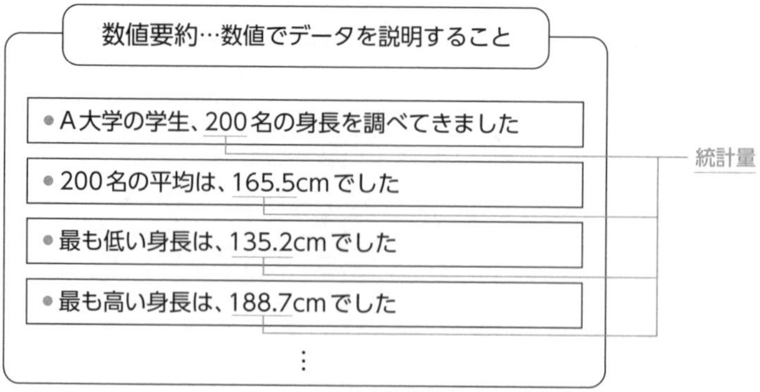

数値要約…数値でデータを説明すること

- A大学の学生、200名の身長を調べてきました
- 200名の平均は、165.5cmでした
- 最も低い身長は、135.2cmでした
- 最も高い身長は、188.7cmでした

⋮

統計量

数値要約は、データを相手に伝えるための統計学、すなわち記述統計学の重要な要素であり、本章では特に要約統計量について学習していきます。**要約統計量**とは、統計量の中でもとりわけ重要度の高いと考えられている基礎的な値のことであり、具体的には図5.2にリストアップされる値のことです。

図5.2 要約統計量

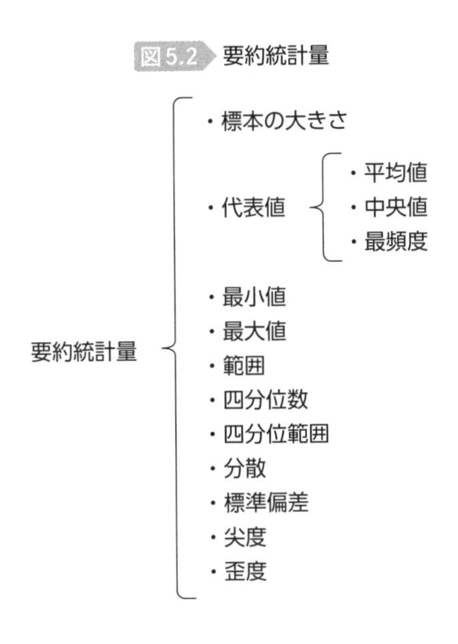

平均値、最小値、最大値あたりは聞き慣れている人も多いかもしれません。ほかの用語については、統計学の入門者にとっては初めて耳にするものもあるでしょう。また要約統計量については、明確に定義があるわけではなく、多くの場合は図5.2で示したようなものが挙げられますが、場合によってはいくつか少なかったり、あるいは逆にいくつかほかの統計量が含まれたりする場合もあります。

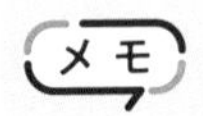

要約統計量は、ほかに**記述統計量**、**基本統計量**、**基礎統計量**といった呼ばれ方をすることもあります。

では、上記の要約統計量について、1つ1つその内容について理解していきましょう。

標本の大きさ

1つ目は**標本の大きさ**（**標本サイズ**）です。統計学では母集団を調査できることは少なく、多くの場合は母集団から抽出した標本を調査することになる、という話を第1章で行いました。標本の大きさとは、その際に調査する標本のデータ数のことです。ある番組の視聴率を調査したい際に、1,000名にアンケートを行ったとしたら、標本の大きさは1,000となります。あるいは、A大学の学生10,000名の平均身長を推測するために200名の身長を測ったとしたら、標本の大きさは200となります。

詳しい話をするためには推測統計学の内容を学習する必要がありますが、標本の大きさは調査の信頼性に関わってきます。ここでいう信頼性とは、「母集団の値とどの程度一致しそうか」ということです。たとえば、A大学の学生の平均身長を推測する際に、標本として3名しか調査していなかったとしたら、その平均値の信頼性はかなり低いことは感覚的にもわかるでしょう。「もし200名ほど調査したら、もう少し母集団に近い値が期待できるのではないか」、「1,000名も集めたら母集団の平均値に近い値となる確率がさらに増すのではないか」ということが、標本の大きさと信頼性の関係になります。

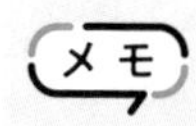

標本の大きさは、**標本数**と表記されることがしばしばあります。もしこの表記を見かけた場合は基本的に「標本数＝標本の大きさ」という認識で構いません。

最小値／最大値

最小値とはデータの中で最も小さな値のことであり、**最大値**とはデータの中で最も大きな値を指します。標本200名の身長を計測して、135.2cmの人が最も身長が低ければ最小値は135.2、188.7cmの人が最も身長が高ければ最大値は188.7となります。最小値と最大値の2つの統計量がわかると、ヒストグラムの下限値と上限値がそれぞれイメージできるようになります。

次に**範囲**という用語です。一般的な言葉の感覚では、「200名の身長を測ったところ135.2～188.7の範囲に全員が収まっていました」と表現しがちですが、統計学の用語としての「範囲」は少し異なり、

範囲 = 最大値 − 最小値

で求められる統計量のことを指します。すなわち上記例では、

188.7 − 135.2 = 53.5

の値が範囲となります。統計学で範囲といった場合に、「どこからどこまで」ではなく、1つの値として示すことになるので、間違えないようにしましょう。

範囲は、データの散らばり具合(散布度)を見るための1つの目安となります。「200名の身長データを図ったところ、範囲が5でした」と言われると、皆あまり差がなく似たような身長であることがわかりますし、「範囲が53.5でした」と言われたら、上から下までそれなりに差があることがわかります。

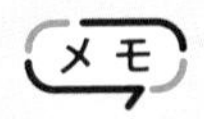

範囲は、データの散らばり具合を確認するための1つの目安ではありますが、頻繁に利用されるものではありません。散らばり具合を確認するためには、この後に学習する分散という指標(基準)が最もよく使われます。

代表値(平均値/最頻値/中央値)

新しい用語の説明のために、ここでは別のデータ例を用います。中学生9名の毎月のお小遣いの金額を示した表が下記にあります(※データは説明をわかりやすくするために、昇順(値の小さい順)に並べてあります)。

表5.1 9名のお小遣いの金額

調査対象No.	金額(円)
1	0
2	0
3	1,000
4	2,000
5	3,000
6	3,000
7	3,000
8	5,000
9	100,000

まず**代表値**というのは、データの中心を示す値です。データの中心というと、イメージが湧きづらいと思うので、より簡潔な言い方をすると、「皆どれくらいお小遣いをもらっているか」という値です。9名がどれくらいお小遣いをもらっているかということについて聞かれたら、いくらと答えるでしょうか。これにはただ1つの解答が存在するわけではなく、代表値を決める際にはいくつかの方法があり、その代表値の決め方によって、その値も変わってきます。

皆いくらくらいもらっているのかという値を決めるために、**平均値**を求めれば良いのではないかと考える人もいるかもしれません。この方法は間違いではなく、実際に平均値は、代表値を決める際の方法の1つとなります。平均値は下記の方法で求めることができます。

平均値 ＝ データの合計値 ÷ 標本の大きさ

先ほど学習した、標本の大きさという用語が出てきました。では、実際に上記の表について、平均値を求めてみましょう。

$$(0+0+1{,}000+2{,}000+3{,}000+3{,}000+3{,}000+5{,}000+100{,}000) \div 9$$
$$= 117{,}000 \div 9 = \underline{13{,}000}$$

平均値は13,000です。では、「9名がみんなお小遣いを13,000円程度もらっている」と説明された際に、どの程度納得できるでしょうか。実際に9名のうち13,000円近くもらっている人は1名もおらず、もっといえば9名中8名が平均値を大きく下回っています。このような数値を代表の値として良いのかと、あまりしっくりとこない値であると感じる人も多いでしょう。では、そうなってしまった原因はどこにあるかというと、100,000円のお小遣いをもらっている調査対象者がいたことです。この1人がほかの人よりもお小遣いをもらいすぎているために、平均値の金額が大きく上に引っ張られてしまっています。

実は平均値というのは、このような「極端に大きな値」や「極端に小さな値」に引っ張られやすいという特徴があります。さらにデータ数が少ないほど、より引っ張られやすくなります。そのため、平均値をもって代表的な値（代表値）とすることに問題が生じるケースがあります。

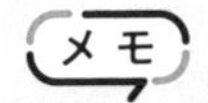

上記のように、極端に大きな値や極端に小さな値のことを**外れ値**と呼びます。外れ値の中でも、測定ミスや記入ミスなど、本来正しい値でないものを**異常値**と呼ぶことがあり、この異常値については分析の際に除外すべきです。一方、正しい調査のもとに紛れ込んでいる外れ値をどのように処理するかは、分析の手法や目的によって異なります。また、ほかの値からどの程度離れている値を外れ値とするのかについては、いくつかの決め方があるのですが、より高度な内容となるので本書では割愛します。

次に代表値の求め方の2つ目として**最頻値**を紹介します。最頻値は、その名が示すように、最も高い頻度で現れる値を代表値とするもので、多数決の考え方で代表値を決める手法です。表5.1では、3,000円が3名、0円が2名、その他の金額が1名です。すなわち、3,000が最も多数派になるので、この値が最頻値です。人数（3）の方ではなく、データの値（3,000）の方が最頻値となるので、間違えないようにしましょう。「みんなお小遣いを3,000円程度もらっている」と説明を受けたら、どの程度納得できるでしょうか。平均値の13,000円よりも妥当な値といえる気がします。最頻値の特徴としては、外れ値の影響を受けにくいことが挙げられます。仮に1億円のお小遣いをもらっている人が含まれていたとしても、最頻値はその値に引っ張られることはありません。

また、最頻値が複数同率であった場合はどうなるでしょうか。もし3,000円が3名、5,000円が3名と、度数の1位となる金額が並んでいた場合は、最頻値は3,000および5,000のように、該当するものをすべて列挙します。このとき、決して行ってはいけないのは、3,000と5,000で間をとって4,000のようにしてしまうことです。これを行ってしまうと、4,000は特に多数派とは限らないので、最頻値の定義そのものが崩れてしまいます。また、いずれの度数も1の場合、通常は最頻値を「なし」として扱います。

代表値の3つ目は**中央値**と呼ばれ、順位的に真ん中となるデータ値を中心と考える手法です。9名いたら、順位的に真ん中となるのは何位でしょうか。答えは5位です。5位の人から見ると、自分より上に4名、自分より下に4名いることになるので、ちょうど真ん中といえます。また、後ほどの練習問題でより詳しく解説しますが、12名いた場合は6.5位がちょうど真ん中の順位ということになります。

図5.3 9名の真ん中の順位

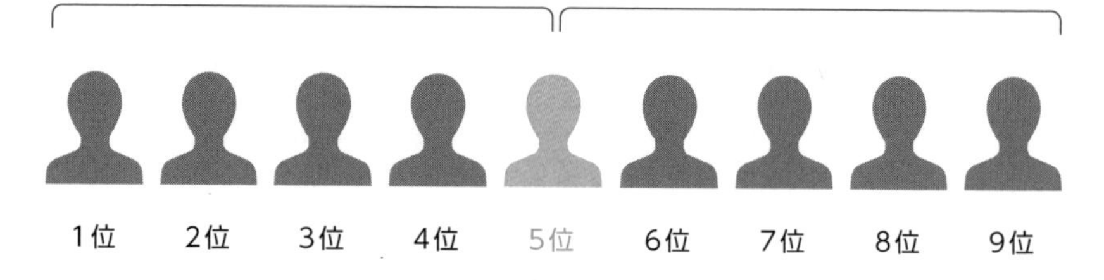

では、真ん中の順位がわかったところで、中央値がいくつか考えます。まずはデータに順位を付けた表を作成します。

表5.2 9名のお小遣いの金額と順位

調査対象No.	金額(円)	順位	中央値を考えるうえでの順位
1	0	8	1
2	0	8	2
3	1,000	7	3
4	2,000	6	4
5	3,000	3	5
6	3,000	3	6
7	3,000	3	7
8	5,000	2	8
9	100,000	1	9

表5.2を見ていきましょう。一般的には金額の大きい方を1位とすると思いますが、中央値を考える際には小さい順に順位を付けておき、また同着でも便宜的に順位を振っておいた方がわかりやすいです(※この後に学習する四分位数にも関係します)。表からわかるように、5位の金額は3,000であり、この値が中央値となります。もし同着を含めた順位で考えてしまうと、同じ順位で多数が並んでいる場合に、中央値のデータとなる5位の人を探すことが少し手間になってしまいます。また補足として、中央値も外れ値の影響を受けにくいという特徴を持ちます。

中央値が3,000であるといった場合、「3,000よりも小さいデータ」と「3,000

よりも大きいデータ」が同数ずつあると考えて、基本的に問題ありません。もちろん、3,000と同着で並んでいるデータもあるかもしれず、厳密ではありませんが、目安としては十分です。そのため、中央値は全体のデータ数を二分割する点であり、50%点と考えるとよりわかりやすいかもしれません。

以上が平均値、最頻値、中央値の考え方と求め方であり、いずれも代表値を求めるための手法です。代表値として、どの値が最も良い悪いということは絶対的にはいえませんが、ケースによってどの値が適しているかということが変わってきます。また、どれか1つの代表値を決めるのではなく、3つの代表値すべての値がわかることで、データがさらにイメージしやすくなることが多々あります。そちらについては、また後ほど学習します。

Excelでやってみよう

先ほど紹介した表5.1のデータを用いて、Excelで代表値（平均値・最頻値・中央値）を求めてみましょう（315ページ）。

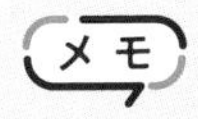

データを集計したりまとめたりする際に、よく使う数値として「合計」がありますが、これは要約統計量に含まれないことが多いです。「合計」に関しては、データの特徴を表す値ですので、統計量とはいえますが、データの全体像の把握のために非常に有用な数値とまでは言いづらいです。

たとえば、「前回の塾の統一試験の結果について、国語の試験の合計は39,906点でした」と発表されても、その数値自体は情報としてあまり役に立ちそうにありません。「平均点は72点でした」のような別の統計量の方が役に立ちそうです。また、「受験者数：543名、平均点：72点」といった形で、合計については別の統計量から算出することも可能です。

練習問題 5.1

下記は、女子学生の12名の体重について標本調査を行った結果（単位はkg）です。

39.5	40.8	42.5	43.2	46.0	48.3
50.2	50.8	52.9	55.7	59.2	59.2

(1) 標本の大きさはいくつですか。

(2) 範囲はいくつですか。

(3) 平均値、最頻値、中央値の、各代表値を求めてください。

解答と解説 5.1

(1) データ数が12ですので、標本の大きさは12です。

(2) 最大値が59.2で、最小値が39.5ですので、

$$59.2 - 39.5 = 19.7$$

で19.7が範囲となります。

(3) 平均値は、

$$(39.5 + 40.8 + 42.5 + 43.2 + 46.0 + 48.3 + 50.2 + 50.8 + 52.9 + 55.7 + 59.2 + 59.2) \div 12 = 49.025$$

次に最頻値については、59.2のみ2名いますので、この値が最頻値となります。またこの値は最大値と同値であり、代表値としては少し大きい値に感じてしまうかもしれません。このあたりは最頻値の特徴でもあるのですが、データ数に比べてデータの単位が細かすぎると、2、3個のデータが偶然に重なってしまうだけで、その値が最頻値となってしまいます。

たとえば、データ数が3000件くらいあって、身長（cm）について、整数値で集計した場合は最頻値がそれなりに妥当な値となることが期待できますが、小数点2桁や、あるいは3桁くらいまで細かく集計すると、やはり2、3件のデータが偶然一致しただけで最頻値となってしまいそうです。

最後に中央値ですが、12個のデータの場合は、何位のデータが真ん中の順位といえるでしょうか。結論から述べると、6.5位が真ん中の順位です。図5.4を見ると、6.5位というのは、1位のデータから5.5個分、12位のデータから5.5個分となり順位的に真ん中であることがわかるかと思います。

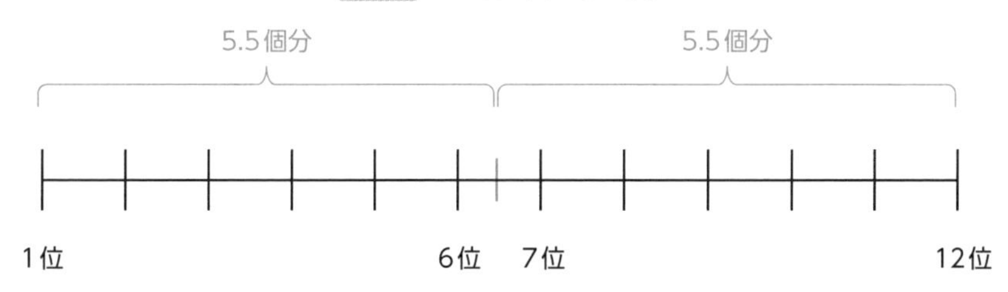

計算方法でいえば、中央値の順位は、

中央値の順位＝(1＋ 標本の大きさ)÷2

で求めることができます。先ほどの12名に当てはめると、

$(1+12)\div 2=6.5$

となることが確認できます。

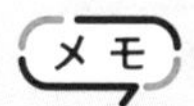

同式はデータの数が偶数でも奇数でも利用することができ、本文で「9名の場合は真ん中の順位は5位」と説明しましたが、この順位もやはり、

$(1+9)\div 2=5$

と求めることができます。

では、中央値を求めるための、真ん中の順位が6.5位であることはわかりましたが、6.5位の値というのはいくつでしょうか。これは6位のデータと7位のデータの平均値となります。問題文のデータは、6位が48.3kg、7位が50.2kgですので、6.5位のデータ値は、

$(48.3+50.2)\div 2=49.25$

となり、この49.25が中央値となります。

練習問題 5.2

次のデータは成人式に出席した20名について、父親の年齢（歳）を調査したものです。

階級	40以上～45未満	45～50	50～55	55～60
度数	2	8	6	4

(1) 標本の大きさと範囲を求めてください。

(2) 3つの代表値（平均値・中央値・最頻値）を求めてください。

解答と解説 5.2

84ページでも説明したように、度数分布表では「45～50歳」が8名と記載がある場合、基本的には階級値である47.5歳の人が8名と考えます。これをもとに、各要約統計量を求めていきます。

階級	40以上～45未満	45～50	50～55	55～60
階級値	42.5	47.5	52.5	57.5
度数	2	8	6	4

(1) については、標本の大きさは20、範囲は$57.5-42.5=15$となります。

(2) ですが、まず平均値については、合計値を求めて標本の大きさで割り算すれば良いので、

$$(42.5\times 2+47.5\times 8+52.5\times 6+57.5\times 4)\div 20=50.5$$

となります。中央値については、

$$(1+20)\div 2=10.5$$

となるので、10.5番目の人のデータ値を求めれば良いことになります。10.5番目というのは10番目と11番目の平均値ですので、10位のデータ値が47.5、11

位のデータ値が52.5ですので、

$$(47.5 + 52.5) \div 2 = 50$$

の値が中央値となります。最頻値については、47.5歳が8名で最も多いので、この値 (47.5) が最頻値となります。

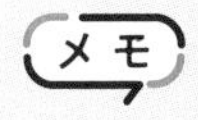

別解として、度数分布表から中央値や最頻値を求める際には、「47.5 (歳)」と数値で示すのではなく、階級をそのまま利用して「中央値は45～50」、「最頻値は45～50」といった表記を行うこともあります。ただし、今回のデータでの中央値は、ちょうど2つの階級の中間ですので、「50」と示す以外に方法はありません。また平均値については階級では示さず、解答のように必ず1つの数値で示すようにしましょう。

コラム

108ページでは、「0、0、1,000、2,000、3,000、3,000、3,000、5,000、100,000」の9名のお小遣いについて平均値を求めましたが、小さい方と大きい方からいくつかの除いた平均値を求める**トリム平均値**と呼ばれるものもあります。たとえば、両側から1つずつのデータを除き、

「~~0~~、0、1,000、2,000、3,000、3,000、3,000、5,000、~~100,000~~」の7件のデータで平均値を求めた、

$$(0 + 1{,}000 + 2{,}000 + 3{,}000 + 3{,}000 + 3{,}000 + 5{,}000) \div 7 \fallingdotseq 2{,}428.57$$

の値がトリム平均値の例です。利点としては、外れ値 (極端に小さな／大きな値) の影響を受けずに済むことが挙げられます。

しかし、外れ値が1つであるとは限りませんので、上と下から複数個のデータを取り除いたトリム平均を求めたい場合もあります。したがって、上下からどれくらいずつを除いたトリム平均であるかが明確になるように、%トリム平均といった表記を行うこともあります。たとえば、10%トリム平均と書かれていた場合は、大きい方から10%、小さい方から10%の、計20%分のデータを除いたうえでの平均値になります。

またトリム平均値との区別を付けるために、全データを合計して割り算する計算方法を、**算術平均値**と呼ぶことがあります。ただし、特に何も付けずに「平均値」と記載がある場合は、算術平均値を指していると考えて問題ないでしょう。

5.2

四分位数

ここまでで、標本の大きさ、最小値、最大値、範囲、代表値（平均値、最頻値、中央値）の意味と求め方について学習しました。本章の最初にも説明したように、これらの統計量は、データの全体像を把握するために利用される値です。

では、各統計量の値からデータがどの程度イメージできるようになったか確認していきましょう。

『100名の生徒が、100点満点のテストを受けた結果』について、下記の統計量がわかっています。

- 標本の大きさ：100
- 最小値：15
- 最大値：85
- 範囲：70
- 平均値：55
- 最頻値：55
- 中央値：55

以上の情報から、図5.5の（A）～（C）のヒストグラムのうち、このテストの結果を表すヒストグラムはどれかわかるでしょうか。ただし、（A）～（C）はいずれも標本の大きさは100で共通となっています。

図5.5 3つのヒストグラム

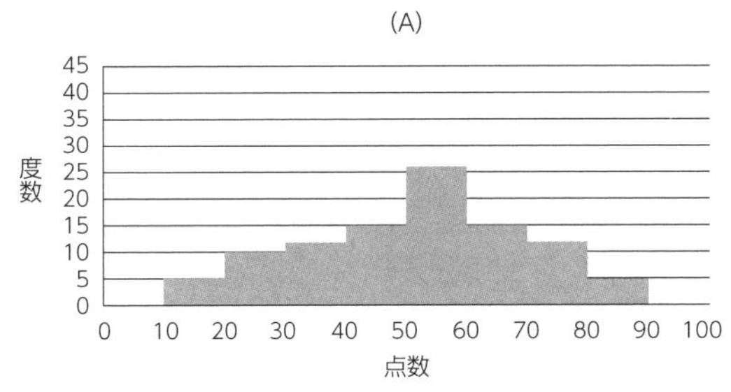

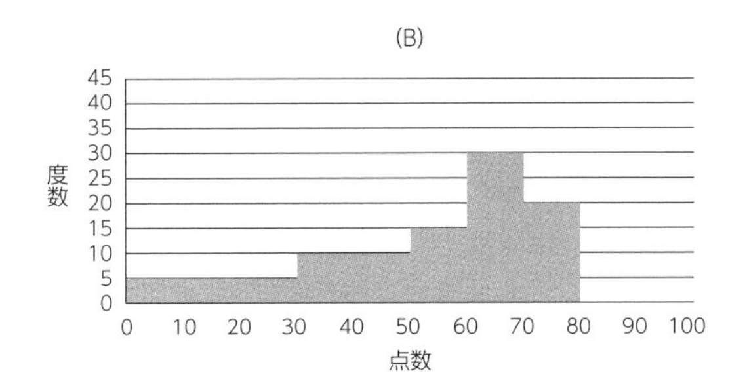

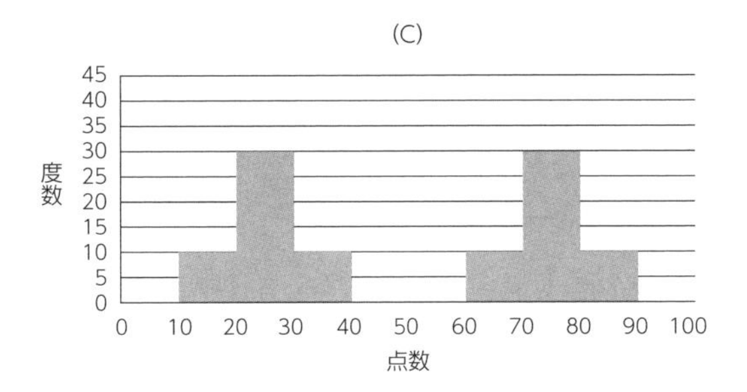

今回のデータは、最小値が15ですので、(B) ではないことがわかります。また最頻値が55となっているので、(C) のグラフではありません。この図5.5の3つの中であれば、(A) のヒストグラムが妥当といえるでしょう。

このように、要約統計量 (まだ一部ですが) が把握できることで、ヒストグラムの形がだんだんとイメージできるようになってきたのです。ただし、まだ十分ではありません。次の図5.6の (A) と (D) の2つのヒストグラムでしたら、どちらのグラフの方が妥当といえるでしょうか。

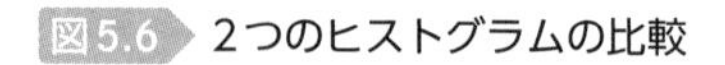

図5.6 2つのヒストグラムの比較

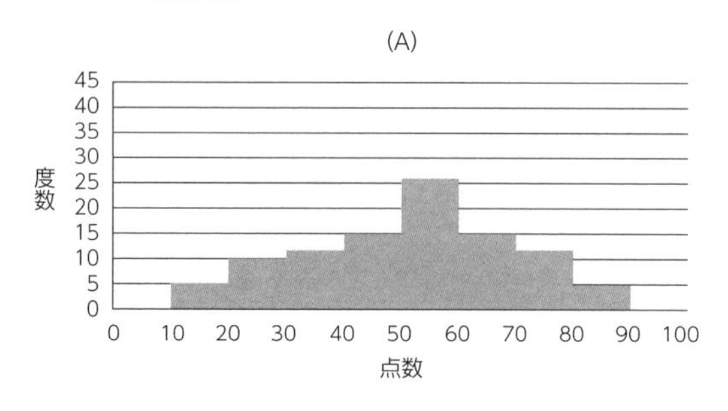

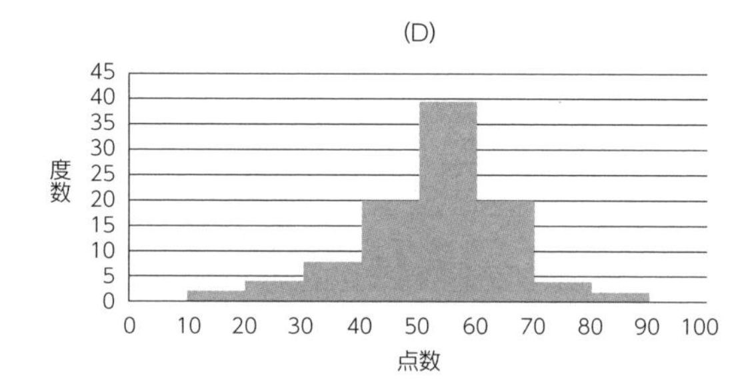

2つのヒストグラムの違いとしては、(D) の方がより中心にデータが集まっています。逆の言い方をすると、(A) の方がより広範囲にデータが広がっているといえます。どちらのグラフが先ほどのテストの結果として正しいかというと、これは判断できません。現時点で挙げた統計量から得られる情報では、(A) と (D) のどちらも正しいです。しかし、これから学習するほかの統計量の情報が加わることで、判別ができるようになります。

四分位数

本節で学習するのは**四分位数**という統計量で、これはデータ全体を4つに等分するための値となります。分位数は、中央値と関係が深いので、まず中央値からもう一度復習していきましょう。

中央値は、下から順に順位付けを行った際に、ちょうど真ん中の順位となる位置のデータ値であると説明しました。たとえば、12名の場合は6.5位に位置するデータ値、9名の場合は5位に位置するデータ値が中央値でした (図5.7)。

図5.7 中央値となる順位

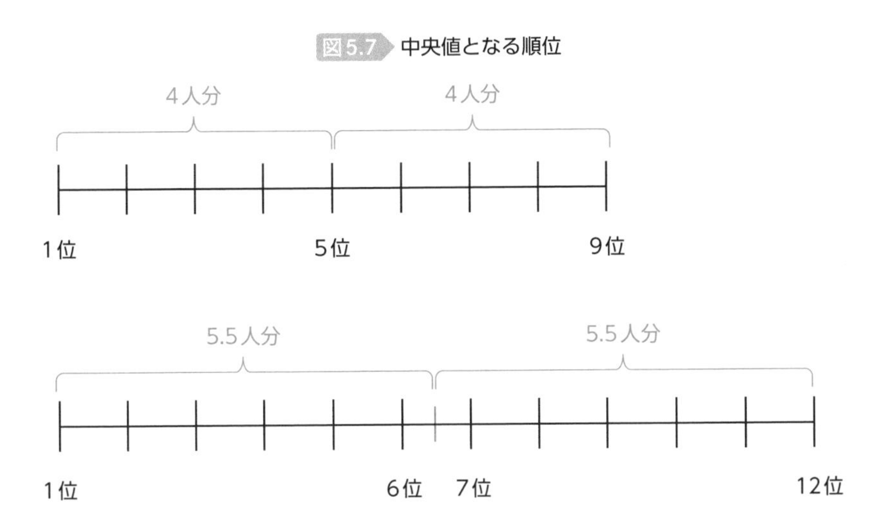

図5.7からもわかるように、中央値というのはデータを二分割する点、言うなれば二分位数にあたります。同様に考えると、四分位数は、順位で見たときに、データを4つに分割する点になります。

図5.8 四分位数となる順位

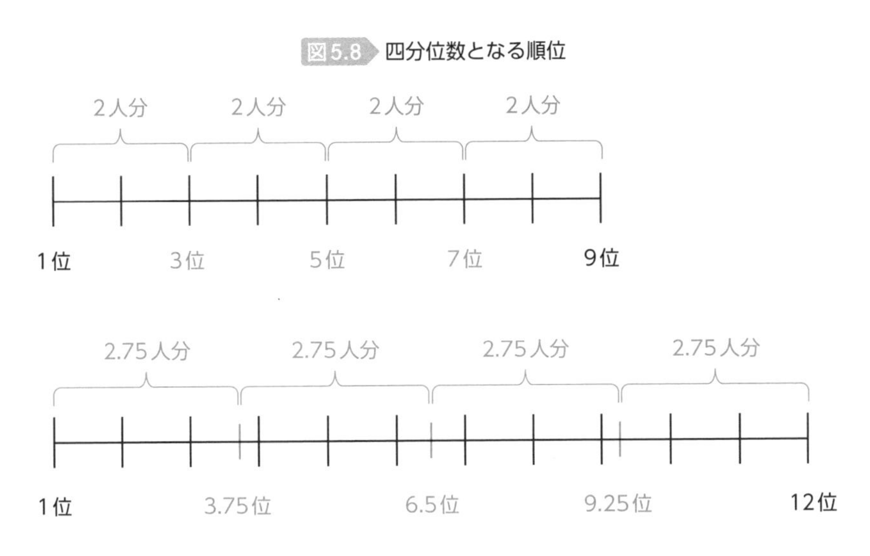

図5.8の上の図を用いて説明すると、9名中5位の位置というのは、データをちょうど50%ずつ（1：1）に分ける点といえます。また3位の位置は、データ

を25%と75%（1：3）に分割する点になります。そして、7位の位置は、データを75%と25%（3：1）に分割する点です。

では、データを25%と75%（1:3）や、75%と25%（3:1）に分けるためには、何位の位置で分割すれば良いでしょうか。上記の図で見ると、1：3に分割するためには、9名であれば3位の位置、12名であれば3.75位の位置、とわかりますが、この順位はどのように計算できるでしょうか。

すでに、

中央値の順位＝（1＋標本の大きさ）÷2

であることは学習済みです。実際にデータが9名の場合は、（1+9）÷2＝5位のデータ値が中央値となります。

1：3に分ける点は、中央値の下半分のさらに真ん中となる順位ですので、中央値の式の考え方を応用すると、

データを1：3に分ける順位＝（1＋中央値の順位）÷2

で求めることができます。この式を当てはめてみると、

$(1+5)\div 2=3$

であり、9名のデータを1：3で分割する順位が3位であることがわかります。

さらにデータを3：1で分割する点を考えると、中央値の上半分のさらに真ん中となる順位ですので、

データを3：1に分ける順位＝（中央値の順位＋標本の大きさ）÷2

となります。データ数が9名の場合は、

$(5+9)\div 2=7$

となり、7位がデータを3：1に分割する順位であることがわかります。

したがって、9名のデータの場合、下から3位のデータ値、5位のデータ値、7位のデータ値の3つの値で区切ることで、データ全体を等しく4等分できることになります。この3つの値のことを四分位数と呼びます。図5.9にまとめてあるので確認しておきましょう。

図5.9 四分位数

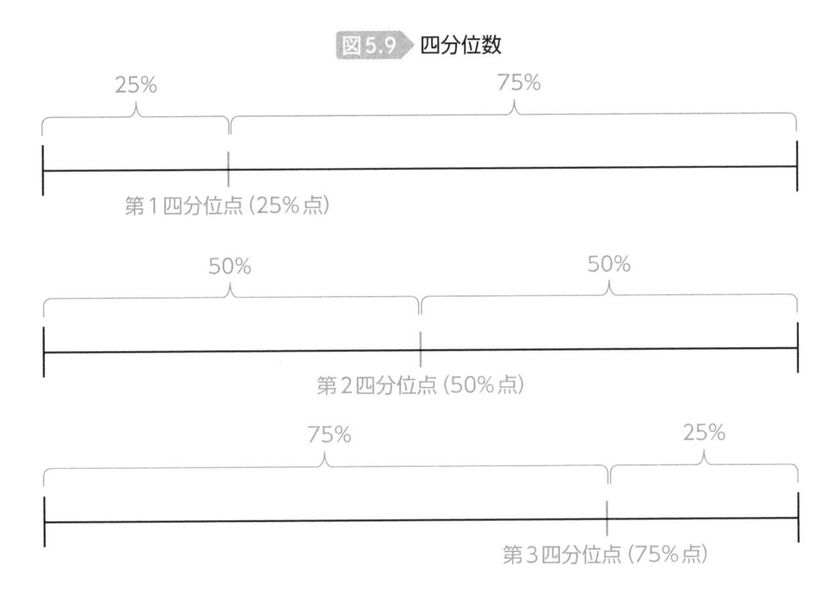

それでは、以上の考え方を踏まえ、四分位数を求めていきたいと思います。下記のデータを利用しましょう。

表5.3 小学生9名の1日の家での勉強時間

調査対象No.	勉強時間（分）
1	0
2	0
3	30
4	60
5	60
6	75
7	90
8	120
9	180

ちょうど良いことに、このデータは下からの順位順に勉強時間が並んでいるのでわかりやすいです。まず3位のデータは30ですので、**第1四分位数**は30となります。これは30より少ない人が25%、30より大きい人が75%と、データ全体を1：3に区切る値を示しています。次に5位のデータは60ですので、**第2四分位数**は60となります。標本の全データ数のうち、半分は60より下に、残りの半分は60より上にあることを示しています。最後に7位のデータは90ですので、**第3四分位数**は90となります。すなわちこの調査では90分よりたくさん勉強している小学生は25%、残りの75%は90分に届いていないことになります。

これら第1四分位数、第2四分位数、第3四分位数を合わせて四分位数と呼びます。3つの点があればデータを4等分できるので、数を間違えないようにしましょう。また、いずれの四分位数も、順位そのものではなく、その順位に位置するデータの値が統計量となるので、間違えないようにしましょう。

上記の説明で、第2四分位数と中央値、2つの統計量の違いは何なのか気になった方もいるかと思います。この2つの統計量は、意味も求め方もまったく同一です。ただ、呼び方が異なるので、代表値として言及する場合には中央値、四分位数として言及する場合は第2四分位数と呼び分けると良いでしょう。

また上記のような調査で「第1四分位数が30（分）」とわかったとき、25%の人は「30分以下」と解釈すべきか、あるいは「30分未満」と解釈すべきか、疑問に感じる方がいるかもしれません。結論からいえば、どちらでも問題ありません。

第1章で説明したように、統計学はそもそも、「役に立つ情報」が得られれば良い学問です。標本調査を行っている以上、そもそも多少のずれが生じることは前提ですし、第1四分位数（25%点）が30分という情報も、目安として考えるものであって、基本的にそこまで神経質になる必要はありません。さらには同着の人がいる可能性もあるわけで、各統計量について「完全に25%と75%に分かれるのか」、「本当にぴったりか」とまで考える必要はないでしょう。

Excelでやってみよう

ここで学習した四分位数の内容確認も兼ねて、表5.3のデータを利用しExcelで四分位数を求める練習を行いましょう（318ページ）。

練習問題 5.3

次のデータは、16名の新社会人に、今までにいくつのアルバイトをしたことがあるかをアンケートしたものです。四分位数を求めてください。

4	1	0	2
10	4	3	11
5	10	8	7
0	8	12	3

解答と解説 5.3

問題文のデータの並びがわかりにくいので、まずはデータを昇順に並べ替えてみましょう。

0	0	1	2
3	3	4	4
5	7	8	8
10	10	11	12

次に、3つの四分位数のデータ値を求めるため、それぞれの値に該当する順位を求めます。まずは中央値を考えると、データ数は16ですので、

$(1+16) \div 2 = 8.5$位のデータ値となります。この順位より、第2四分位数を求めると、8位のデータ値が4、9位のデータ値が5ですので、

$$(4+5) \div 2 = 4.5$$

となります。

次に第1四分位数となる順位を求めます。$(1+8.5) \div 2 = 4.75$位の値が第1四分位数となります。アルバイト数を少ない順に見ていくと、4位のデータ値は2、5位のデータ値は3です。では、4.75位のデータ値はいくつと考えるべきでしょうか。

図5.10 4.75位の位置

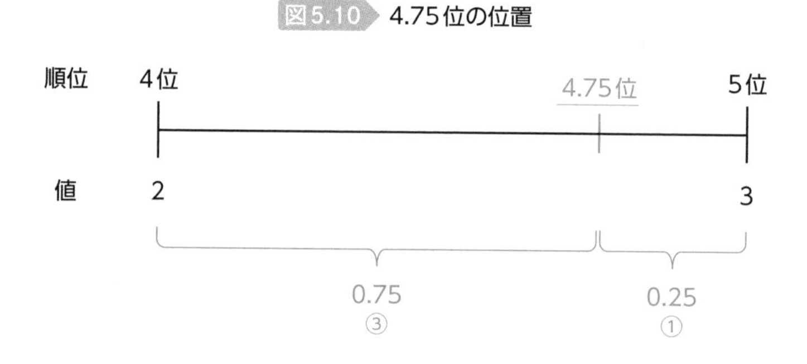

図5.10を見るとわかりますが、4.75位というのは4位よりも、やや5位寄りの順位となります。したがって、データ値としては2よりも3に近くなります。より具体的な計算方法としては、「4位のデータ値」に、「5位と4位のデータ値の差を4等分した値」を3つ分足し算した値となります。具体的には下記の手順で計算できます。

①「4位のデータ値」…………………………… 2
②「5位のデータ値と4位のデータ値の差」… $3-2=1$
③「差の4等分」 ……………………………… $1 \div 4 = 0.25$
④「4.75位のデータ値」 ……………… $2+(0.25 \times 3) = \underline{2.75}$

したがって、第1四分位数の値は2.75となります。第2四分位数（中央値）の場合は8.5位のように、小数の順位はせいぜい0.5単位でしか出てきません

が、ほかの四分位数は0.25刻みの順位が出てくることもあるので、その統計量となるデータ値の計算方法はしっかりと身につけておきましょう（図5.11）。

図5.11 4.75位のデータ値

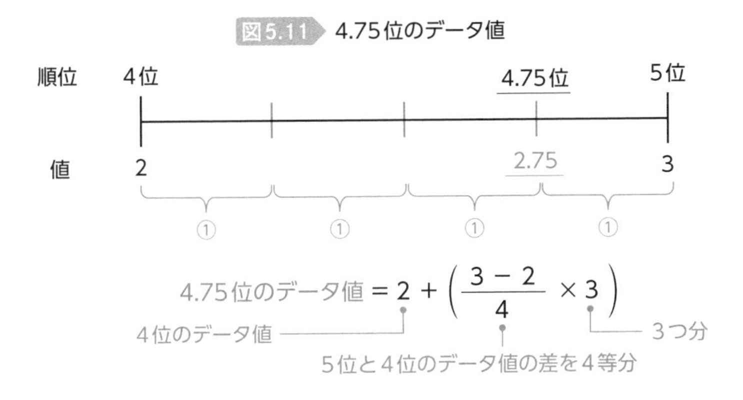

メモ 数学が得意な方は、「4.75位というのは、4位と5位を3:1に内分する点」と考えた方がわかりやすいと思います。内分点の公式を利用すると、下記の計算方法でも第1四分位数である2.75の値を求めることが可能です。

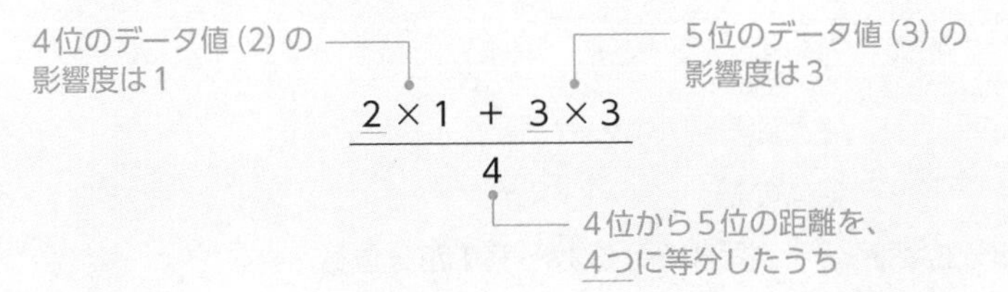

最後に第3四分位数ですが、8.5位と16位の中間の順位となる、$(8.5+16)\div 2=12.25$位のデータ値を求めてあげれば良いことになります。12位のデータ値は8、13位のデータ値は10ですので、先ほどと同様の考え方で、12.25位のデータ値を計算すると、

$$8+\frac{10-8}{4}\times 1=8.5$$

となります。今度は12位と13位の差を4等分して、1つ分だけ加えてあげれば良いので、「×1」となります。以上より四分位数の値は、第1四分位数が2.75、第2四分位数が4.5、第3四分位数が8.5となります。

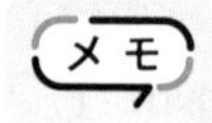

四分位数は、**四分位点**と呼ばれることもあります。また第1四分位数、第2四分位数、第3四分位数のことをそれぞれ省略表記でQ1、Q2、Q3などと記すこともあります。

コラム

分位数とは元々、データ数を等分割するための点となります。四分位数といえば、データ数の4等分するための3つの点です。要約統計量として頻繁に用いられるのは四分位数ですが、十分位数や百分位数などは、まれに出てきます。「100点満点のテストで、第3十分位数は55点でした」と表記があった場合、受験者数のおおよそ30%が55点以下、残りの70%は55点以上であることがわかります。

また、第3四分位数と第1四分位数の差を、**四分位範囲**と呼びます。範囲と少し似ていますが、

- 範囲　＝　最大値－最小値
  ⇒　データ全体の幅
- 四分位範囲　＝　第3四分位数－第1四分位数
  ⇒　両側25%ずつを除いた、中央の50%の幅

となります。四分位範囲の値が小さいということは、データが50%付近に集まっているという目安になり、中の方に度数が集まっていると考えられます。逆に四分位範囲の値が大きいと、中の方の度数が低いことが考えられます。範囲と同様、データの散らばり具合を確認するための1つの目安となります。ただし、データの散らばり具合を測る際に、最も頻繁に利用されるのは第8章で学習する分散となりますので、そのことは先に頭に入れておきましょう。

では、四分位数を学習したことで、本当に、データの全体像をさらにイメージできるようになったのか確認していきたいと思います。本節の始めに提示した2つのヒストグラムがありました。

図5.12 2つのヒストグラムの比較

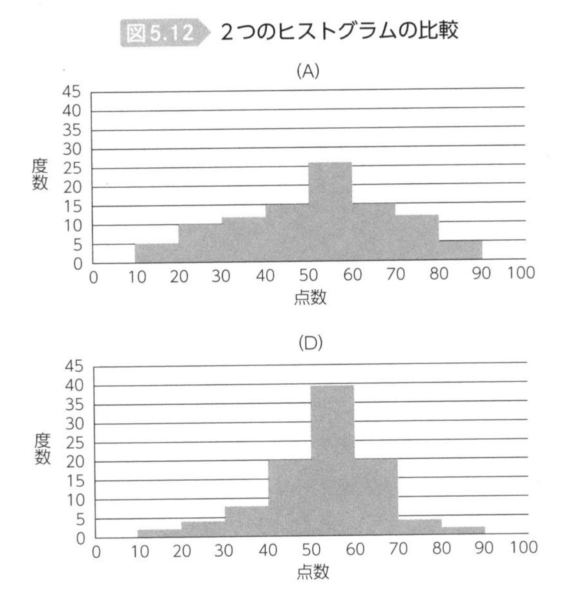

ここに新しく、下記の四分位数の情報を加えます。

第1四分位数：35
第2四分位数：55
第3四分位数：65
四分位範囲：30

(A)、(D) のどちらのヒストグラムのデータであるかわかるでしょうか。100名のデータなので、下から25位あたり（厳密には25.75位）のデータ値が、第1四分位数になります。(D) のヒストグラムだと40点までに25人いそうにないので、25位のデータ値は40～45点になりそうです。(A) のヒストグラムだと第1四分位数が35という条件に合ってそうですので、こちらのヒストグラムのデータであると考えて良さそうです。

したがって、ここまでに学習した、標本の大きさ、最小値、最大値、範囲、代表値（平均値、最頻値、中央値）、四分位数、四分位範囲から、ヒストグラムの形が大分イメージできるようになってきました。まだいくつか学習していない要約統計量がありますが、それは後ほどの章で解説します。

コラム

この節で説明した統計量ほど頻繁には出てきませんが、ほかにも尖度および歪度という統計量について簡単に紹介します。

● 尖度

尖度（せんど、英: kurtosis）は、1つの山（ピーク）から成るグラフにおいて、山の尖り（とがり）具合を表す数値です。この値を要約統計量に含める場合もあります。計算方法については本書では割愛しますが、Excelの分析ツールを利用すると、尖度の値もいっしょに計算されます（329ページ）。本書の範囲においては、尖度の値が大きいほど山が尖った形となり、尖度の値が小さいほど山が低く緩やかなグラフになると覚えておきましょう。

また山の尖り具合については、尖度を用いなくても次章の初めに学習する五数要約の値で十分に予測がつきます。このあたりのことも、入門レベルにおける尖度の重要性を下げているといっても良いでしょう。

● 歪度

歪度（わいど、英: skewness）とは、分布の歪み（ゆがみ）度合いを示すものです。 1つの山（ピーク）から成るグラフにおいて、山が左に偏っているのか、右に偏っているのか、あるいは左右対称に近いのか、といったことを表す数値です。計算方法については本書では割愛しますが、Excelの分析ツールを利用すると、歪度の値もいっしょに計算されます。歪度の値が0に近いほど、ヒストグラムが左右対称の山の形状に近く、負の値が大きいほど山は左寄りに傾いていて、正の値が大きいほど山が右に傾いていると覚えておきましょう。

また尖度と同様に、この山の偏り方についても歪度の値を確認しなくても、五数要約の値で予測することが可能です。

5.3 ヒンジ

前節では四分位数の求め方を学習しました。説明が後回しになってしまいましたが、実は四分位数の求め方は1つではなく、さらに求め方によって値が少し変わってくることもあります。前節で紹介した四分位数の求め方は、Excelを始めとした多くのソフトウェアで利用されている計算方法でもあります。その一方で、高校の教科書などによく出てくる**ヒンジ**という考え方は、これとは異なる計算方法です。本節では、ヒンジと呼ばれる、別の四分位数の求め方を紹介します。

ただし、いずれの計算方法でも四分位数の値はあまり変わらず、データ数がある程度多い場合には、その差はほとんど誤差に過ぎないほど小さいものとなりますので、先にほかの内容を学習し、後から本節の内容を簡単に読み直してみる形でも、実際には問題ないかと思います。

例として、前節に出てきたデータで確認してみましょう。

表5.4 小学生9名の1日の家での勉強時間

調査対象No.	勉強時間（分）
1	0
2	0
3	30
4	60
5	60
6	75
7	90
8	120
9	180

これは9名の勉強時間を調査した表でした。第2四分位数を求める際には、真ん中が何位なのかを求めます。ここまでの流れは同じです。

$$(1+9)\div 2=5$$

ですので、第2四分位数は5位で、その値は60です。

次にヒンジの考え方では、その5位の人を除き、データを上と下に分割します（図5.13）。

図5.13　第2四分位数の上側と下側

調査対象No.	勉強時間（分）
1	0
2	0
3	30
4	60

上側

調査対象No.	勉強時間（分）
6	75
7	90
8	120
9	180

下側

この上側のデータの中央値、すなわち $(0+30) \div 2 = \underline{15}$ を第1四分位数、下側のデータの中央値 $(90+120) \div 2 = \underline{105}$ を第3四分位数とするのがヒンジです。この考え方の利点としては、4.75番目のような、やや中途半端な順位が出てこないので、計算が容易になることです。

データ分析用ソフトウェアの中には、四分位数をこのヒンジの計算方法で求めているものもあるかもしれません。ソフトウェアを利用している中で、自身の計算と少し異なる値が出て少し困惑してしまうこともあるかもしれませんが、四分位数の求め方は複数あるということを頭に入れておくと安心でしょう。

練習問題 5.4

練習問題5.3とまったく同じデータについて、ヒンジの計算方法で四分位数を求めてください。

0	0	1	2
3	3	4	4
5	7	8	8
10	10	11	12

解答と解説 5.4

練習問題5.3でも解説したように、16名ですので、中央値は $(1+16)\div 2=8.5$ 位のデータ値であり、4と5の間である4.5が第2四分位点です。次に8.5位の人を除き、データを上と下に2分割します。ただし、8.5位は元々存在しませんので、データを2分割する際に省かれるデータはありません。

上側は、

0	0	1	2
3	3	4	4

となるので、第1四分位点は $(2+3)\div 2=2.5$ となります。

下側は、

5	7	8	8
10	10	11	12

ですので、第3四分位点は $(8+10)\div 2=9$ となります。

コラム

本章で、代表値について学んだところで、度数分布表の階級値について簡単に補足します。下記は、家計調査年報（2009）による一般世帯の標本調査における年収を示した度数分布表で、その階級値に注目してください。

表 5.5　家計調査年報（2009）における年収の度数分布表

階級（万円）	階級値	度数
0～200	157	190
200～300	255	817
300～400	349	1,352
400～500	447	1,215
500～600	545	1,004
600～700	644	801
700～800	745	619
800～900	844	479
900～1,000	944	356
1,000～1,500	1,173	763
1,500～	1,968	235

階級値の値が、各階級の中間値なっていないことがわかるでしょうか。たとえば、収入が「0～200万円」の階級値は、100万円ではなく157万円となっています。実は、この157万円という階級値は、元データから算出した平均値を表しています。表に階級値が直接示されている場合は、分析の際にはその値を利用して計算した方が良いでしょう。

ただし平均値から算出される階級値については、元データがないとわからないため、自身で集めたデータでないとその値を知ることはできません。度数分布表のデータしか得られない場合は、しかたなく0～200の間をとって100、といった階級値の決め方を行います。

このように階級値とは「階級を代表する値」であり、その値は階級の中間値であるかもしれませんし、場合によっては平均値やその他の値であるかもしれません。あくまで、その階級の人たちのデータ値が大体どの程度なのかを測るための1つの目安と考えると良いでしょう。

CHAPTER 6

第 6 章

箱ひげ図と幹葉図

6.1 五数要約

前章では、要約統計量の一部を学習しました。要約統計量は、データの全体像やヒストグラムを把握するために、非常に重要な情報となることを説明しました。本節では、その点について、より詳しく考えていきたいと思います。

ここでは、先に練習問題を通して、上記の統計量に対する理解を確認していきましょう。

練習問題 6.1

100,000名の貯金金額（万円）を調べたときに、下記の統計量が得られたとします。

- 最小値：0
- 第1四分位数：50
- 第2四分位数：130
- 第3四分位数：750
- 最大値：9,500

このとき、

(1) 貯金額が130万円以下の人数はどの程度でしょうか。

(2) 貯金額が50～750万円の人数はどの程度でしょうか。

(3) 貯金額が750万円以下の人数はどの程度でしょうか。

解答と解説 6.1

(1) について、第2四分位点（中央値）の値以下の人数を聞かれているので、全体の約50%程度、すなわち50,000名と考えられます。逆に130万円以上の人もほぼ同人数（50,000名）程度です。(2) は第1四分位数から第3四分位数までの人数を聞かれているので、この人数も約50,000名です。(3) は第3四分位数のデータ値以下の人数を聞かれているので、全体のほぼ75%、すなわち75,000名程度と考えられます。

このように、最小値、四分位数（第1四分位数、第2四分位数、第3四分位数）、最大値の5つの数値がわかると、25%刻みの人たちがどこからどこのデータ値に収まっているのかを把握することが可能です。問題 (1) ～ (3) は言葉を換えると、「(1) 前半50%の人がどこからどこまでのデータ値に収まっているのか」、「(2) 中央50%の人がどこからどこまでのデータ値に収まっているのか」「(3) 前半75%の人がどこからどこまでのデータ値に収まっているのか」といったことを問われていたわけです。

練習問題6.1からもわかるように、最小値、四分位数（第1四分位数、第2四分位数、第3四分位数）、最大値の5つの数値は、どのあたりのデータ値にどの程度のデータ数が存在するのかを把握するうえで、非常に有用な数値といえます。この5つの数値を示してデータの全体像を把握する手法を**五数要約**と呼びます。

五数要約を行うことで正確に把握できることは、度数25%刻みのデータ値です。しかし、五数要約は、データの全体像を把握するうえで、それ以上に有効な手段となりえます。それは五数要約により、ヒストグラムの外観が推測できることがあります。

今回の説明では、前提として、単峰のヒストグラムを考えます。単峰とは、ヒストグラムを描いた際に、山のピークが1つとなるようなデータを指します。下記の4つのヒストグラムは、100点満点のテストの点数をヒストグラム化したもので、いずれも単峰のヒストグラムです。また、この後の説明をより見やすく／わかりやすくために、今回の説明に関係のない縦の目盛を省略しています。

図6.1 4つの単峰データのヒストグラム

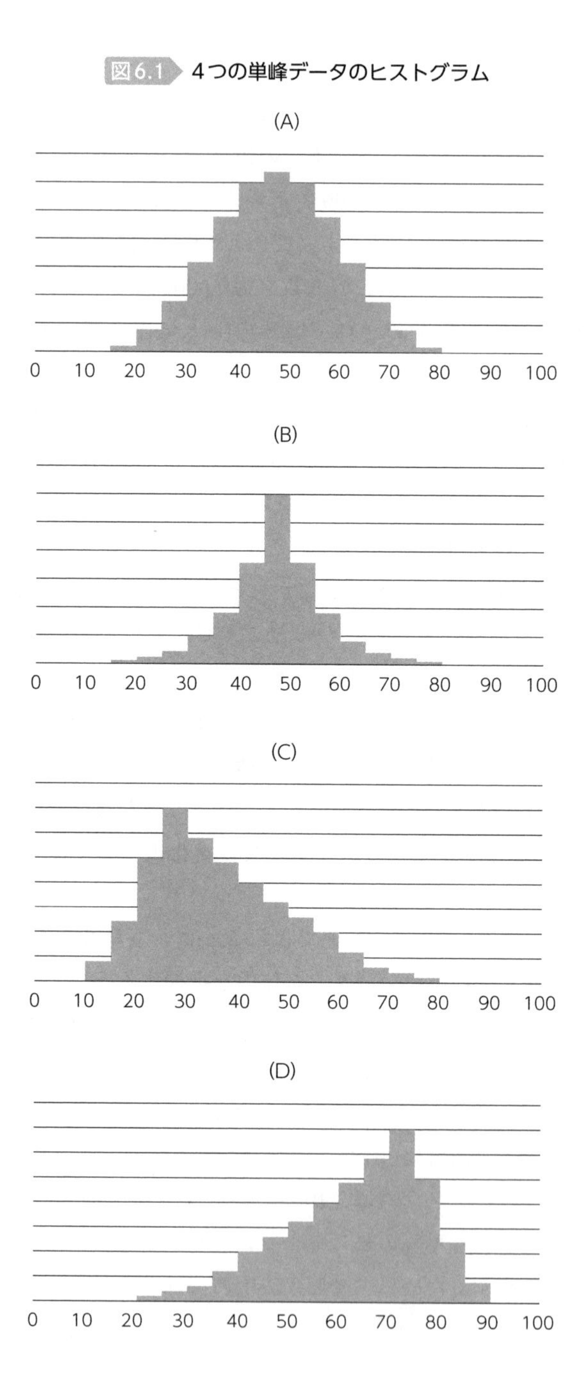

五数要約を行うことで、これら単峰のヒストグラムの形状について、ある程度推測することができます。では、実際に、各ヒストグラムとそれぞれの五数要約の値を並べて見ていきたいと思います。まずは(C)のヒストグラムにおいて、五数要約の値を図6.2のように与えられたとします。

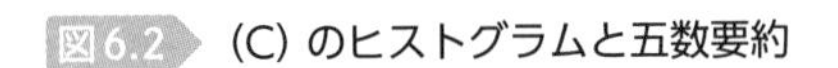
図6.2 (C)のヒストグラムと五数要約

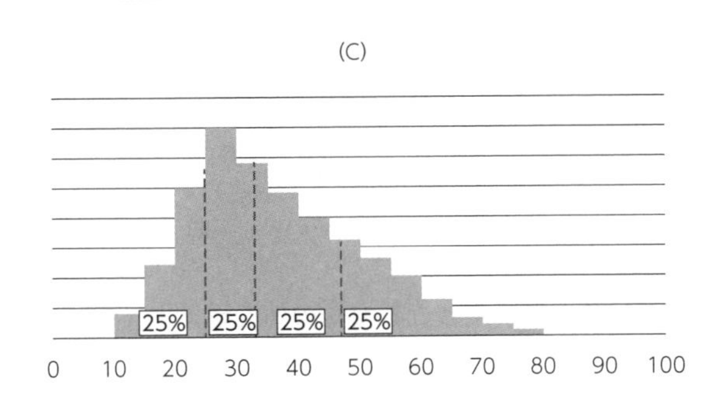

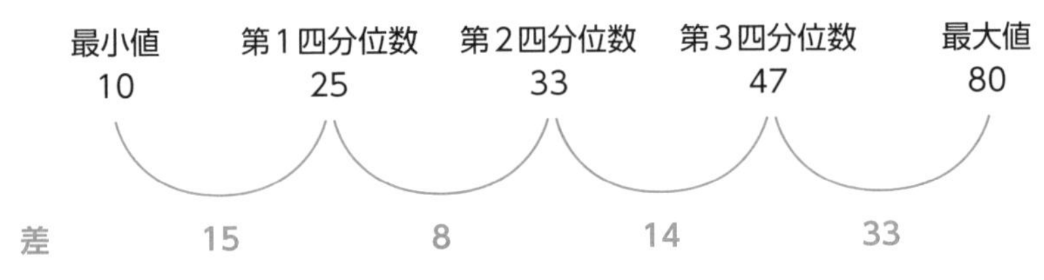

ここで重要になるのが、最小値⇒第1四分位数⇒第2四分位数⇒第3四分位数⇒最大値の、各データ値とさらにはその差です。図6.2にも示したように、5つのデータ値の差は、小さくて8、大きいと33です。五数要約において各間隔に含まれるデータ数はほぼ同一で、いずれも全体の約25%ずつのデータ数がそこに含まれています。たとえば、第1四分位数と第2四分位数のデータ値の間隔が8と小さいのは、その間にデータが集まっているためと考えられます。一方、第3四分位数と最大値のデータ値の間隔は33と大きいのは、そのあたりの度数(密度)が低いためです。

以上を考慮すると、ヒストグラムの図がなくとも、五数要約の値から、ヒストグラムは左寄りでピークは30の少し手間あたりであることが推測できます(図6.3)。

図6.3 (C)の五数要約と密度の推測

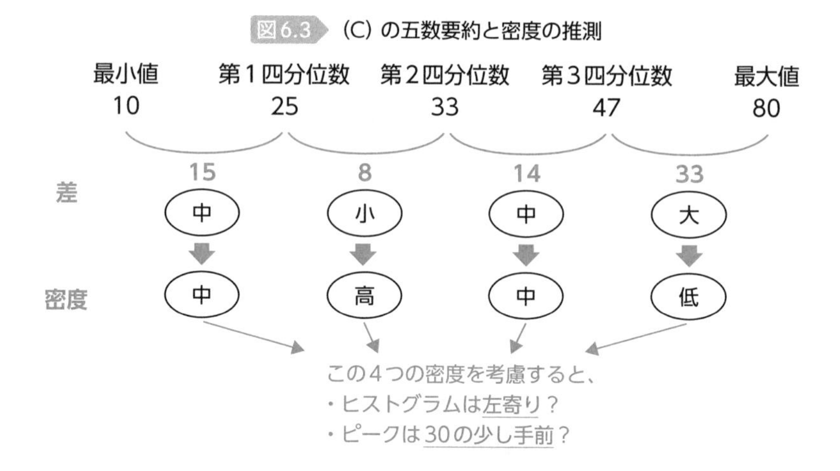

同様に（A）のヒストグラムと五数要約の値を確認していきます（図6.4）。

図6.4 (A)のヒストグラムと五数要約

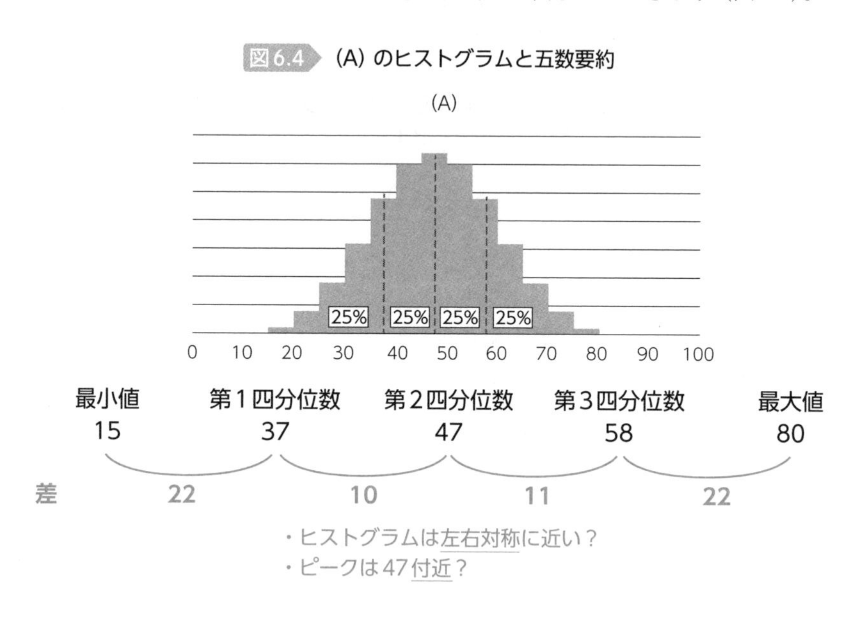

今度は4つの差のうち、中2つの差が10と11と、両端の差に比べてやや小さめです。したがって、データは中心寄り、すなわち左右対称に近いことが推測できます。また左右対称であるということは、ヒストグラムのピークが第2四分位点に近いということになります。したがって、（A）のヒストグラムの

ピークは47付近であるといえます。

さらに、(B) のヒストグラムと五数要約の値を確認していきます（図6.5）。

図6.5 (B) のヒストグラムと五数要約

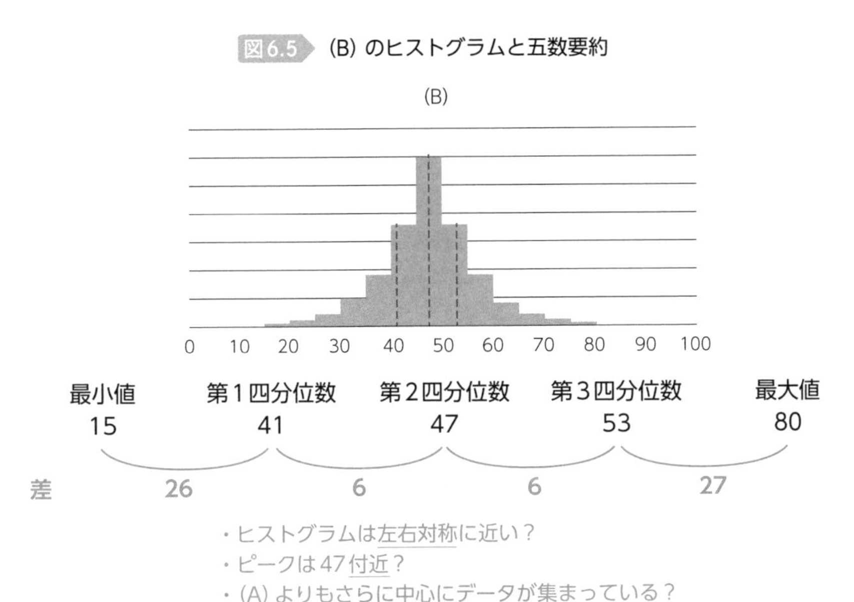

(B) の全体的な特徴としては (A) のヒストグラムにやや近いですが、(A) よりも中心と両側の差の開きが大きいことが確認できます。これはすなわち、データがヒストグラムの中心により集まっていることが窺えます。

したがって、最小値、四分位数（第1, 2, 3四分位数）、最大値の5つの値を確認することで、最小値、最大値が直接的にわかることに加え、

- ヒストグラムの形状が左寄りか、右寄りか、あるいは左右対称か
- ヒストグラムのデータの集まり具合（逆の言い方をすると、散らばり具合）

について、ある程度把握できます。特に、後者の散らばり具合については、1つのヒストグラムで見るよりも、複数のヒストグラムを比較した方がデータとしてわかりやすいです。先ほどの例で示すと、(B) のヒストグラム単体を見て、テストの点数のデータとして、散らばり具合が大きい／小さいといったことは言いづらく、(A) のヒストグラムと比較することで、「(A) のヒストグラムより

も全体的に散らばり具合が小さいと推測できる」といえるようになります。

以上のように、五数要約を行うと、0%点、25%点、50%点、75%点、100%点といった、25%ごとのデータ値を確認することができるのみにとどまらず、ヒストグラムの外観を把握することが可能となります。ただし、単峰でなく、山のピークが複数あるような場合は、その限りではありません。

単峰のヒストグラムの形状について、左寄りか、右寄りか、左右対称かを判別する際に、五数要約を利用するほかに、3つの代表値を比較することでも把握することが可能です。まず左右対称の場合を考えてみます。図6.6に示すように、左右対称のヒストグラムでは平均値、最頻値、中央値の3値がともに、ほぼ山のピークに近い値となります。

図6.6 左右対称のヒストグラム

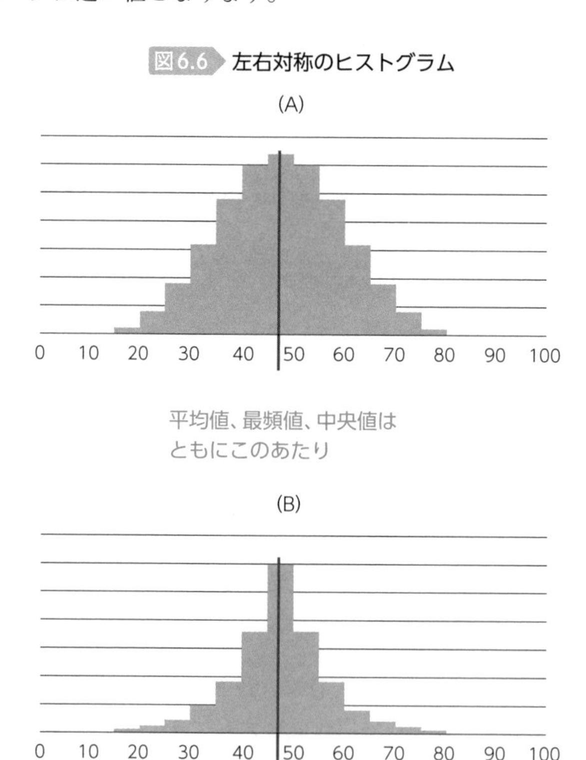

次に左寄りのヒストグラムを確認するために図6.7を確認します。

図6.7 ピークが左寄りのヒストグラム

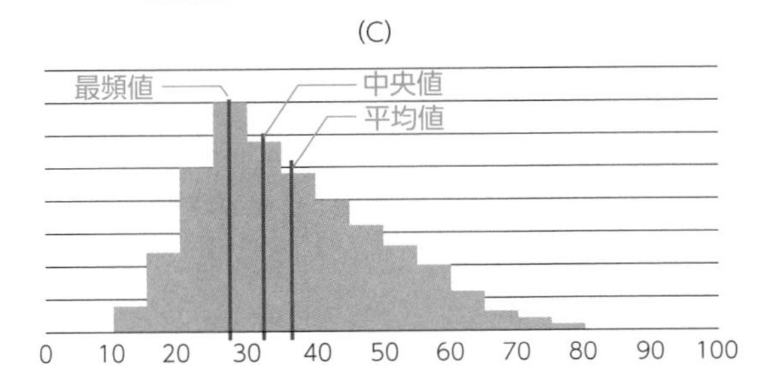

最頻値は山のピークの位置ですのですぐにわかります。平均値は、値の大きなデータに引っ張られて、山のピークよりもやや右に位置することになります。細かい値までは計算しないとわかりませんが、この特徴だけ押さえておけば問題ありません。さらに中央値は、ほか2つの代表値の間に位置します。したがって、3つの値が、最頻値<中央値<平均値の順に大きくなっている場合、ヒストグラムのピークは左寄りになっている可能性が高いです。

最後にピークが右寄りのヒストグラムです（図6.8）。

図6.8 ピークが右寄りのヒストグラム

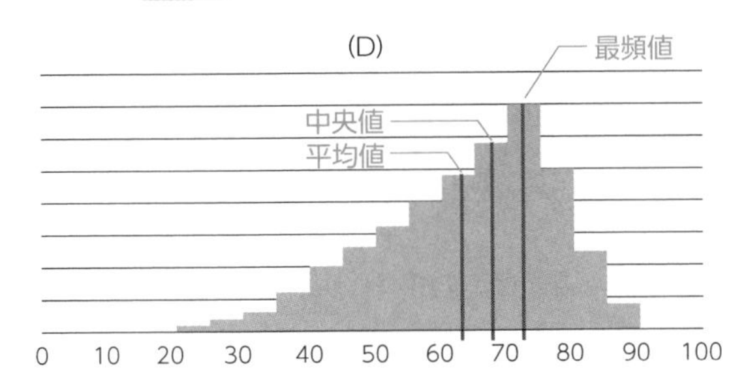

特徴としては左寄りのヒストグラムの逆になるので、説明は割愛しますが、平均値<中央値<最頻値の順で値が大きくなっていく特徴があります。

単峰といっても、『左または右にどの程度寄っているのか』、『ピークの高さはどれくらいなのか』といった要素で、代表値がどれくらい異なるのかが変わってきますので一概にはいえませんが、3つの代表値の値が微差でなかったり、上記のような順に並んでいたりするときには、左右対称のヒストグラムではないかもしれない可能性を考えるようにしましょう。

練習問題 6.2

次のデータは、大学生の男女10名についての身長データ（cm）です。五数要約を行ってください。

148.5	151.3	156.4	159.8	160.0
165.5	168.2	171.7	174.9	197.5

解答と解説 6.2

まずは四分位数を求めていきます。データ数は10名ですので、第2四分位数は（$1+10$）÷ $2 = 5.5$ 位のデータ値となり、小さい方から数えて5位の160.0と6位の165.5の間の値ですので、（$160.0 + 165.5$）÷ $2 = 162.75$ となります。次に第1四分位数は、（$1 + 5.5$）÷ $2 = 3.25$ 位のデータ値となり3位が156.4、4位が159.8ですので $156.4 + \frac{159.8 - 156.4}{4} \times 1 = 157.25$ です。続けて、第3四分位数は（$5.5+10$）÷ $2 = 7.75$ 位のデータ値であり、7位が168.2、8位が171.7ですので $168.2 + \frac{171.7 - 168.2}{4} \times 3 = 170.825$ となります（四分位数の計算に自信がない場合は、116ページを復習しておきましょう）。

以上の値と、最小値および最大値より、五数要約は、

最小値：148.5、第1四分位点：157.25、第2四分位点：162.75、
第3四分位点：170.825、最大値：197.5

となります。

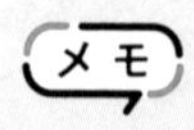

上記のように1つずつ記述せず、値のみ並べて、
「五数要約の値は、148.5、157.25、162.75、170.825、197.5」
と記述することもあります。

6.2 箱ひげ図

前節では、五数要約の有用性を説明しましたが、数字だけ並べられた場合、引き算しないとその差がわからないという欠点もあります。本節では、五数要約を視覚化したものである**箱ひげ図**というグラフを紹介します。

では、前節でヒストグラムを示した（A）～（D）のデータを使い、箱ひげ図の作成方法と見方を説明していきます。まずは前節の（A）のデータを五数要約した値は下記のとおりでした。

データ（A）の五数要約値：10、37、47、58、80

箱ひげ図は、この5つの値のみで作っていく図になり、具体的には下記のようになります。

図6.9 箱ひげ図の例

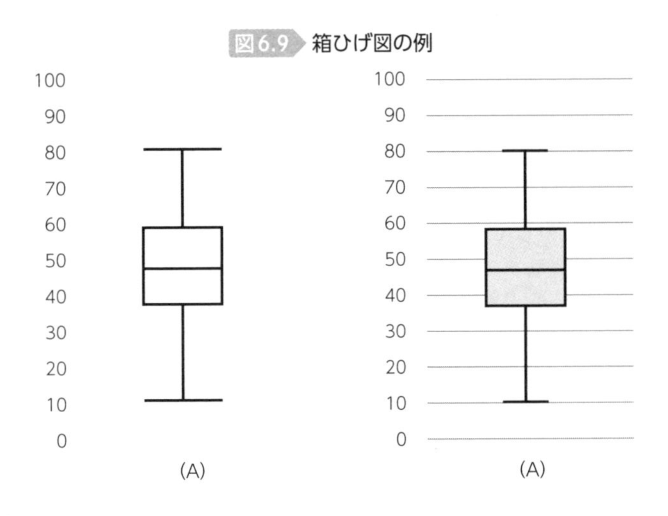

図6.9の左側が箱ひげ図の基本的な形状となり、その名前のように、箱からひげが生えたような形をしています。箱の色、目盛線、箱やひげの横幅に明確な決まりがあるわけではなく、右側のようなグラフでも構いませんし、その方

が目盛などを見やすい場合もあります。箱ひげ図の具体的な見方を示したものが図6.10となり、ポイントとして5つの値に着目します。

図6.10 箱ひげ図の見方

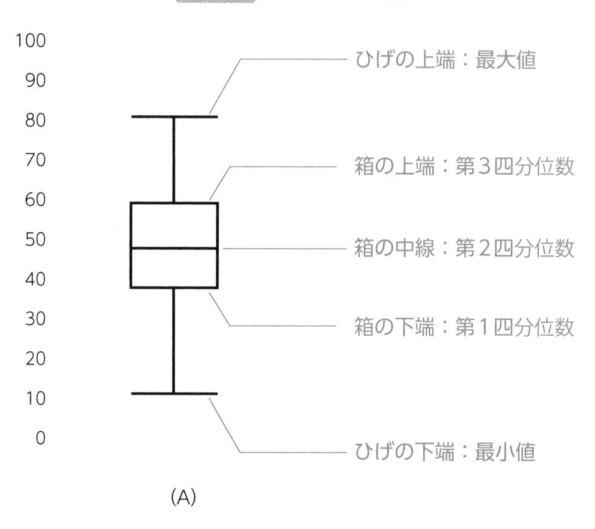

図6.10に示したように、箱ひげ図を見ると、五数要約のそれぞれの値がわかります。たとえば、ひげの上端が最大値を示しており、目盛と照らし合わせると、ほぼ80の値となっていることが確認できます。また箱の下端は第1四分位数を表していて、30後半程度の値であることがグラフから読み取れます。ほかの3つの値に関しても同様の形で読み取れるので、詳しくは上記の図を参照してください。

前節で示した4つのデータに関する五数要約の値が以下のように与えられていた場合、それぞれの箱ひげ図は図6.11のようになります。

- データ(A)の五数要約値：10、37、47、58、80
- データ(B)の五数要約値：10、41、47、53、80
- データ(C)の五数要約値：10、25、33、47、80
- データ(D)の五数要約値：20、53、67、75、90

図6.11 4つの箱ひげ図

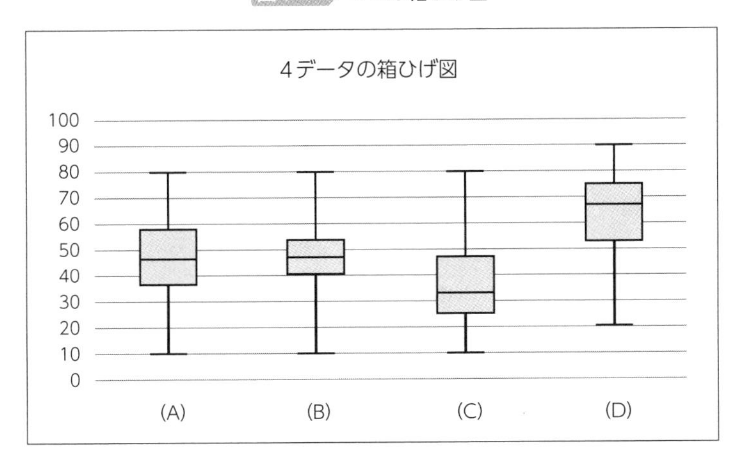

五数要約の値と図6.11箱ひげ図を見比べて、「五数要約の値 ⇒ 箱ひげ図」の変換が可能であることと、逆に「箱ひげ図 ⇒ 五数要約の値」の変換についても、正確な値ではなくともほぼ読み取れることを確認しましょう。

ここまでが箱ひげ図の作成方法および基本的な読み取り方法です。次に、箱ひげ図からさらに読み取れることを確認するために、まずは(A)と(B)のデータの箱ひげ図を見ていきます(図6.12)。

図6.12 箱ひげ図の比較(ともに上下対象な箱ひげ図)

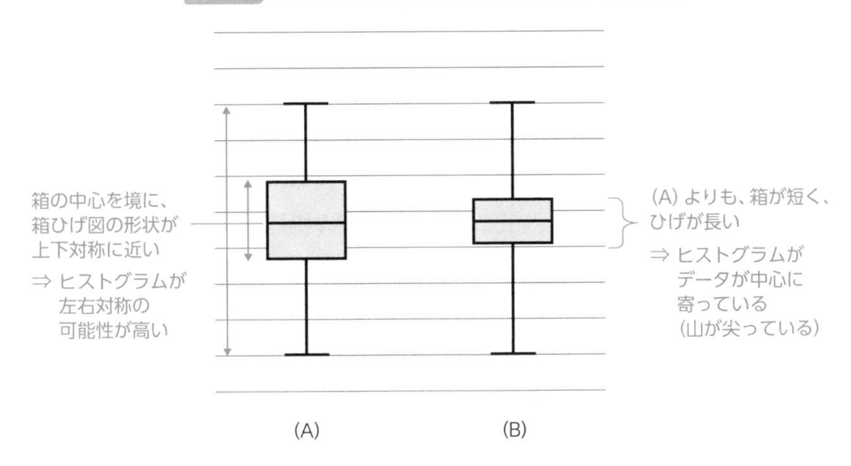

基本的には、五数要約から読み取れることと同じことが、より視覚的に把握しやすくなっているのみです。

まず(A)も(B)も、箱の中の線を中心として上下対称となっています。これはヒストグラムの左右の広がり方が同等であることを示しており、すなわちヒストグラムが左右対称であると考えられます。また(A)と比較して、(B)の箱ひげ図は箱の長さが非常に短く、その分ひげが長いです。これは第1四分位数から第3四分位数までの間隔が短く、さらには両端の方の度数が低いことに起因するので、ヒストグラムの中心にデータが集まっており、山が高く尖った形状をしていることが考えられます。

では、続けて、ヒストグラムの特徴の異なる(C)の箱ひげ図を見ていきましょう(図6.13)。

図6.13 箱ひげ図(左寄りのヒストグラム)

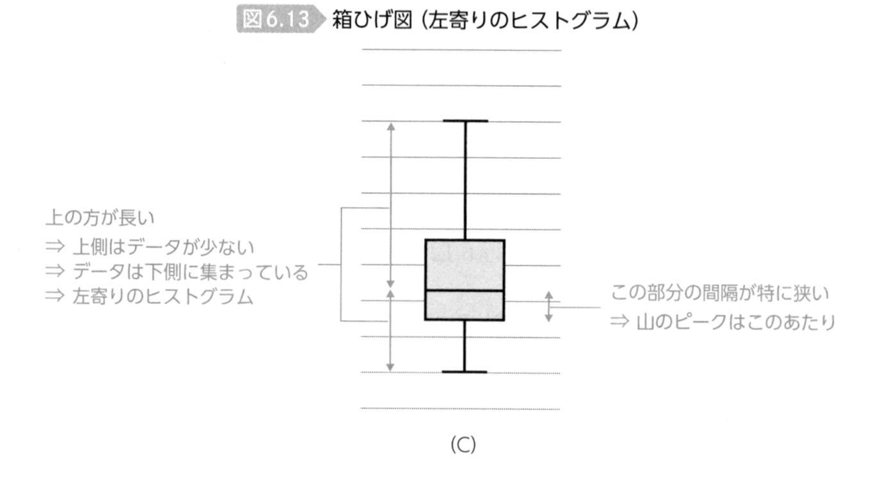

図6.13は対称性のない箱ひげ図です。箱ひげ図の下側の間隔が全体的に狭いことが視覚的にわかります。五数要約の際にも説明しましたが、データ値の間隔が狭いということは、そこにデータが集まっている(密度が高い)傾向にあることを示しています。したがって、この箱ひげ図は、値の低い方にデータが集まっていることになります。さらに箱の下側の間隔、すなわち第1四分位数から第2四分位数にかけての差が最も短くなっているので、このあたりにピークがくることが推測できます。

端的に言ってしまえば、箱やひげのポイント5箇所のうち、間隔の狭い部分はヒストグラムでの高さは高く、間隔の広い部分はヒストグラムが低いと考えて良いでしょう。ただし、いずれのヒストグラムが単峰であるときに限った話ですので、その点には留意しましょう。

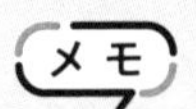

箱ひげ図は縦型のものでなく、横に伸びるタイプのものも頻繁に利用されます。図6.14を参考に、横型のものについても、五数要約の各値を確認する練習をしてみましょう。

図6.14 横型の箱ひげ図

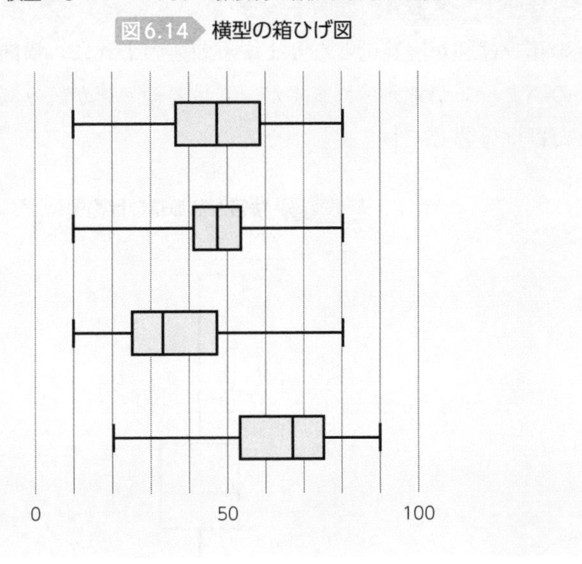

Excelでやってみよう

本節での説明に利用したものとは異なる、別の40名分のテストの成績データを用いてExcelで箱ひげ図を作成してみましょう（321ページ）。

練習問題 6.3

練習問題6.2で行った、身長（cm）の五数要約「148.5、157.25、162.75、170.825、197.5」について、箱ひげ図を作成してください。

解答と解説 6.3

下記の箱ひげ図が解答例となります。前述のように、横向きのタイプなどいくつかのパターンが考えられますが、五数要約の値が読み取れる図になっていることだけは確認しておきましょう。

図6.15 解答となる箱ひげ図

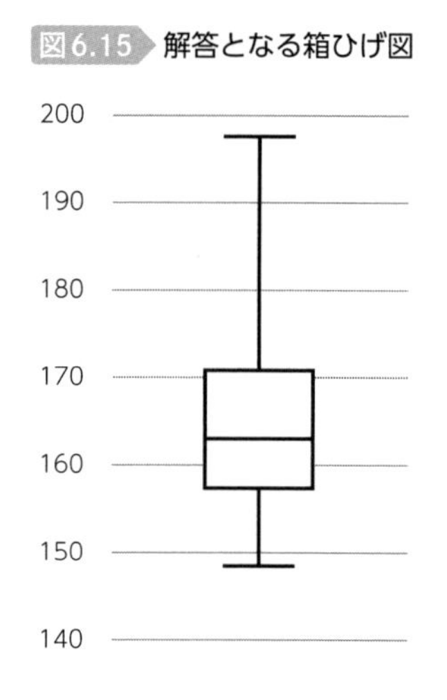

上記の箱ひげ図より、157.25～162.75cmの人が何名程度いるかわかるでしょうか。これは第1四分位数から第2四分位数までの距離を聞かれていることと同等であり、全体のほぼ25%の人がいることはわかります。ただし箱ひげ図の欠点として、それが500名なのか10,000名なのか、箱ひげ図のみからではその人数についてはまったく読み取ることができません。もしここに、箱ひげ図のほかに「標本の大きさ」の統計量が情報として加わると、そのおおよその数を推測することができます。

6.3 箱ひげ図と外れ値

箱ひげ図の基本は前節で紹介したとおりですが、本節では外れ値を含んだ箱ひげ図について、注意点を解説します。まず、箱ひげ図からヒストグラムの形状を推測する方法を復習してみます。図6.16の箱ひげ図を見てみましょう。データとしては、中学生のお小遣い（円）などを適当に想像してください。

図6.16 箱ひげ図（中学生のお小遣い）

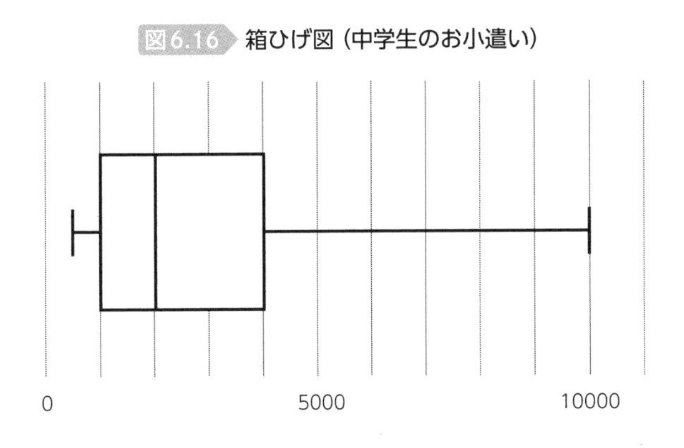

図6.16の箱ひげ図より、五数要約の値がそれぞれ

- 最小値：500
- 第1四分位数：1000
- 第2四分位数：2000
- 第3四分位数：4000
- 最大値：10000

程度であることが読み取れます。また箱ひげ図の形状より、ヒストグラムが単峰であるならピークが左寄りである可能性が高いことが推測できます。どの程度、ピークがどのあたりにあるのか、どの程度左寄りなのか、といったことについては、そもそも箱ひげ図からでは正確に把握することはできません。しか

しそれでも、少しでも近いデータの全体像やヒストグラムをイメージしたいところです。その際に、データの中に外れ値が含まれているかどうかで、五数要約の値の見方が大分変わってきます。

図6.17 箱ひげ図から想像できるヒストグラムの例

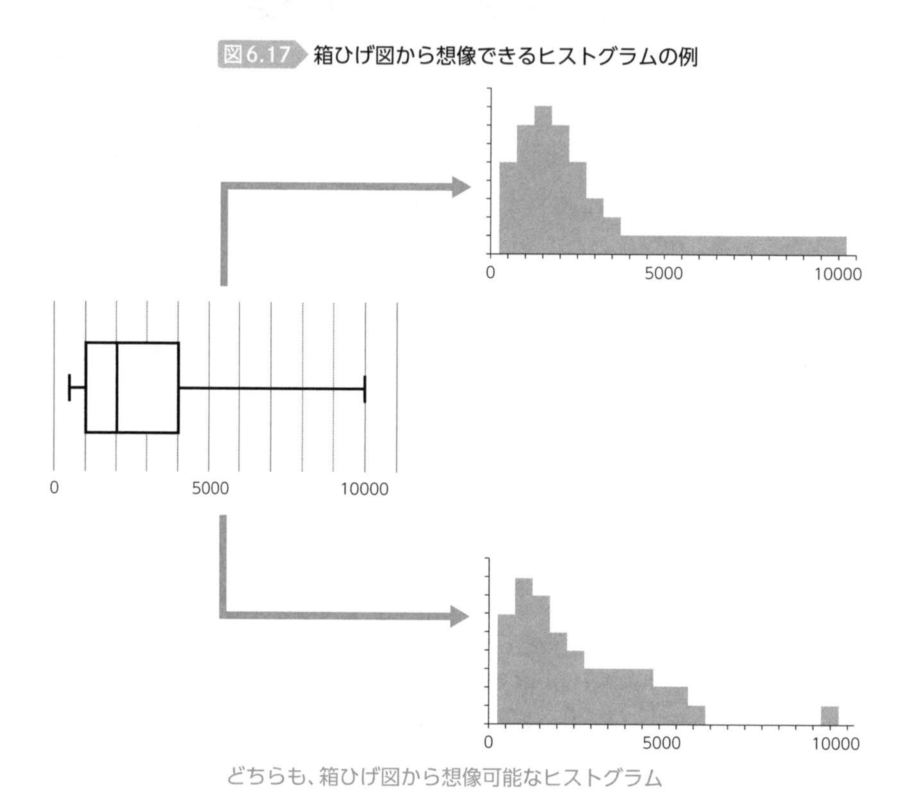

どちらも、箱ひげ図から想像可能なヒストグラム

図6.17は、先ほどの箱ひげ図から想像できるヒストグラムを二例示したものです。2つのヒストグラムを比べると、ピークの位置、あるいはピークから右側にかけての下がり方などに、やや差があります。その原因としては、外れ値があるかないかです。箱ひげ図のみでは、最小値や最大値について、ほかの値とどれくらい離れているかを読み取ることができません。したがって、箱ひげ図のみから判断すると、右側のひげの長い部分には、不自然にならない程度にデータが存在すると考える方が妥当でしょう。そうすると、上側のヒストグラムを想像する方が自然といえます。

もし外れ値が存在するのであれば、その外れ値を除いた状態の箱ひげ図を提示してもらえた方が、ヒストグラムの全体像はよりイメージしやすいでしょう。以上を踏まえ、箱ひげ図には、外れ値を明確に区別して表現する方法も用意されています。

下記の図6.18は、図6.16と同じデータで、もしデータ中に外れ値を含んでいた場合の箱ひげ図です。

図6.18 外れ値を含む箱ひげ図

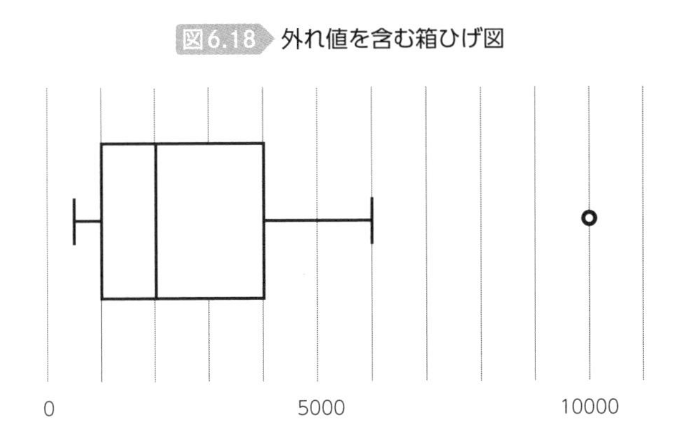

ポイントとして、外れ値にあたるデータを○の記号で示しています。また、ひげの先は、外れ値を除いた最大値を示しています。すなわち図6.18では、約10000円のお小遣いをもらっている人が1人いて、その人を除くと6000円程度が最大値であることが読み取れます。もちろん、その間にはデータは存在せず、その間の階級の度数は0となります。

この箱ひげ図を利用すると、先ほど判断に迷ったヒストグラムのイメージがより明確になります。図6.19に示したように、上の箱ひげ図では外れ値が存在しないので、下のようなヒストグラムにより近い可能性が高いことが窺えます。外れ値付きの箱ひげ図からヒストグラムをイメージする際は、外れ値のことは気にせずに箱とひげのみを利用してヒストグラムをイメージし、その後に外れ値を付け足す形で想像すると良いと思います。

図6.19 外れ値を含む箱ひげ図からのヒストグラムの想像

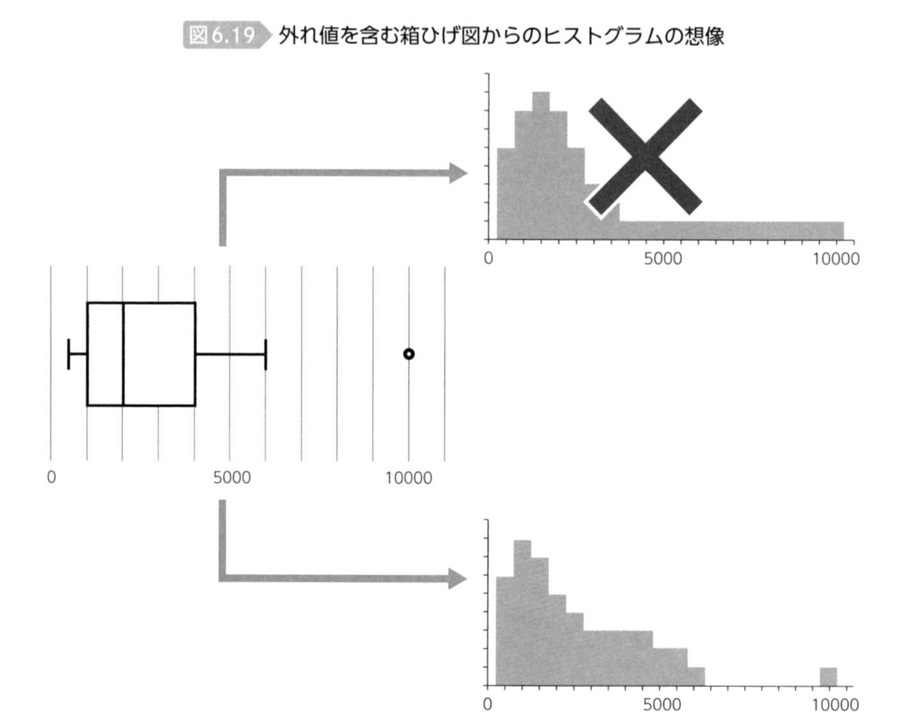

上だと、外れ値とヒストグラムが矛盾する

代表的な箱ひげ図は、本文で紹介したとおりですが、箱の書き方が縦か横の違いのみでなく、箱ひげ図の中で利用される記号などが異なるケースもあります。

たとえば、図6.20の（ア）のように、第2四分位数を点で示すタイプの箱ひげ図もあります。また（イ）のように、外れ値について○の記号ではなく、×や△で示されていたり、外れ値が複数ある場合には記号が複数付いていたりすることもあるかもしれません。あるいは（ウ）のタイプのように、箱の中に「第2四分位数以外の記号」が付いていることもあります。箱の中ですので、外れ値ということはなさそうです。実はこのタイプの箱ひげ図は「平均値」を示しています。すなわち、（ウ）の×の記号の位置は平均値で、その値が50程度であることを図示しています。

図6.20 さまざまなタイプの箱ひげ図

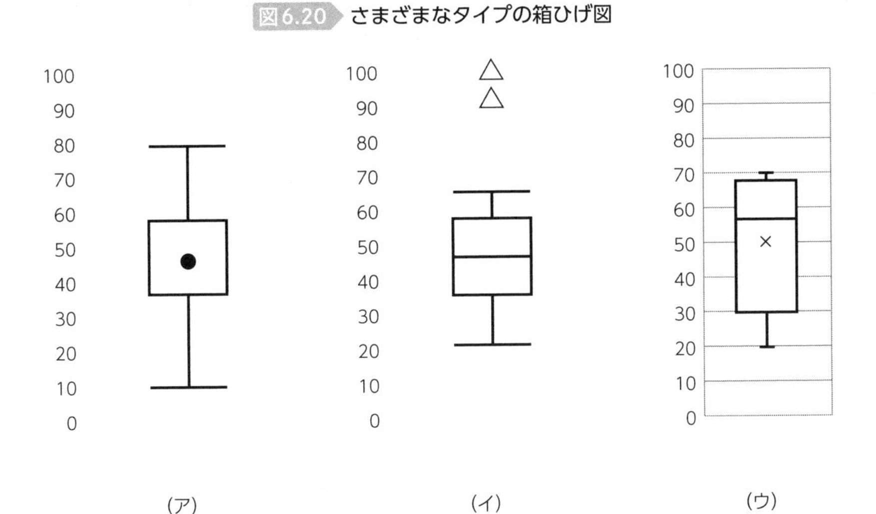

少しタイプの異なる箱ひげ図に出会うこともあるかもしれませんが、標準的なタイプのものについて、いくつか見方を押さえておけば、ほかのタイプのものについてもすぐに見方がわかると思います。

ただし、注意したいのは、外れ値がない箱ひげ図を見つけたからといって、本当に外れ値が存在しないと決めつけるのは危険です。外れ値を分けて描かないといけないという決まりはないので、外れ値が存在するにもかかわらず、それを考慮せずに箱ひげ図を作成している可能性があります。箱ひげ図に、外れ値が図示されていなく、また「外れ値は存在していない」と明確に記述のない場合は、外れ値はあるともないとも判断できないので注意しましょう。

また、箱ひげ図中に平均値が示されている場合、その計算方法として、外れ値を含めた計算なのかトリム平均なのか、あるいはそもそも外れ値の基準をどのように決めているのか、といった細かい点までは把握できません。したがって、箱ひげ図や五数要約は、データの全体像を把握するうえで簡潔で便利な手法であるものの、欠点もしっかりと踏まえたうえで、より正確な情報を把握するためには、ほかの統計量などと合わせて判断するようにしましょう。

6.4

幹葉図

本章では、五数要約と、それを視覚的に表した箱ひげ図を学習しました。本節では、データを把握するうえでもう1つよく利用される図である**幹葉図**(みきはず)について解説します。幹葉図は、主に数値で表現されるデータについて、大カテゴリと小カテゴリの2つに分けて図示する方法です。たとえば、下記のような30名分のテストの点数があったとします。

0	7	21	24	27
34	34	37	42	45
48	52	55	55	55
57	59	60	61	63
63	67	71	74	79
82	85	91	95	100

このデータについて、

- 標本の大きさ
- 最小値／最大値
- 代表値（平均値、最頻値、中央値）
- 四分位数（第1四分位数、第2四分位数、第3四分位数）

といった統計量を求めることについてすでに学習しましたし、

- ヒストグラム
- 箱ひげ図

のグラフで図示することもできるようになっているかと思います。すでにたくさんの表現方法を学習しているようにも感じますが、幹葉図はこのデータについて、たとえば、「大カテゴリ＝十の位」、「小カテゴリ＝一の位」として、表形式にまとめたものです。実例としては図6.21のようなものになります。

図6.21 30名のテストの結果についての幹葉図

十の位	一の位
0	0 7
1	
2	1 4 7
3	4 4 7
4	2 5 8
5	2 5 5 5 7 9
6	0 1 3 3 7
7	1 4 9
8	2 5
9	1 5
10	0

幹葉図の見方を説明していきます。まず大カテゴリである十の位を左側の列とします。また100点の人がいるので、都合上、十の位を10まで用意しておきます。次に、小カテゴリである一の位の列を右側に用意します。たとえば、十の位が5の箇所について、図6.22を参照しながら、詳しい読み取り方を確認します。

図6.22 幹葉図の見方

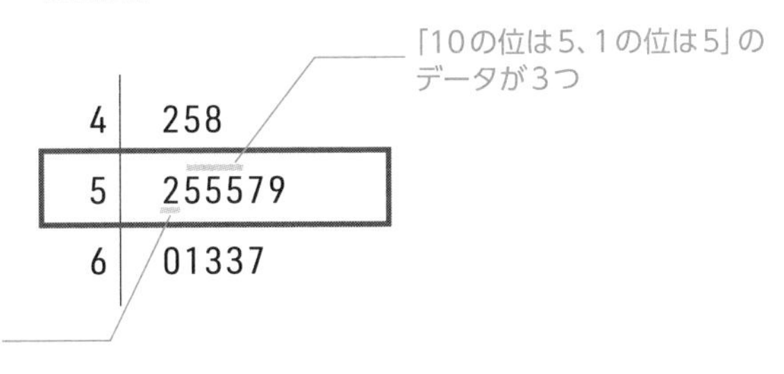

十の位が「5」のところには、「2 5 5 5 7 9」と数字が6個並んでいます。これは十の位が5の人の中で、一の位が2の人が1名、一の位が5の人が3名、一の位が7の人が1名、一の位が9の人が1名いることを示しています。

- 重複があるデータはその分だけ記述する
- 存在しないデータは何も書かない

ということがポイントとなります。すなわち、幹葉図全体を見ると、十の位が5である人は6名いることがわかりますし、十の位が1である人は1名もいないことがわかります。

したがって、幹葉図を見ると、何点が何人いるのか、細かいデータを正確に把握することが可能であり、この点がほかのグラフを大きく異なります。棒グラフや円グラフ、ヒストグラムなどは、各データのおおよその値をグラフから読み取ることはできても、それが正確な値であるかどうかは判別できないことがほとんどです。幹葉図であれば、図6.21から、最頻値は55点（3名で最多数）であることがわかりますし、最小値が0、最大値が100とはっきりわかります。また、少し手間は掛かりますが、その気になれば平均値や四分位数についても正確に計算することが可能です。

さらに幹葉図のメリットは細かい値を把握できることのみではなく、データの分布を容易に把握することができます。幹葉図の小カテゴリである右側は、データがそこに集まっているほど長くなり、まさにデータの分布を表しています。

図6.23 幹葉図とデータの分布

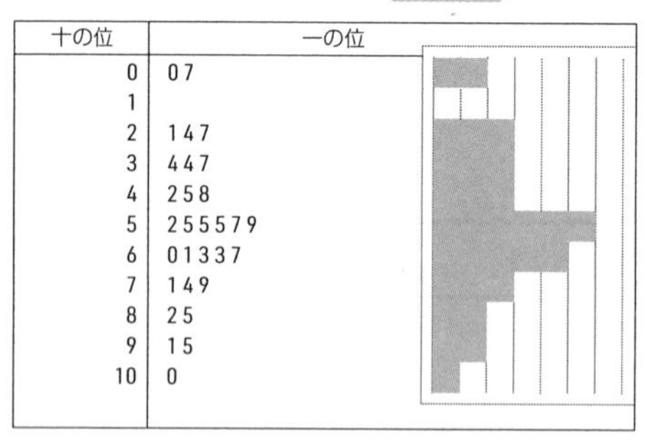

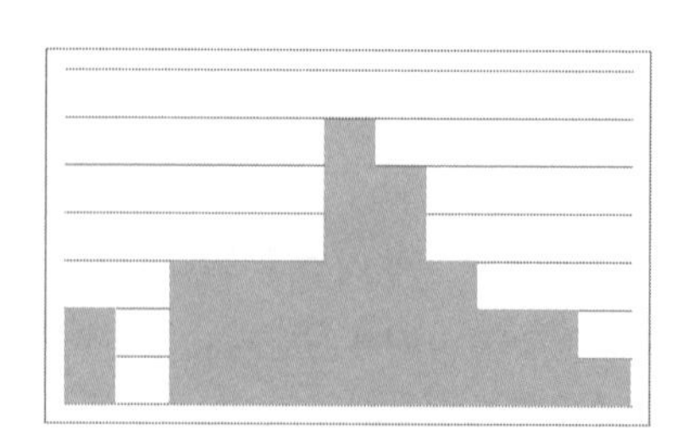

図6.23を見るとわかるように、データの個数がそのままヒストグラムの度数の分布の高さと一致します。このように幹葉図は、データの分布と正確な値、両者を把握することが可能な万能なグラフともいえます。

コラム

普段の生活の中で、比較的多く目にする幹葉図は何でしょうか。中々思いつかないような気がしますが、「時刻表」を思いついた人も多いのではないでしょうか。あれは、大カテゴリが時（Hour）、小カテゴリが分（Minute）で表現されている幹葉図です。

下記は、池袋駅の山手線 新宿・渋谷方面（内回り）の時刻表（※ 2019年7月現在）です。

図6.24 山手線の時刻表

時	分
4	34 54
5	10 28 38
6	03 10 14 22 30 33 39 45 50 55
7	00 02 05 08 11 13 16 19 22 24 27 30 33 35 38 41 44 47 49 52 55 58
8	00 03 06 08 11 14 16 19 22 25 27 30 33 36 38 41 44 47 49 52 55 58
9	01 03 06 09 11 14 17 19 22 25 27 30 33 36 39 41 44 47 50 52 55 58
10	02 05 08 11 15 19 23 26 30 32 35 39 44 48 52 56
11	00 04 08 13 17 21 25 29 33 38 42 47 51 55 59
12	03 07 12 16 20 24 28 32 37 41 46 50 54 58
13	02 06 10 15 19 23 27 31 35 40 44 49 52 56
14	01 05 09 13 17 21 26 30 34 38 43 47 51 55 59
15	04 08 12 16 20 24 29 33 37 42 46 51 53 56 59
16	03 06 09 12 16 19 22 25 28 32 35 39 41 44 48 51 54 57
17	01 04 07 10 13 16 20 23 27 30 33 36 40 43 46 49 53 56 59
18	02 06 09 12 15 18 22 25 28 31 35 38 41 44 48 51 54 57
19	01 04 07 10 14 17 20 23 27 30 33 36 40 43 46 49 53 56 59
20	02 06 09 12 15 18 22 25 28 31 35 38 41 44 47 51 54 57
21	01 04 07 10 14 17 20 23 27 30 33 38 43 46 49 53 57
22	01 06 09 12 16 19 22 27 31 35 39 42 47 52 57
23	02 07 12 17 23 27 32 37 42 46 52 57
24	02 07 12 17 23 37 51

上記を見ると、7〜9時と、16〜20時に電車の本数が多いことがすぐにわかります。これはもちろん、朝の通勤ラッシュと夜の帰宅ラッシュの時間帯です。幹葉図ではこのように、1日の中でどのあたりに電車が多い／少ないのかの分布を容易に把握することが可能ですし、何時何分に電車があるのかといった、詳細で正確なデータを把握することが可能です。時刻表は、幹葉図で表現するのに最も適したデータといえるでしょう。

幹葉図を作成するうえでの注意

万能ともいえる幹葉図ですが、ほかのグラフと比較して、あまり見かけないのも事実です。それには理由があり、幹葉図は、データ数がそこまで多くない条件の下に、非常に有効な手段となります。たとえば、図6.21では55点が3名で最多数であると説明しましたが、これは30名程度のデータ数だからこそ確認することが可能です。もしここに数万名のデータが幹葉図で並んでいたら、どれが最頻値であるかなんて、とても数えられるものではありませんし、数百名でもかなりキツくなってきます。数が多くなってきた場合は、データの長さのみが有用な情報となり、それであればヒストグラムで代用すれば十分です。

また、下記の時刻表のように、数字の順番を変えると見づらくなり、ヒストグラムとしての機能が失われてしまいますので避けましょう。

15	10 50 20
13	40 20 30
14	00 15 09 06

※↑時間も分も並びがバラバラ

もう一点、下記の時刻表の14時台ように数値のフォーマット（ここでは桁数）を変えてしまうと、一目見たときの長さで、どちらの数が多いのかがわからなくなってしまいますので、こちらも避けるようにしましょう。

13	20 30 40
14	0 6 9 15
15	10 20 50

※↑14時台が4つあるのに、長さが短いために、13、15時台の3つより少なく見える

練習問題 6.4

下記は、ある日の世界各地の気温を並べたものです。

−2.9	−1.77	−1.23	−0.3	1.0	1.34	2.7

幹葉図を作成してください。

解答と解説 6.4

解答例として、まず元データのまま整数部と小数部に分ける方法が挙げられます。

図6.25 解答例1

整数部	小数部
2	70
1	00 34
0	
−0	30
−1	23 77
−2	90

本問題程度の桁数では上記解答でも構いませんが、桁数がもっとバラバラな場合などには、四捨五入などを行い、桁数を揃えてから幹葉図を作成する方法でも構いません。

図6.26 解答例2

整数部	小数部
2	7
1	0 3
0	
−0	3
−1	2 8
−2	9

ここでもう一点、−1の部分の並びに着目してみましょう。気温でいえば、正の数は数値の大きい方が暖かく、負の場合は数値の大きい方が寒いということなので、負の数を並べる際には、下記の下線部のように順序を逆順にした方が良いのでしょうか。

図6.27 小数点以下の扱い

整数部	小数部
2	7
1	0 3
0	
−0	3
−1	<u>8 2</u>
−2	9

こちらに関しては特に明確な決まりがあるわけではありませんが、昇順であっても降順であっても、分布の形状や、詳細な値の把握は可能であり、幹葉図の利点は損なわれていないので、先の2つの解答例のように昇順で記述しておけば問題ないでしょう。

CHAPTER 7

第7章

確率と期待値

7.1 事象と確率

前章までは、いくつかの要約統計量について求める方法を学習しました。まだ紹介していない要約統計量が残っているのですが、先に確率の学習を行っておくことで理解がしやすい面があるので、本章では確率と期待値の基礎的な内容を扱います。

確率の説明でよく用いられる、サイコロを例に解説をしていきます。数学や統計学的にいえば、同じ条件のもとでデータを集めることを**試行**と呼びます。サイコロを10回振ってみて、どの目が何回出るかを記録するということは、10回の試行でデータを集めている、と言い換えることができます。また、そのときに起こりうることを**事象**と呼びます。たとえば、「1の目が出る」、「2の目が出る」ということはそれぞれ事象の例です。少し複雑な例としては「1か2か3の目が出る」、「奇数の目が出る」ということも事象になります。

そして、これらの事象がそれぞれ100%中の何%程度で起こりうるのかということを示した数値が確率になります。サイコロでいえば、6つの目が出る確率はそれぞれ同確率であるので、たとえば、1の目が出る確率は、

100÷6≒16.67%

となります。クロス集計表の説明中（58ページ）でも言及したように、確率には、全体を100%とする百分率と、全体を1とする歩合の、2通りの表現方法があります。

会話などでは百分率を用いることが多いと思いますが、確率の計算では理由は後述しますが歩合の方を利用すべきです。したがって、先ほどの1の目が出る確率は、歩合で計算すると、

1÷6≒0.1667

となります。

さまざまな確率を計算するうえでは、事象や確率についての排反性と独立性についても理解する必要があります。

排反事象

ある2つの事象が、ともに起こりうることがないことを、「2つの事象は**排反**である」と表現します。すなわち、仮に片方が起こった場合は、もう片方は決して起こらないような関係の事象です。

例としては、3枚のうち1枚だけアタリが入っているくじを順番に2回引くとして、「1回目にアタリが出る事象」と「2回目にアタリが出る事象」は、アタリくじが1枚しか入っていない以上、両立することはなく排反になります。また「1回目にハズレが出る事象」と「2回目にアタリが出る事象」は、両立する可能性があるので排反ではありません。

2つの事象が決して両立することがなければ排反、両立する可能性があれば排反ではないということになります。

独立事象

ある2つの事象について、片方の結果がもう片方の確率にまったく影響しない場合、「2つの事象は**独立**である」と表現します。

たとえば、サイコロを2回振るときに、「1回目に1の目が出る事象」と「2回目に1の目が出る事象」は独立となります。すなわち、1回目に1の目が出ても出なくても、2回目に1の目が出る確率は$\frac{1}{6}$で変わりません。また逆に、2回目に出る目に関わらず、1回目に1の目が出る確率は$\frac{1}{6}$です。すなわち、お互いの結果が、もう一方の確率にいっさい影響がない、このような関係を「独立」と表現します。

単純なようにも見えますが、この2つをしっかりと理解することが、確率計算の基本となります。練習問題を通して確認していきましょう。

練習問題 7.1

次の2つの事象や確率について、「排反」か「排反でない」のいずれかを答えてください。

(1) 100本のうち、10本のアタリが入っているくじ引き箱があります。引いたくじを毎回戻すという方式で5回くじを引くとき、「1回目にアタリが出る事象」と「2回目にアタリが出る事象」。

(2) 100本のうち、10本のアタリが入っているくじがあります。引いたくじは箱に戻さずに5回くじを引くとき、「1回目にアタリが出る事象」と「2回目にアタリが出る事象」。

(3) 100本のうち、1本だけアタリが入っているくじがあります。引いたくじを毎回戻すという方式で5回くじを引くとき、「1回目にアタリが出る事象」と「2回目にアタリが出る事象」。

(4) 100本のうち、1本だけアタリが入っているくじがあります。引いたくじは箱に戻さずに5回くじを引くとき、「1回目にアタリが出る事象」と「2回目にアタリが出る事象」。

解答と解説 7.1

(1)、(2) について、そもそも箱にアタリくじは10本あるので、くじを戻しても戻さなくても1回目と2回目ともにアタリくじを引くことがありえるので、排反ではありません。

(3) については、毎回くじを戻すので、くじを引くときは常に100個のうち1個アタリが入っている状態です。したがって、1回目と2回目ともにアタリくじを引くことがありえるので、排反ではありません。

(4) については、引いたくじを戻さないので、1回アタリを引いてしまうともう二度と出ることはありません。すなわち1回目と2回目ともにアタリくじを引くことは決してありえないので、問題文の2つの事象は排反となります。

練習問題 7.2

次の2つの事象について、「独立」か「独立でない」のいずれかを答えてください。

(1) サイコロを1回振るとき、「奇数の目が出る事象」と「偶数の目が出る事象」。

(2) サイコロを1回振るとき、「3の倍数が出る事象」と「6の倍数が出る事象」。

(3) サイコロを1回振るとき、「2の倍数が出る事象」と「3の倍数が出る事象」。

解答と解説 7.2

独立かどうかを判断するためには、いずれも確率を考えなくてはなりません。

(1) については、サイコロを振って、仮に奇数の目が出たとすると偶数の目である確率は0です。逆に奇数の目が出なかったとすると偶数の目である確率は1です。つまりは「奇数の目が出る事象」が成立したかどうかによって、「偶数の目が出る事象」となる確率が変わってきます。したがって、独立ではありません。ちなみに排反性を考えた場合、1回の試行で奇数の目と偶数の目がともに出ることはないので、2つの事象は排反事象となります。

(2) について、サイコロを振り「6の倍数」であったならば、必ず「3の倍数」

になります。逆に「6の倍数」でなかったとすると、1～5のいずれかの目が出たことになるので、「3の倍数」となる確率は$\frac{1}{5}$です。したがって、サイコロを振ってそれが6の倍数であったかどうかによって、3の倍数であるかどうかの確率が変わりますので、独立ではないことになります。

また、このケースでは、6の倍数が出た場合は、必ず3の倍数となります。このように片方が起こると、もう片方の事象も必ず成立するような関係を、**包含関係**（ほうがん）と呼び、図で表すと下記のようなイメージとなります。

図7.1 包含関係

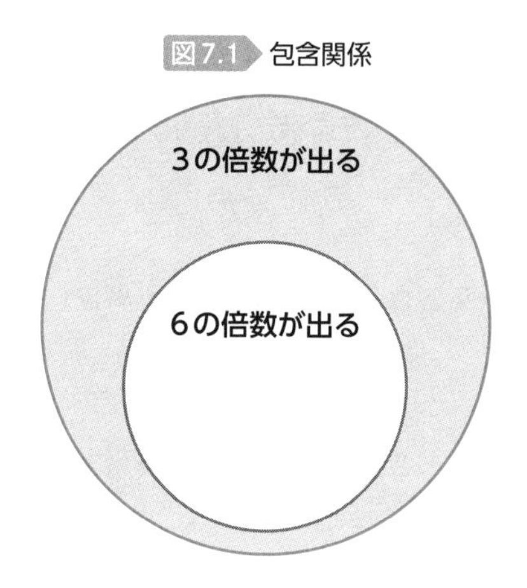

(3) については、2つの事象は一見関係するように見え、独立でないように見えます。しかし、もう少し詳しく考えてみましょう。

サイコロを1度振って、「2の倍数が出た」とすると、出た目の可能性としては2, 4 ,6であり、そのうち「3の倍数である確率」は$\frac{1}{3}$です。一方、「2の倍数が出なかった」とすると、可能性としては1, 3, 5であり、そのうち「3の倍数である確率」は$\frac{1}{3}$です。すなわち、2の倍数が出ても出なくても、3の倍数である確率は$\frac{1}{3}$で変わらないことになります。逆の事象から見ても同じで、3の倍数が出ても出なくても、2の倍数となる確率は$\frac{1}{2}$で変わりません。したがって、2つの事象は独立といえます。

7.2 確率の計算

和事象

複数の確率を組み合わせる場合には、「または」あるいは「かつ」で計算を行うことが基本となります。たとえば、サイコロを1度振って、「1か2か3の目が出る確率」を考える場合、それは「1の目が出る」または「2の目が出る」または「3の目が出る」確率を問われていることになります。感覚的に言ってしまえば、それぞれの事象の起こる確率が$\frac{1}{6}$ですので、

$$\frac{1}{6}+\frac{1}{6}+\frac{1}{6}=\frac{3}{6}=\frac{1}{2}$$

となります。「または」の確率は足し算をすれば良いと、なんとなく認識をしている方もいるかもしれませんが、厳密にいえば、『排反である事象の場合、「または」の確率は足し算をして良い』という規則になります。

図7.2 排反事象の確率

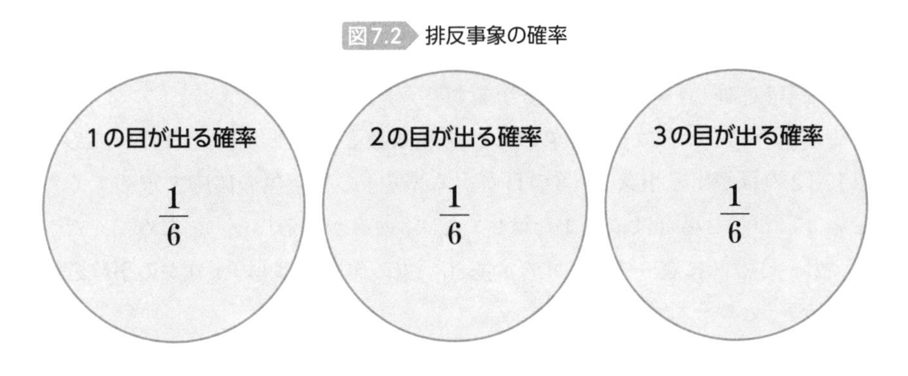

図7.2に示したように、それぞれの事象に重なる部分がないので足し算を行って良いことになります。

続けて、重なる部分がある場合を考えてみましょう。サイコロで「3の倍数

が出る確率」は$\frac{1}{3}$で、「6の倍数が出る確率」は$\frac{1}{6}$です。では、「3の倍数、または6の倍数が出る確率」はいくつでしょうか。「または」だからといって、足し算してはいけません。

図7.3 包含関係の確率

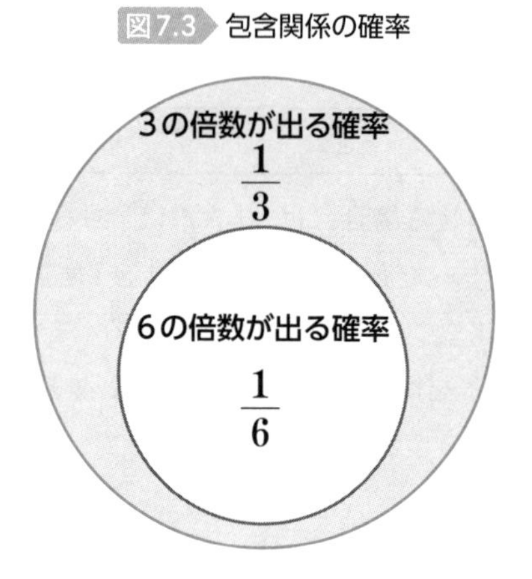

図7.3に示したように、包含関係にある確率では、包含する側の確率のみ考えればよく、包含される側の確率を考慮する必要はありません。ただし、それ以前に、本当に包含関係にあるかどうかの判断には十分に注意しましょう。図7.3を参考にすると、「3の倍数、または6の倍数が出る確率」は、「3の倍数が出る確率」に等しいので、$\frac{1}{3}$となります。

このように「または」の事象のことを**和事象**と呼びます。「1の目が出る事象」、「2の目が出る事象」、「3の目が出る事象」の和事象の確率を求めてくださいと言われた場合は、「1または2または3の目が出る確率」を求めてください、という意味になります。すなわち和事象の確率とは「いずれかの事象を満たす確率」という計算になります。

和事象の確率を計算するうえで、「2の倍数、または3の倍数が出る確率」のように、排反ではなく、包含関係でもない確率は、さらに面倒です。

図7.4 一部重なる事象の確率

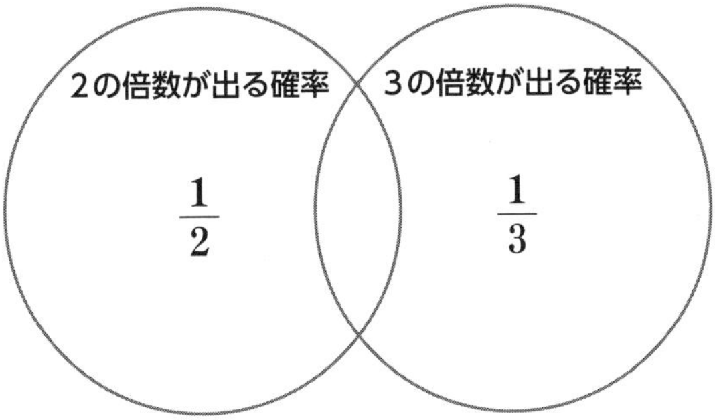

図7.4を見るとわかりますが、一部のみ重なっている事象になるので、単純に足し算しても答えとはならない分、先ほどまでよりも少し複雑になります。こちらについては、もう1つの「かつ」の計算を学習した後にまた考えてみたいと思います。

積事象

確率の計算の基本として、「または」のほかに、「かつ」の確率の計算を押さえておきましょう。例として、サイコロを1度振り、「2の倍数が出て、かつ、3の倍数が出る確率」を考えてみます。

図7.5 「2の倍数」かつ「3の倍数」の出る確率

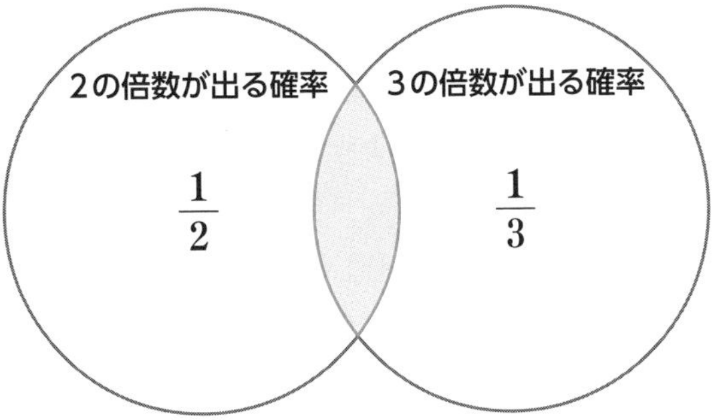

図7.5に色付きで示した部分の確率であり、端的にいえば、つまりは「6の倍数が出る確率」のことなので、答えが$\frac{1}{6}$とすぐにわかってしまいそうですが、ここでは計算の基本に立ち返って考えていきたいと思います。

「かつ」の計算は、掛け算になります。すなわち、図7.5中の2つ確率を掛け算した

$$\frac{1}{2}\times\frac{1}{3}=\frac{1}{6}$$

が答えとなります。しかし、ここで問題なのは、「かつ」の確率を掛け算で求めるためには、2つの事象が「独立である」という条件を満たしている必要があります。

2つの事象が排反であって独立ではない場合、たとえば、サイコロを1回振って「奇数が出る事象」と「偶数が出る事象」の場合、ともに起こりうることはありません。この場合に「奇数かつ偶数の目が出る確率」を、

$$\frac{1}{2}\times\frac{1}{2}=\frac{1}{4}$$

としては間違いです。そもそも排反事象とは、両立しうることのない事象ですので、排反事象の「かつ」の確率は必ず0になります。

また包含関係がある場合も独立とはなりません。たとえば、先ほどの図7.3を利用して、「3の倍数が出る」かつ「6の倍数が出る」確率を考えてみましょう。これは、包含される側である「6の倍数が出る確率」と等しくなります。ここで、「かつ」だからといって掛け算で、

$$\frac{1}{3}\times\frac{1}{6}=\frac{1}{18}$$

としては誤りです。先ほど説明したように、2つの事象が独立の場合に限り、「かつ」の確率を掛け算で求めることが可能です。「または」の事象を和事象と表現することに対し、「かつ」の事象のことを**積事象**と表現します。

また後ほど練習問題の中で解説しますが、2つの事象に関する行動を順番に行う場合は、確率の**乗法定理**と呼び、「かつ」の確率について、独立でなくても掛け算を利用して求めることが可能です。先ほどの例では、サイコロを1度のみ振るという行動に対して「2の倍数が出る確率」かつ「3の倍数が出る確

率」であり、順番に行動を行うわけではないので乗法定理を用いることはできず、「かつ」の確率を掛け算で求めるためには独立でなくてはいけません。

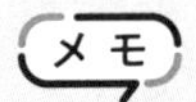

確率の計算を行うときに、足し算の場合は、20%＋30%＝50%のように百分率でも同様の結果が得られますが、掛け算の場合は20%×30%＝600%としてはいけません。歩合と百分率を使い分けるのも面倒ですので、計算を行う際には、すべて歩合で行った方が間違えることが少ないと思いますのでオススメです。

一部のみ重なる和事象

ここで改めて、図7.4で例に挙げた「2の倍数」または「3の倍数」の出る確率を考えてみましょう。この確率を図で考えてみると、図7.6に示したように、それぞれの確率を足すと、重なった部分が二重に足し算されることになるので、重なった部分を1つ分だけ引き算してあげれば良いことになります。

図7.6 「2の倍数」または「3の倍数」の出る確率

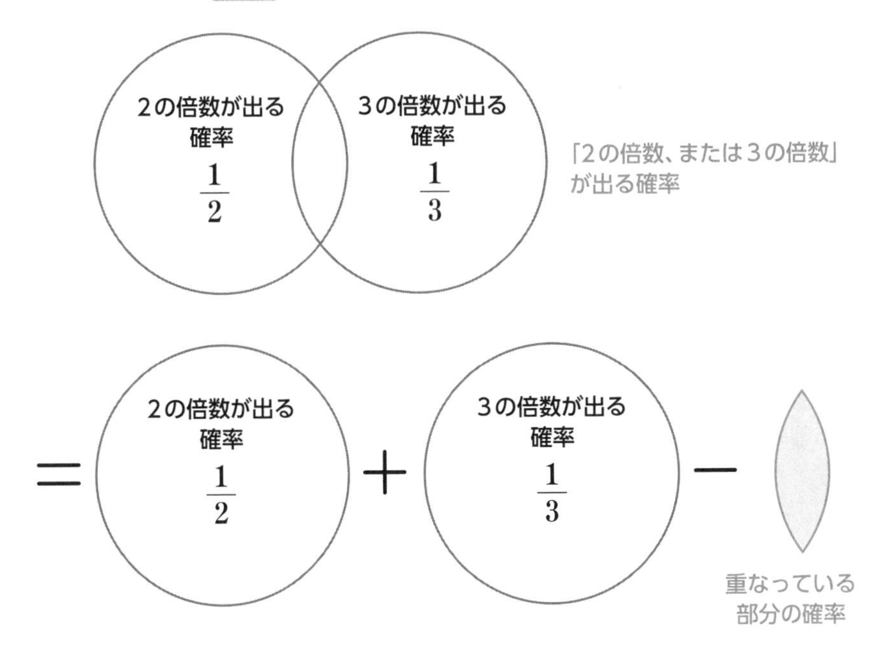

重なった部分というのは、「2の倍数」かつ「3の倍数」の確率ですので、先ほど求めたように、

$$\frac{1}{2}\times\frac{1}{3}=\frac{1}{6}$$

です。以上より、「2の倍数、または3の倍数の出る確率」は、

$$\frac{1}{2}+\frac{1}{3}-\frac{1}{6}=\frac{3}{6}+\frac{2}{6}-\frac{1}{6}=\frac{4}{6}=\frac{2}{3}$$

となります。1つ注意しておきたいのは、「2の倍数または3の倍数が出る確率」というのは、「2の倍数であり3の倍数」といったように、両方を満たす事象も含めます。日本語で「プリンまたはケーキを食べる」といった場合、両方食べることは通常はなしかと思いますが、和事象の場合は両方満たす事象も含むので、その点は日本語とのニュアンスの違いとして覚えておきましょう。

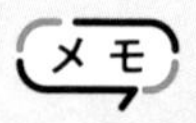

図7.1～図7.6のように、事象や確率を考えるうえで利用する図のことをベン図と呼びます。特に丸型でないといけないわけではありませんが、一般的には丸型が最もよく利用されています。

練習問題 7.3

(1)～(6)の確率について、それぞれ積事象および和事象となる確率を求めてください。

(1) 100本のうち、10本のアタリが入っているくじがあります。引いたくじを毎回戻すとき、「1回目にアタリが出る確率」と「2回目にアタリが出る確率」。

(2) 100本のうち、10本のアタリが入っているくじがあります。くじは戻さないとき、「1回目にアタリが出る確率」と「2回目にアタリが出る確率」。

(3) 100本のうち、1本だけアタリが入っているくじがあります。くじは戻さないとき、「1回目にアタリが出る確率」と「2回目にアタリが出る確率」。

(4) サイコロを1回振るとき、「奇数の目が出る確率」と「偶数の目が出る確率」。

(5) サイコロを1回振るとき、「3の倍数が出る確率」と「6の倍数が出る確率」。

(6) サイコロを1回振るとき、「2の倍数が出る確率」と「3の倍数が出る確率」。

解答と解説 7.3

(1) 積事象は「1回目がアタリ、かつ2回目もアタリが出る確率」であり、くじを戻すときは2つの確率は独立なので、

$$積事象の確率：\frac{10}{100}\times\frac{10}{100}=\frac{1}{10}\times\frac{1}{10}=\frac{1}{100}$$

となります。

和事象については「1回目または2回目にアタリが出る確率」であり、言い換えると少なくとも1回はアタリを引く確率となり、これは次節で詳しく扱いますが、「2回ともハズレを引く確率」の逆の確率ですので、1－「2回ともハズレを引く確率」で求めることができます。

「2回ともハズレを引く確率」＝「1回目ハズレかつ2回目もハズレ」となります。したがって、

$$\frac{90}{100}\times\frac{90}{100}=\frac{9}{10}\times\frac{9}{10}=\frac{81}{100}$$

ですので、求めるべき和事象の確率は次のようになります。

$$和事象：1-\frac{81}{100}=\frac{19}{100}$$

(2) 積事象の確率を求める際に、問題文の2つの事象は独立ではありません。しかし、1回目のくじを引いた後に2回目のくじを引くように、2つことを順番に行うので、「かつ」の確率の計算に乗法定理を利用することができます。1回目に100枚中10枚の確率でアタリを引くと、くじを戻さないので2回目のアタリの数は99枚中9枚となっており、積事象の確率は次の掛け算で求められます。

$$積事象：\frac{10}{100}\times\frac{9}{99}=\frac{1}{10}\times\frac{1}{11}=\frac{1}{110}$$

和事象については、(1)と同じように、2回連続でハズレを引く確率を、1から引き算してあげれば良いです。1回目のハズレは100枚中90枚、さらに2回目にハズレを引く確率は99枚中89枚なので、乗法定理による引き算を用いて次のようになります。

$$和事象：1-\frac{90}{100}\times\frac{89}{99}=1-\frac{9}{10}\times\frac{89}{99}=1-\frac{1}{10}\times\frac{89}{11}=1-\frac{89}{110}=\frac{21}{110}$$

(3) 積事象：排反事象なので0

$$和事象：1-\frac{99}{100}\times\frac{98}{99}=1-\frac{98}{100}=\frac{2}{100}=\frac{1}{50}$$

(4) 積事象：排反事象なので0

奇数の目が出る確率は$\frac{1}{2}$、偶数の目が出る確率も$\frac{1}{2}$、また排反事象であり和集合はそのまま足し算で求まるので、

$$和事象：\frac{1}{2}+\frac{1}{2}=1$$

となります。当然ですが、1回サイコロを振れば、奇数か偶数のどちらかが必ず出るということです。

(5) 積事象：包含関係なので、包含される方の確率である$\frac{1}{6}$

和事象：包含関係なので、包含する方の確率である$\frac{1}{3}$

(6) 積事象：$\frac{1}{2}\times\frac{1}{3}=\frac{1}{6}$

和事象：$\frac{1}{2}+\frac{1}{3}-\frac{1}{6}=\frac{4}{6}=\frac{2}{3}$

ちなみに、(1)～(6) のそれぞれの積事象と和事象を自然な日本語で言い換えると次のようになります。こちらについても、問題文と見比べて確認しておきましょう。

(1)～(3)

積事象：「1回目と2回目、ともにアタリが出る確率」

和事象：「1回目または2回目の少なくとも片方にはアタリが出る確率」

※「1回目または2回目のどちらか片方のみにアタリが出る確率」ではないので注意

(4) 積事象：「奇数かつ偶数が出る確率」

和事象：「奇数または偶数が出る確率」

(5) 積事象：「3の倍数かつ6の倍数が出る確率」

和事象：「3の倍数または6の倍数が出る確率」

(6) 積事象：「2の倍数かつ3の倍数が出る確率」

和事象：「2の倍数または3の倍数が出る確率」

余事象

先ほどの練習問題でも簡単に触れましたが、サイコロで「2が出ない確率」はいくつでしょうか。これは「1,3,4,5,6が出る確率」を足し算するよりも、全体の確率である1から「2が出る確率」を引き算した方が早く、計算式としては、

$$1-\frac{1}{6}=\frac{5}{6}$$

で求めることが可能です。このケースのように、ある事象に対して、反対の事象のことを**余事象**（よじしょう）と呼び、その確率は、

1－(ある事象が起こる確率)＝(ある事象が起こらない確率)

で計算することが可能です。「少なくとも」の日本語で表される確率を計算するのに、頻繁に利用されます。

次の例題を考えてみましょう。10本中、3本のアタリが入っているくじを引き、引いたくじは戻さないものとします。このとき「3回連続で引いて、少なくとも1回はアタリを引く確率」はいくつでしょうか。少なくとも1回はアタリを引くということは、「すべてハズレの事象」の反対の確率、すなわち余事象の確率になります。すべてハズレを引く確率は乗法定理により、

$$\frac{7}{10}\times\frac{6}{9}\times\frac{5}{8}=\frac{7}{24}$$

となります。1回目は$\frac{7}{10}$の確率でハズレを引きます。くじを戻さないので、2回目はハズレくじが1枚減っており、全部で9枚あるうちの6枚がハズレということになり、$\frac{6}{9}$の確率でハズレを引きます。同様に3回目にハズレを引く確率は$\frac{5}{8}$です。

また「少なくとも1枚はアタリを引く確率」は、これの余事象ですので、

$$1-\frac{7}{24}=\frac{17}{24}$$

となります。

確率については、統計学の入門書のみで広く扱うことは難しいので、ここでは本書の以降の説明に必要な最小限の内容でとどめておきたいと思います。

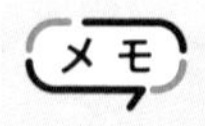

「確率」と「確立」を間違えないようにしましょう。見た目は似ているかもしれませんが、「確立」とは、何かを決めたり、根付かせたりすることで、「確率」とはまったく意味が異なります。

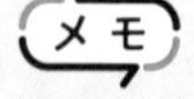

コンピューターや情報処理が得意な方は、和事象、積事象、余事象の概念はそれぞれ、コンピューターの世界の論理和、論理積、論理否定に対応する概念ですので、それと結びつけて考えるとわかりやすいかもしれません。

数学・統計学		コンピューター
和事象	⇔	論理和 (OR)
積事象	⇔	論理積 (AND)
余事象	⇔	論理否定 (NOT)

7.3 期待値

確率の基本的な学習を行ったところで、本節では**期待値**の学習を行います。期待値とは確率を考慮した平均値のことです。サイコロを1回振ると、出る目の平均値はいくつでしょうか。「1の目が出る事象」、「2の目が出る事象」…、「6の目が出る事象」と、6個の事象があるからという理由で、

$$(1+2+3+4+5+6) \div 6 = 3.5$$

としてしまうと、今回のケースでは答えの数値は正解ではありますが、考え方としてはやや危険です。

事象と確率、そして平均値について、ルーレットを用いた事例で考えていきましょう。図7.7に示す2つのルーレットがあります。

図7.7 2つのルーレット

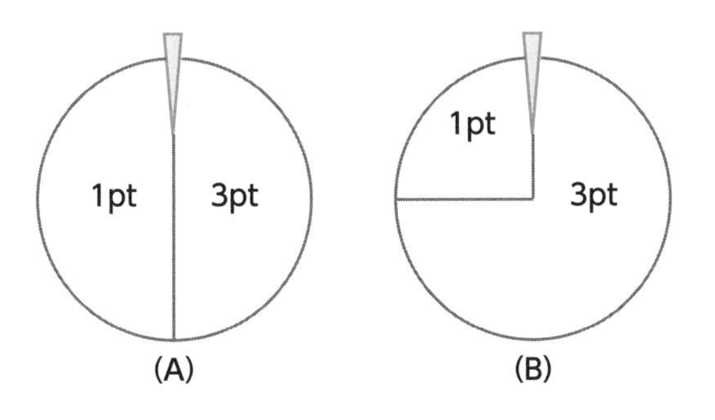

上記図のように、1点と3点の大きさの異なるルーレット盤があります。2人のプレイヤーが1つずつルーレット盤を選び、選択したルーレットを10回まわして合計点を競います。皆さんに選択権があるとしたら、(A)と(B)のどちらの盤を選択するでしょうか。(B)の盤を選択した方が圧倒的に有利であることはわかるかと思います。

事象の数はともに、1回ごとに「1ポイントが出るか」、「3ポイントが出るか」の2つです。事象のポイントのみで平均を取ってしまうと、どちらも

$$(1+3) \div 2 = 2$$

で同じとなりますが、実際の有利・不利はこのようにはなりません。その理由としては、事象ごとの確率が異なるためです。各事象の起こる確率は、

(A) の盤：1pt …… $\frac{1}{2}$、 3pt …… $\frac{1}{2}$

(B) の盤：1pt …… $\frac{1}{4}$、 3pt …… $\frac{3}{4}$

であるために、(B) の盤の方が有利になります。この、確率による違いも考慮に入れて平均値を求めるのが期待値の手法になります。具体的には次のように計算します。

期待値 =(各事象が起こったときのデータ値×各事象の起こる確率)の和

では、ルーレットを1回まわしたときの期待値を、具体的に求めていきます。まずは (A) の盤です。1ptも3ptもそれぞれ$\frac{1}{2}$の確率で起こるので、上記の式に値を当てはめると、

$$1 \times \frac{1}{2} + 3 \times \frac{1}{2} = 0.5 + 1.5 = 2.0$$

この2.0の値が、(A) の盤でルーレットを1回まわした際の期待値となる点数です。言葉を換えると、(A) の盤ではルーレットを1回まわすごとに、平均的に2点程度が期待できる、ということになります。

同様に、(B) の盤でルーレットを1回まわした場合の期待値を求めます。1ptが出る確率が$\frac{1}{4}$、3ptの出る確率が$\frac{3}{4}$ですので、

$$1 \times \frac{1}{4} + 3 \times \frac{3}{4} = \frac{10}{4} = 2.5$$

となります。(B) の盤での期待値は2.5、すなわちルーレットを1回まわすご

とに、平均的に2.5点程度が期待できる、ということになります。以上をまとめると、理論的には、(A) の盤の期待値が2点、(B) の盤の期待値が2.5点なので、(B) の盤を選択した方が良いということになります。

ゲームは、それぞれが選んだルーレットを10回まわすというものでしたので、(A) の盤を選んだ場合、1回ごとに2.0点の期待値ですので、

2.0 (点) ×10 (回) =20 (点)

の点数が合計で期待できることになります。(B) の盤を選んだ場合は1回ごとに2.5点ですので、

2.5 (点) × 10 (回) = 25 (点)

となり、(B) の盤を選んだ方が有利といえます。

このように、確率を含めて事象を見積もることができると、好機やリスクをより正確に判断することができるといえます。改めて、サイコロの期待値を考えてみると、6個の事象が起こる確率はすべて$\frac{1}{6}$ですので、

$$1\times\frac{1}{6}+2\times\frac{1}{6}+3\times\frac{1}{6}+4\times\frac{1}{6}+5\times\frac{1}{6}+6\times\frac{1}{6}=\frac{21}{6}=3.5$$

となります。上記の式をよく見るとわかりますが、サイコロのように、各事象の起こる確率がすべて等しい場合には、期待値と平均値は同じ値となります。

練習問題 7.4

下記のルーレット盤は、1pt、5pt、10ptが、それぞれ$\frac{1}{4}$、$\frac{3}{8}$、$\frac{3}{8}$の確率で出るものとします。

図7.8 3つの得点エリアに分かれるルーレット

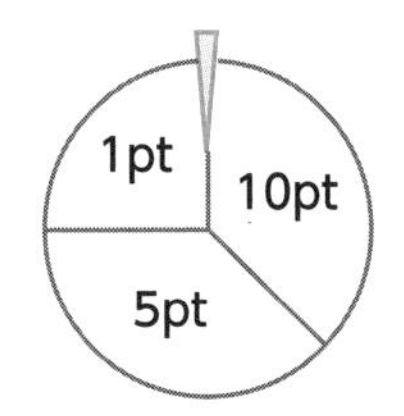

このルーレット盤を1回まわしたときに得られるポイントの期待値はいくつですか。

解答と解説 7.4

期待値の定義にしたがって、計算をしていけば解答に辿り着きます。

$$1\times\frac{1}{4}+5\times\frac{3}{8}+10\times\frac{3}{8}=\frac{2+15+30}{8}=\frac{47}{8}$$

となります。ちなみに、このルーレットを10回まわしたときは$\frac{470}{8}=\frac{235}{4}$点、100回まわしたときは$\frac{4700}{8}=\frac{1175}{2}$点の期待値となります。

練習問題 7.5

下記の（A）のルーレット盤は2ptと3ptがそれぞれ$\frac{1}{2}$の確率で、（B）のルーレット盤は1ptと30ptがそれぞれ$\frac{9}{10}$と$\frac{1}{10}$の確率で出ます。

図7.9 得点も確率も異なる2つのルーレット

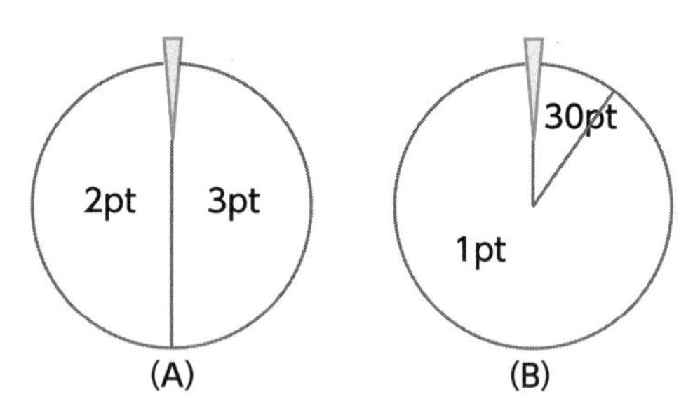

(1) 2つのルーレット盤をそれぞれ1回まわすとき、得られるポイントについて、それぞれの期待値を求めてください。

(2) それぞれのルーレット盤を2回ずつまわすとき、得られるポイントについて、それぞれの期待値を求めてください。

(3) 2人の人間がルーレット盤をそれぞれ1つ選択し、2回まわして得られる合計ポイントで競うとするとき、(A) と (B) のどちらのルーレット盤を選択した方が良いでしょうか。

解答と解説 7.5

(1) 期待値の定義にしたがって、それぞれの期待値を計算します。(A) のルーレット盤の期待値は、

$$2\times\frac{1}{2}+3\times\frac{1}{2}=\frac{5}{2}=2.5$$

となり、(B) のルーレット盤の期待値は、

$$1\times\frac{9}{10}+30\times\frac{1}{10}=\frac{39}{10}=3.9$$

となります。

(2) (1) で求めた期待値は、ルーレットを1回まわしたときの値ですので、2回まわすとすると、

(A) のルーレット盤：$2.5\times2=5.0$
(B) のルーレット盤：$3.9\times2=7.8$

となるので、期待値のうえでは、(B) のルーレット盤が有利なように見えます。

(3) (A) のルーレット盤の場合、2回まわすと、得られるポイントとその確率は下記のとおりになります。

合計値	確率	計算式
4pt	$\frac{1}{4}$	$\frac{1}{2}\times\frac{1}{2}$
5pt	$\frac{1}{2}$	$\frac{1}{2}\times\frac{1}{2}+\frac{1}{2}\times\frac{1}{2}$
6pt	$\frac{1}{4}$	$\frac{1}{2}\times\frac{1}{2}$

同様に、(B) のルーレット盤の場合、2回まわすと、得られるポイントとその確率は下記のとおりになります。

合計値	確率	計算式
2pt	$\frac{81}{100}$	$\frac{9}{10}\times\frac{9}{10}$
31pt	$\frac{18}{100}$	$\frac{1}{10}\times\frac{9}{10}+\frac{9}{10}\times\frac{1}{10}$
60pt	$\frac{1}{100}$	$\frac{1}{10}\times\frac{1}{10}$

上記の2つの表を見比べるとわかりますが、(B) のルーレット盤では2回のうち1回でも30ptが出れば勝ちとなりますが、$\frac{81}{100}$の確率で2ptしか得られないので負けとなります。すなわち、(A) のルーレット盤を選択した方が、81%の確率で勝てる見込みがあります。

(2) と (3) の解答で1つ押さえておきたい点としては、2回の合計値を競うという同じ勝負でも、(2) で求めた期待値を見ると (B) のルーレット盤の方が有利ですが、(3) の勝率を見ると (A) のルーレット盤の方が有利となります。この結果が示すことは、期待値は得られるポイントの平均値であって、どの程度の確率で勝てるかということと直結する値ではないということです。少ない確率でも大きなポイントが得られる可能性があると、期待値は大きくなります。

今回のように、少ない試行回数では、期待値と確率との間で逆転するようなことがありますが、長期的に勝負を繰り返すと、(B) のルーレット盤を選択していた方がより高い勝率となります。したがって、期待値を信じる場合には、十分な試行回数や期間があるかどうかを検討する必要があります。

確率や期待値については、数学でもそれなりに時間を割いて学習する分野であり本書で幅広くカバーすることはできません。より複雑な確率や期待値の求め方よりも、基本的な概念や考え方について理解しておけば問題ないでしょう。

CHAPTER 8

第 8 章

分散

8.1 母分散

本章ではデータの散らばり具合（**散布度**）について考えていきます。1学年の生徒数が全部で10名のみの比較的規模の小さい学校を考えます。AクラスとBクラスが5名ずつに分かれていて、算数のテスト（100点満点）を行ったとします。その結果が下記です。

表8.1 2クラスの算数のテストの結果

Aクラス
30
40
50
60
70

Bクラス
45
48
50
52
55

AクラスとBクラス、平均点はともに50点です。それでは、どちらのクラスの方がデータの散らばり具合が大きいでしょうか。散らばり具合が大きいというのは、データが集まっていないということですので、Aクラスの散らばり具合の方が大きいことが表より見て取れるかと思います。

上記例では、データをざっと見たのみで、判別が行いやすく、「Bクラスの散らばり具合の方が大きい」と異議を唱える人は少ないでしょう。しかし、現実のデータというのは、ここまでハッキリとしていることは少なく、より複雑であることが多いです。そのときに、どちらのデータがより散らばっているかを公平に判断するために、データの散らばりの度合いを数値化したものである**分散**という指標が用いられます。

分散はデータの散らばり具合を数値化するものですが、その計算の基本的な考え方としては、各データが全体的に平均値からどれほど離れているかという発想に基づきます。では、Aクラスのテストの結果を用いて、この分散の値を計算していきます。分散を求めるためには、まず各データが平均とどの程度離れているかを引き算で計算します。この平均との差の値のことを**偏差**と呼び、具体的には下記の式で求めることができます。

偏差＝各データの値－平均値

Aクラスについて、平均が50点であることを利用し、各データの偏差をすべて求めたものが表8.2になります。

表8.2 偏差の算出

Aクラス	偏差
30	-20
40	-10
50	0
60	10
70	20
平均：50	偏差の合計：0

表8.2に示したように、平均値より低いデータについては、偏差がマイナスになります。また、もう1つ重要なポイントとして、偏差を合計すると0となります。これは偶然ではなく、どのようなデータであっても偏差は0となります。数学的な証明は行いませんが、そもそも平均値とはすべてのデータの中心となる値ですので、すべてのデータについて偏差を求めて合計すると、プラスの分とマイナスの分が打ち消しあって0となります。

平均値と全体的にどの程度離れているのか、といった値から散らばり具合を測ろうとするのが分散であるのに、そのまま合計すると0になってしまいます。これでは散らばり具合を測ることができませんので、次に偏差をすべて二乗した値を求めます。

偏差の二乗は、単純に各偏差を二乗した値となります。このように二乗することによってマイナスが消えることが、表8.3より確認できるかと思います。ここで偏差の二乗をすべて足し算します。この値のことを**偏差の二乗和**と呼びます。Aクラスの偏差の二乗和は1000となります。

表8.3 偏差の二乗の算出

Aクラス	偏差	偏差の二乗
30	-20	400
40	-10	100
50	0	0
60	10	100
70	20	400
平均：50	偏差の合計：0	偏差の二乗和：1000

最後に、偏差の二乗和をデータの数で割り算した値が分散となります。Aクラスは5名ですので、Aクラスの分散の値は、

1000÷5＝200

となります。ここでデータの数で割り算する理由としては、偏差の二乗和の段階では、データ数が多いほど合計値が大きくなってしまい、散らばり具合について、公平な判断ができなくなってしまうためです。

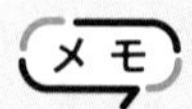

式としては、分散とは「偏差の二乗の平均値」となります。すなわち、全体的に各データの偏差の二乗値が、平均値からどの程度離れているのかを示す値といえます。

練習問題 8.1

先ほどと同様に、Bクラスのテストの点数について、分散を求めてください。

表8.4 Bクラスのテストの点数

Bクラス
45
48
50
52
55

解答と解説 8.1

分散の定義にしたがって、①平均値→②偏差→③偏差の二乗→④偏差の二乗和を順に求めていくと、下記のようになります。

表8.5 Bクラスのテスト点数の偏差と二乗和

Bクラス	偏差	偏差の二乗
45	-5	25
48	-2	4
50	0	0
52	2	4
55	5	25
平均：50	偏差の合計：0	偏差の二乗和：58

偏差の二乗和が58ですので、分散はこの値をデータ数（＝5）で割り算した、

$$58 \div 5 = 11.6$$

となります。

先ほどのAクラスの分散は200、Bクラスの分散は11.6となり、Aクラスの散らばり具合の方がより大きいといえます。ここで押さえておきたいのは、分散が200、11.6と計算したときに、この値を単体で見て、バラツキが大きいとか小さいといったことはいえません。比べたときに初めて、Aクラスのバラツキの方がより大きいといったことがわかります。これについては平均値なども同じで、「平均点が70点」といわれても、単体では高い値なのか低い値なのかは判断できません。「全国平均は50点」という情報が加わり比較することで、改めて平均点70点の価値を測ることが可能となります。「平均身長が190cm」と聞くと、大きい値と感じる人が多いと思いますが、これは皆さんの常識の中にある平均身長の値と比べているためです。

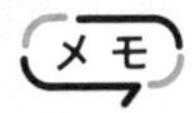

分散は「バラツキ」と呼ばれることもありますが、個人的にはあまりオススメしません。「バラツキ」と表現した際に、統計学で扱うところの分散を指しているのか、それとも厳密な計算によるものではなく、一般的な用語としてのバラツキ具合を指しているのかがわかりづらいことが理由です。特別な事情がない限り、分散という言葉を用いた方が誤解されることが少ないです。

8.2 標準偏差

前節では分散の求め方を学習しました。「散らばり具合を測る式として、前節の計算式で良いのか？　証明できるのか？」と疑問に思われた方がいるかもしれません。分散については、散らばり具合を測るうえで考えられた式ではありますが、正しいか証明のしようはありません。言ってしまえば、「分散とはこのように求める」と誰かが定義したにすぎません。これは平均値も同じで「なぜ合計値をデータ数で割り算するのか」ということに対しては、誰かがそのように定義したからとしか言いようがなく、私たちユーザー（使う側）はその値によって、読み取れることを学習することに努力すべきです。

では、分散についてもう少し深く学習していきましょう。下記のデータは100点満点の英語のテストと、1000点満点の英語のテストの結果で、それぞれについて分散を求めたものです。

表8.6　2つのテストにおける分散値

テストA	テストB
30	300
40	400
50	500
60	600
70	700
分散：200	分散：20000

両テストを見比べるとわかるのですが、テストの基礎（ベース）となる点数が10倍になっているのみで、2つのテストの結果は、ほぼ同等といえるのがわかるでしょうか。**得点率**に変換すると、よりわかりやすいかもしれません。いずれのテストにおいても5名の得点率は30%、40%、50%、60%、70%と変わりません。

それにもかかわらず、2つのテスト結果の分散の値が100倍も異なっています。この理由としては、分散を求める際の計算の過程で、偏差を二乗していることが挙げられます。点数のベースが10倍になると、分散の値は10^2＝100倍大きくなります。この値を直接見ると、ベースの異なるデータ間で、分散の値を比べにくくなります。二乗したことが原因ですので、分散の$\sqrt{}$（ルート）値を求めることで、この差が埋まります。この分散の$\sqrt{}$値のことを、**標準偏差**と呼びます。では、表8.6について、それぞれの標準偏差を求めてみます。

表8.7　2つのテストにおける標準偏差

テストA	テストB
30	300
40	400
50	500
60	600
70	700
分散：200	分散：20000
標準偏差：$\sqrt{200} \fallingdotseq 14.142$	標準偏差：$\sqrt{20000} \fallingdotseq 141.42$

$$標準偏差 = \sqrt{分散}$$
$$分散 = (標準偏差)^2$$

表8.7を見るとわかるように、テストAの標準偏差は約14.142、テストBの標準偏差は約141.42となり、その差が10倍となり、ベースとなる値の倍率と等しくなります。この標準偏差の値は、この後に学習する標準化得点や、あるいは本書では扱わない推測統計の学習には欠かせない値となります。標準偏差にも利点がたくさんありますが、「散らばり具合」を数値化したり比較したりする際には、基本的には分散の値が用いられることが多いので、その点はよく確認しておきましょう。

もう1つ、**変動係数**についても紹介します。先ほどの標準偏差の値を用いると、ベースとなる点数が10倍になると、標準偏差の値も10倍になることがわかりました。ベースとなる値が10倍異なれば散らばり具合の値も10倍異なるということで、特に違和感はありません。しかし、場合によっては、ベースとなる値が異なるデータどうしで散らばり具合を比較したい場合もあるでしょう。たとえば、100点満点と1000点満点のテストで散らばり具合を比較したい場合、ベースが10倍違うので、後者のデータをすべて10で割り算してから散らばり具合を比較することは可能です。

今回の100点満点のテストと1000点満点のテストでは、基準となる点数が10倍異なるのみで、実質的には散らばり具合は変わらず、今求めた標準偏差のように10倍の差があるとしてしまうことはおかしいという考え方もありえます。このような場合には、標準偏差を平均値で割り算した「変動係数」という値が用いられます。たとえば、ベースとなる点数が10倍高いと、標準偏差は10倍ほど高く表れます。一方、ベースとなる点数が10倍高いと、平均値も10倍ほど高く表れるはずです。したがって、この両者で割り算すれば、ベースとなる点数に依存しないような数値が得られるはずです。例として「10倍」と表記しましたが、これは何倍であっても構いません。先ほどの表8.7について、変動係数を求めてみましょう。

変動係数＝標準偏差÷平均値

表8.8　2つのテストにおける変動係数

テストA	テストB
30	300
40	400
50	500
60	600
70	700
分散：200	分散：20000
標準偏差：$\sqrt{200} \fallingdotseq 14.142$	標準偏差：$\sqrt{20000} \fallingdotseq 141.42$
変動係数：$\frac{14.142}{50} \fallingdotseq 0.283$	変動係数：$\frac{141.42}{500} \fallingdotseq 0.283$

表8.8で示したように、テストAの平均値は50、テストBの平均値は500であり、標準偏差をそれぞれの平均値で割り算した変動係数の値はともに0.283と同値となります。この変動係数の値から比較すると、両者のデータの散らば

り具合は、値のベースが異なっていても同等程度と見なすことができます。ここで注意が必要な点は、分散、標準偏差、変動係数と、散らばり具合を測ったり比べたりするための指標がいくつか出てきましたが、どれが良い／悪い、どれを用いるべき、といったことではなく、それぞれに利点・欠点があります。たとえば、ベースとなるデータ値がそもそも異なる2種類のデータに対して、平均値で割ることでベースを揃えて良いのかということです。良い場合もあれば、ベースが異なるのだからきちんと元の値で比較すべき場合もあるでしょう。

練習問題 8.2

下記は、ある男子中学校の囲碁部に所属する生徒について、9名全員分の身長を計測した結果です。

表8.9 ある中学校囲碁部の身長データ

身長（cm）
150
150
160
160
170
170
170
180
180

(1) 標準偏差を求めてください。

(2) 変動係数を求めてください。

(3) 身長の計測器に不備があり、全員の身長が2cmずつ高く計測されていました。正しい身長は、全員2cmずつ低い値となります。正しい身長の値での標準偏差と変動係数の値はいくつでしょうか。

解答と解説 8.2

(1) まず平均値は、

$$(150+150+160+\cdots+180+180)\div 9=165.555\cdots\fallingdotseq 165.56$$

となります。この平均身長の値をもとに、次に分散を求めていきます。

表8.10 囲碁部の身長の偏差と二乗和

身長	偏差	偏差の二乗
150	-15.56	241.98
150	-15.56	241.98
160	-5.56	30.86
160	-5.56	30.86
170	4.44	19.75
170	4.44	19.75
170	4.44	19.75
180	14.44	208.64
180	14.44	208.64
平均：165.56		偏差の二乗和：1022.22

※表中の割り切れない値は、正確な値で計算した後に、最終的に四捨五入しています。

偏差の二乗和が1022.22ですので、分散はこれを9で割り算した、

$$1022.22\div 9\fallingdotseq 113.58$$

となります。したがって、標準偏差は、

$$\sqrt{113.58}\fallingdotseq 10.66$$

の値となります。

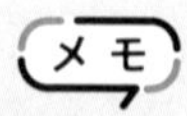

計算の過程での四捨五入の位置には注意しましょう。身長データの場合、整数で四捨五入してしまうとやや誤差が出てきます。また計算の過程の段階で大雑把に四捨五入すると、さらにその分だけ答えの値はずれてきます。一概にはいえませんが、答えとなる値が、大きくても1%以上ずれてしまうことのないように気を付けましょう。ただし、コンピューターを使う場合は、かなり細かい値で計算してくれるので、そこまで気にする必要はありません。

(2) 変動係数は、標準偏差を平均値で割り算すれば良いので、

10.66÷165.56≒0.064388

程度の値になります。

(3) 全データが2cmずつ減ると、平均値は2cm低くなります。下記に示しますが、その場合、先ほどの誤った値での計算式と比較して、偏差がすべて変わらないことがわかるでしょうか。偏差が変わらないのであれば、偏差の二乗も、偏差の二乗和もそれぞれ変わりません。すなわち、分散も変わらなければ、標準偏差の値も変わることはありません。

表8.11 身長が全体的に2cm下がった場合の偏差

身長	偏差
148	-15.56
148	-15.56
158	-5.56
158	-5.56
168	4.44
168	4.44
168	4.44
178	14.44
178	14.44
平均：163.56	

したがって、正しい標準偏差の値も (1) で求めた値と同様、10.66となります。ただし、標準偏差が変わらずに、平均値が変わるので、変動係数の値は変わります。正しい平均値をもとに、変動係数を計算し直すと、

10.66÷163.56≒0.06517

となります。

8.3

母平均と母分散

前節まで、いろいろな統計量を学習してきました。ここでそもそも統計学の目的を思い出したいのですが、それは標本を調査し、さまざまな統計量を求めたりグラフを作成したりすることにより、母集団を調査したデータについての推定を行うことでした。

たとえば、日本人の中学2年生1,000名のお小遣いの平均金額を調べた結果が4,000円だとして、もし日本の全中学2年生を1人残らず調査した母集団の平均値が2,000円や10,000円だとしたら、それは標本調査の平均値とまったく異なる値であり、標本調査は失敗といえます。

本節では、そもそも標本調査による各統計量が、本当に母集団調査での値の推定に役立つのかを詳しく見ていきたいと思います。

ここで、話を簡略化するために、ある家族5名の身長を取り上げます。調査の目的は、「この家族の身長データに関する各値を推測すること」であり、母集団は少ないですがこの5名とします。まずは5名を母集団とする家族の平均身長について推測を行うとします。

表8.12 母集団の身長データと平均値

名前	身長（cm）
A	150
B	160
C	170
D	180
E	190
	平均：170

5名であれば、本来は母集団調査をすれば良いのですが、何らかの事情により、5名中3名の無作為抽出により、標本調査を行わなくてはいけないとします。表8.12にも示したように、母集団の平均値は170です。すなわち、5名中

3名の標本調査を行った結果、170に近い値となっていれば調査は成功といえます。

ちなみに、調査の際に平均値の正解となる値である、母集団の平均値のことを**母平均**と呼びます。この用語を用いると、今回の調査では母平均は170、ということになります。

ここでポイントとして押さえておきたいのは、5名中3名を選ぶ方法は全部で10通りあり、その選ばれた3人によって、標本調査の平均値が変わってくるということです。どの3人が選ばれると、平均値がどのようになるかといったことを、表8.13にまとめます。

表8.13 10通りの標本と標本平均

ケースNo.	無作為に選ばれる3名	身長（cm）	標本平均
1	A、B、C	150、160、170	160
2	A、B、D	150、160、180	163.33…
3	A、B、E	150、160、190	166.66…
4	A、C、D	150、170、180	166.66…
5	A、C、E	150、170、190	170
6	A、D、E	150、180、190	173.33…
7	B、C、D	160、170、180	170
8	B、C、E	160、170、190	173.33…
9	B、D、E	160、180、190	176.66…
10	C、D、E	170、180、190	180

表8.13を参照しながら、いくつかの例を確認していきましょう。標本としてA、B、Cの3名が偶然選ばれると、平均値が160となります。また、C、D、Eの3人が標本として偶然に選ばれると平均値は180と計算されます。あるいは、A、C、EやB、C、Dの3名が標本として選ばれた場合は、平均値は170となり、これは母平均の値と一致します。

このことからもわかるように、標本調査を利用する場合、無作為抽出を行っても、偶然性による選ばれ方によって、標本の平均値が、母平均よりも小さくなってしまうこともあるし、大きくなってしまうこともあるし、あるいは偶然に近い値となることもありえます。

母集団の平均値を母平均と呼びましたが、標本の平均値を**標本平均**と呼びます。今回の5名中3名の標本調査では、標本の選ばれ方によって、160〜180cmの標本平均が得られることになります。標本平均から母平均を推定するためには、母平均に近い標本平均が出てほしいわけですが、標本調査である以上、偶然に正解値（母平均）とずれてしまうことはしかたのないことです。

ここでもう1つ重要なポイントは、偶然性が伴う以上、値がずれてしまうことはしかたないとしても、母平均の推測の際に、標本平均が本当に役に立つのかどうかが重要です。偶然性を伴うとしても、標本平均について、母平均に近い値となることが期待できないと意味がないということです。

図8.1 標本平均からの母平均の推測

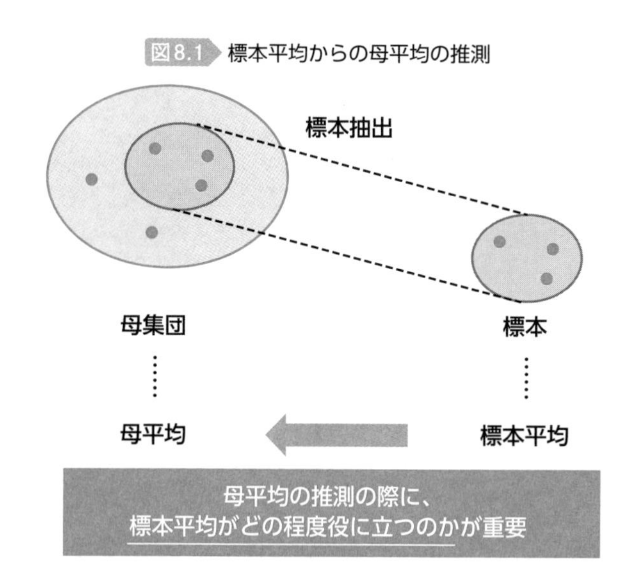

では、実際に先ほどの例で、標本平均の期待値を考えてみましょう。無作為抽出ですので、どの3名が選ばれるかといった確率については、どのケースであっても$\frac{1}{10}$です。

表8.14にも示しましたが、5名中3名の標本調査を行う場合、標本平均が160となる確率は$\frac{1}{10}$、163.33となる確率は$\frac{1}{10}$、166.66となる確率は2ケースありそれぞれ$\frac{1}{10}$ですので合わせて$\frac{2}{10}$となります。

表8.14　各ケースにおける標本平均と選ばれる確率

ケースNo.	無作為に選ばれる3名	身長（cm）	標本平均	この3名が選ばれる確率
1	A、B、C	150、160、170	160	$\frac{1}{10}$
2	A、B、D	150、160、180	163.33…	$\frac{1}{10}$
3	A、B、E	150、160、190	166.66…	$\frac{1}{10}$
4	A、C、D	150、170、180	166.66…	$\frac{1}{10}$
5	A、C、E	150、170、190	170	$\frac{1}{10}$
6	A、D、E	150、180、190	173.33…	$\frac{1}{10}$
7	B、C、D	160、170、180	170	$\frac{1}{10}$
8	B、C、E	160、170、190	173.33…	$\frac{1}{10}$
9	B、D、E	160、180、190	176.66…	$\frac{1}{10}$
10	C、D、E	170、180、190	180	$\frac{1}{10}$

期待値（平均値）は170

上記表より標本平均の期待値を計算してみます。期待値は「各事象が起こったときのデータ値×各事象の起こる確率」の和で求められるので、

$$\left\{\left(160\times\frac{1}{10}\right)+\left(163.33\cdots\times\frac{1}{10}\right)+\left(166.66\cdots\times\frac{2}{10}\right)+\left(170\times\frac{2}{10}\right)\right.$$
$$\left.+\left(173.33\cdots\times\frac{2}{10}\right)+\left(176.66\cdots\times\frac{1}{10}\right)+\left(180\times\frac{1}{10}\right)\right\}=170$$

となり、母平均の値と一致します。この値の意味するところは、標本平均は、選ばれ方によって偶然小さくなることも偶然大きくなることも、偶然に母平均に近くなることもありますが、全体的（平均的）には母平均の値と同程度の値が期待できるということです。すなわち、運によってずれることはあっても、標本平均は母平均程度の値となることが期待できるということです。したがって、標本平均は、母平均を推定する際に役に立つ情報であるといえます。

同様に分散で考えてみましょう。分散についても、平均値同様に、調査において本当に知りたいのは母集団を調べた際の分散の値ですが、母集団を調査することは困難であることが多いので、標本の分散を求めて推測することになります。このときの母集団の分散、すなわち調査における正解値ともいえる分散の値を**母分散**と呼びます。一方、標本調査を行い、標本のデータ値から得られた分散を**標本分散**と呼びます。

では、先ほどとまったく同様の、家族5人を母集団とするデータで母分散を求めてみましょう。

表8.15 5人の身長データの母分散

名前	身長（cm）
A	150
B	160
C	170
D	180
E	190
	母分散：200

表8.15に示したように、母分散は200となります。標本分散を求めた際に、期待値がこの値に近付いていれば、標本分散の値は役に立つ値ということになります。もし分散の求め方に不安があるようであれば、本章をもう一度復習しておきましょう。

標本平均同様、標本分散についても、5名中どの3名が選ばれるかによって、異なる値が出てきます。たとえば、150、160、170の3名が選ばれた場合、その分散値は66.66…となります（表8.16）。

表8.16 A、B、Cが選ばれた際の分散値

名前	身長（cm）	偏差	偏差の二乗
A	150	-10	100
B	160	0	0
C	170	10	100
	標本平均：160		偏差の二乗和：200

分散：200÷3＝66.66…

同様に、ほか9ケースについても分散値をそれぞれ求めると、表8.17のようになります。

表8.17　分散の期待値

ケースNo.	無作為に選ばれる3名	身長（cm）	分散	この3名が選ばれる確率
1	A、B、C	150、160、170	66.66…	$\frac{1}{10}$
2	A、B、D	150、160、180	155.55…	$\frac{1}{10}$
3	A、B、E	150、160、190	288.88…	$\frac{1}{10}$
4	A、C、D	150、170、180	155.55…	$\frac{1}{10}$
5	A、C、E	150、170、190	266.66…	$\frac{1}{10}$
6	A、D、E	150、180、190	288.88…	$\frac{1}{10}$
7	B、C、D	160、170、180	66.66…	$\frac{1}{10}$
8	B、C、E	160、170、190	155.55…	$\frac{1}{10}$
9	B、D、E	160、180、190	155.55…	$\frac{1}{10}$
10	C、D、E	170、180、190	66.66…	$\frac{1}{10}$

期待値（平均値）は166.66…

分散についても、選ばれる3名によって、偶然に大きくなったり小さくなったりすることがあります。偶然性が伴うことですので、それは当然なのですが、重要なことは、その期待値です。10通りの分散の期待値は166.66…となっており、この値は母分散の200と比べて2割ほど小さい値となっています。これは大きな問題で、このままでは母分散を推測する際に、そもそも標本の分散を計算しても、正解値よりも小さな値が出てきてしまう可能性が高いので、あてにならないということにつながります。すなわち、本来の目的である、母集団での結果を推測するという目的を果たせていないことになります。この問題については次節でより詳しく見ていくことにします。

8.4

不偏分散

前節では、「偏差の二乗和をデータの数で割り算する」という分散において、母集団の分散値と、標本調査での期待値が一致しないことを確認しました。では、母分散を推測する手段がないのかというと、少し計算方法を変えることで、推測することが可能となります。

では、分散をより正確に推測するための方法を紹介していきます。まず母集団のデータが手元にあるとして、偏差の二乗和まで求めていきます（表8.18）。

表8.18 母集団の偏差の二乗和

名前	身長（cm）	偏差	偏差の二乗
A	150	-20	400
B	160	-10	100
C	170	0	0
D	180	10	100
E	190	20	400
	母平均：170		偏差の二乗和：1000

偏差の二乗和は1000であり、これを標本の大きさである5で割り算したものが分散でした。今回は、5で割り算するのではなく、データ数よりも1つ少ない数、4で割り算します。

$$1000 \div (5-1) = 250$$

偏差の二乗和をデータ数よりも1つ少ない数で割り算した、この値を**不偏分散**と呼びます。

> 不偏分散 ＝ 偏差の二乗和 ÷（標本の大きさ −1）

したがって、母集団について、母分散は200でしたが、不偏分散の値は250

ということになります。

図8.2 分散と不偏分散

$$分散：\frac{1000}{5}=200$$

$$不偏分散：\frac{1000}{5-1}=250$$

本来知りたいのは分散の値なのに、この不偏分散の値にどのような意味があるのか、順を追って説明します。

5名中3名の標本調査においても、同様に不偏分散を求めてみます。たとえば、150、160、170cmの3名が標本として選ばれた場合、不偏分散の値は表8.19に示すように100となります。

表8.19 A、B、Cが選ばれた際の不偏分散値

名前	身長（cm）	偏差	偏差の二乗
A	150	-10	100
B	160	0	0
C	170	10	100
	標本平均：160		偏差の二乗和：200

分散：200÷3＝66.66…
不偏分散：200÷（3－1）＝100

残りの9ケースについても、不偏分散の値を求めてまとめたものが表8.20です。

ほかの9ケースについても、いくつか選んで不偏分散を求めてみると、良い練習になると思います。

表8.20で最も着目したい点は、不偏分散の期待値が250となり、この値が母集団で求めた不偏分散値と一致していることです。すなわち、偶然に小さくなったり大きくなったりすることはありますが、平均的には母集団の値に近い値となることが期待できるということです。

表8.20 不偏分散値の期待値

ケースNo.	無作為に選ばれる3名	身長 (cm)	不偏分散	この3名が選ばれる確率
1	A、B、C	150、160、170	100	$\frac{1}{10}$
2	A、B、D	150、160、180	233.33…	$\frac{1}{10}$
3	A、B、E	150、160、190	433.33…	$\frac{1}{10}$
4	A、C、D	150、170、180	233.33…	$\frac{1}{10}$
5	A、C、E	150、170、190	400	$\frac{1}{10}$
6	A、D、E	150、180、190	433.33…	$\frac{1}{10}$
7	B、C、D	160、170、180	100	$\frac{1}{10}$
8	B、C、E	160、170、190	233.33…	$\frac{1}{10}$
9	B、D、E	160、180、190	233.33…	$\frac{1}{10}$
10	C、D、E	170、180、190	100	$\frac{1}{10}$

期待値（平均値）は250

分散について、ここまでの内容を整理すると、次のようになります。母集団の散らばり具合を測るために、本当に知りたい値は、母集団の分散でありこの値が正解値となります。しかし、母分散は標本の分散値から直接推定することができなかったので、母集団の不偏分散を考えました。母集団の不偏分散値であれば、標本の不偏分散値から推測が可能です。

最後にもう1つ考えなくてはいけないことは、「本当に知りたい値は母集団の分散であるのに、母集団の不偏分散を推測することに意味があるのか」ということです。これは結論としては、大体の場合、特に母集団の数が多いほど意味があります。

分散と不偏分散の計算方法については、偏差の二乗値を求めるところまでは同じです。その後に、データ数で割るか、それよりも1少ない数で割り算するかの違いです。今回の例のように5で割るのと、4で割るのでは、割り算した結果の値に20%ほどの差が出てきてしまいます。しかし、100で割るのと99で割り算するのでは、割り算した結果の値は1%ほどしか変わりません。母集団が1000名もいれば、母分散と標本分散との差は0.1%の違いで、そこまで差が小さいと、ほぼ気にならないような誤差といえるレベルです。

今回の分散の説明では、話をわかりやすくするために、母集団の数を5としましたが、一般的な調査においては母集団の数は非常に大きいものです。たとえば、日本人全体を母集団とするような調査の場合、1億2650万程度の人数がいます。母集団もう少し狭くして、高校生を対象とするような調査、特定の地方を対象とするような調査であっても、数万〜数百万のデータ数があります。したがって、母集団の不偏分散値は母分散の値とほぼ一致するので、不偏分散値が推定できれば、それは母分散の値を推定したことになるといえます。図8.3にこの流れを示します。ただし、捕捉として、本例のように母集団のデータ数が極端に少ない場合は母分散と標本分散の差が大きくなってしまうので、その点はよく注意しましょう。

図8.3 母集団と標本の分散の関係

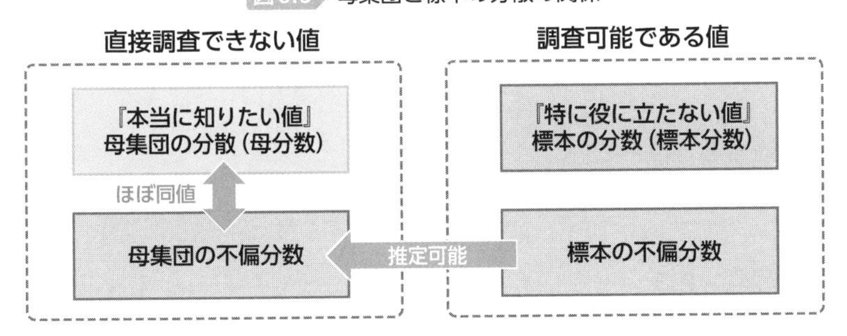

前節で説明し、また図8.3にも示したように、標本の分散を求める際に「偏差の二乗和をデータ数で割り算した値」は、基本的に役に立たない値となります。一方、「偏差の二乗和をデータ数よりも1少ない数で割り算した値」は、母分散の推定値となることが可能です。したがって、母分散については「母集団の偏差の二乗和をデータ数で割り算した値」が正解値となりますが、それを推定するためには「標本の偏差の二乗和をデータ数よりも1少ない数で割り算した値」を求めることになります。前提として忘れてはいけないのは、知りた

いのは母集団の分散値であるということであり、それを推定するために、しかたなく不偏分散値から辿っていく、という考え方です。

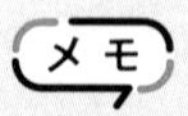

図8.3では「標本の分散＝標本分散」としていますが、文献によっては「標本の不偏分散＝標本分散」としているものもあります。

本節で説明した、分散と不偏分散の関係は、統計学の入門レベルの中では、かなり複雑で難しい部分になりますが、標本調査を正しく理解するうえで非常に重要な概念でもありますので、時間を掛けてでも理解するようにしましょう。

練習問題 8.3

下記は、先生がある小規模な中学校の学級で「このクラスの学生が、人生にどの程度幸せを感じているか」を測るために、クラスの6名全員に100点満点で点数付けをしてもらった結果です。

67	59	80	37	22	40

分散を求めてください。

解答と解説 8.3

問題文からして、母集団のデータが手元にあると考えられるので、母分散として分散を求めれば良いことになります。

偏差の二乗和が2318.833…ですので、分散は、

$$2318.833 \div 6 \fallingdotseq 386.47$$

となります。ちなみにですが、この値は調査における完全な正解値であって、推定値ではないのでその点は注意しておきましょう。

表8.21 幸せ度の偏差と二乗和

点数（幸せ度）	偏差	偏差の二乗
67	16.166…	261.3611…
59	8.166…	66.6944…
80	29.166…	850.6944…
37	-13.833…	191.3611…
22	-28.833…	831.3611…
40	-10.833…	117.3611…
平均値：50.833…		偏差の二乗和：2318.833…

練習問題 8.4

下記は、「日本の中学生たちが、人生にどの程度幸せを感じているか」を測るために、無作為抽出で選ばれた中学生6名に100点満点で点数付けをしてもらった結果です。

67　59　80　37　22　40

分散を求めてください。

解答と解説 8.4

データとしては練習問題8.3とまったく同じものなのですが、問題の前提が異なります。問題文からして、今回は標本調査であることがわかります。標本調査において「分散」を求める場合には、母集団の推定値を求めることが前提となりますので、「不偏分散」を求めるべきと考えられます。したがって、分散値は、

$$2318.833 \div (6-1) \fallingdotseq 463.77$$

となります。ただし、前述のように、「標本分散」という言葉については、2種類の使われ方がされているので、$2318.833 \div 6 \fallingdotseq 386.47$の値であっても間違いとはいえません。しかし、「母集団の推定値」として利用する場合には、不偏

分散値である463.77の値を利用すべきです。

もう一点、重要な注意事項として、本書では計算の都合上、極端に少ないデータ数で解説や例題を扱っておりますが、本来は数十件以下、特に10件を下回るようなデータをもとに調査を行うことは非常に危険です。

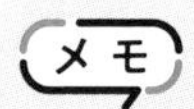

不偏分散の不偏は、偏りがないという意味であり、不変とは異なりますので、字を間違えないように注意しましょう。

Excelでやってみよう

練習問題8.4の分散について、325ページを参照しながら実際にExcel上で求めてみましょう。また本章で紹介した分散と標準偏差の学習をもって要約統計量を一通り紹介したことになります。要約統計量については、関数を利用し1つ1つ求めていく以外にも、Excelを用いて一括で求める方法もあるので、そちらについても327ページでその方法を紹介します。

本書では、付録内で分散を求めるための関数（VAR.PおよびVAR.S）と、標準偏差を求めるための関数（STDEV.PおよびSTDEV.S）を紹介しておりますが、合計を求めるためのSUM関数、平均を求めるためのAVERAGE関数、√値を求めるためのSQRT関数を用いることにより算出することも可能です。これらの関数についても便利ですので、余裕があれば使い方を確認しておきましょう。

CHAPTER 9

第 9 章

標準化

9.1 標準化得点

本章では、基準の異なるデータについて、「どちらが良い／悪いのか」ということを測るための方法について考えます。早速ですが、簡単なデータ例を見ながら少しずつ考えていきましょう。それぞれ100点満点と1000点満点の、同レベル程度の英語のテストがあり、5名ずつが受験した結果を表9.1とします。

表9.1 2つのテストにおける、それぞれ5名の結果

	テスト1における点数
A	30
B	40
C	50
D	60
E	70

	テスト2における点数
F	300
G	400
H	500
I	600
J	700

テスト1で50点を取ったCさんと、テスト2で500点を取ったHさんでは、どちらの方が良い成績といえるでしょうか。10倍の点数を取ったHさんの方が、はるかに良い成績といえるでしょうか。直感的にもその判断は危険であることがわかるかと思います。その原因は、2つのテストでは基準が異なることにあります。

では、そもそも基準とは何でしょうか。別のいくつかの例で、基準について考えてみましょう。太郎君と次郎君の、学年の少し離れた2人の兄弟がいるとします。太郎君と次郎君は、それぞれの学校での100点満点の算数のテストで、太郎君は50点、次郎君は70点を取りました。このとき、どちらを褒めるべきでしょうか。これ以上に情報がないのであれば、得点率で7割を取っている次郎君を褒めるしかないかもしれません。もしここに、太郎君のクラスの平均点は30点、次郎君のクラスの平均点は80点という情報が加わったらどうで

しょうか。今度は太郎君の方が褒められるかもしれません。この判断は、平均値というものが、善し悪しを判断する1つの大きな基準と考えられていることに起因します。

では、次の例を考えてみます。春子さんと夏美さんはそれぞれ別のテストで70点を取りました。両方のテストともに、平均点は50点であったとします。この2人は同等程度の成績の良さといえるでしょうか。今度はヒストグラムで考えてみましょう。図9.1は2人のクラスでのテスト結果を示すヒストグラムであり、どちらも受験者数はほぼ同等です。

図9.1 2人のクラスのヒストグラム

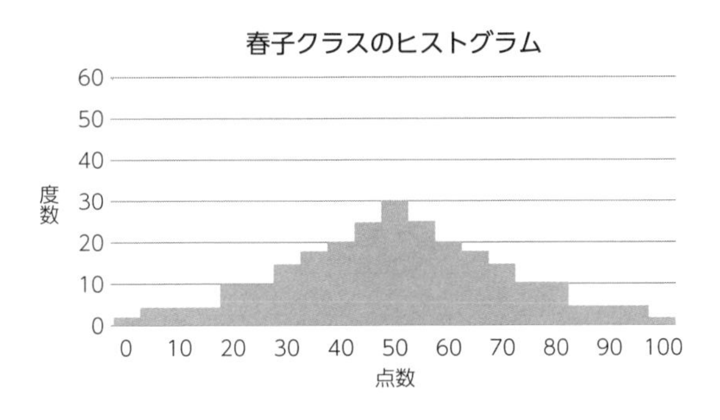

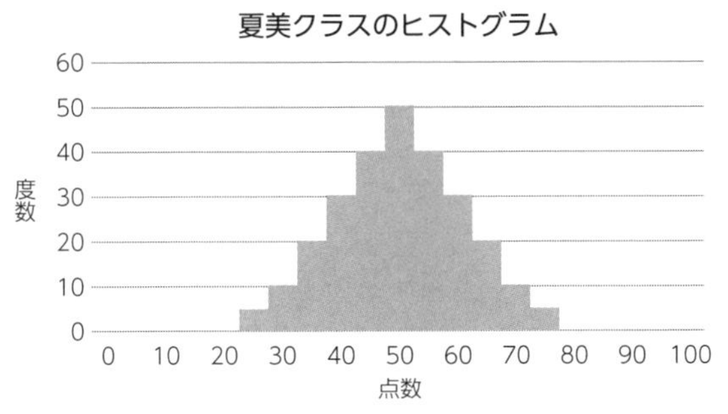

どちらも平均点である50点を中心に、両サイドに左右対称に散らばっていますが、散らばり具合が異なります。上側の春子さんのクラスの方が大きく散らばっていて、山が低く平べったい形です。逆に、下側の夏美さんクラスのヒストグラムは散らばりが小さく、山が高くなっていることが確認できます。

実はこのデータの散らばり具合の差が、2人の点数の善し悪しを比べる際に重要になってきます。2人はともに平均点よりも20点高い70点の点数を取っていますが、70点の位置をそれぞれのヒストグラムで確認すると、次のようになります。

図9.2 2つのクラス内での70点の位置

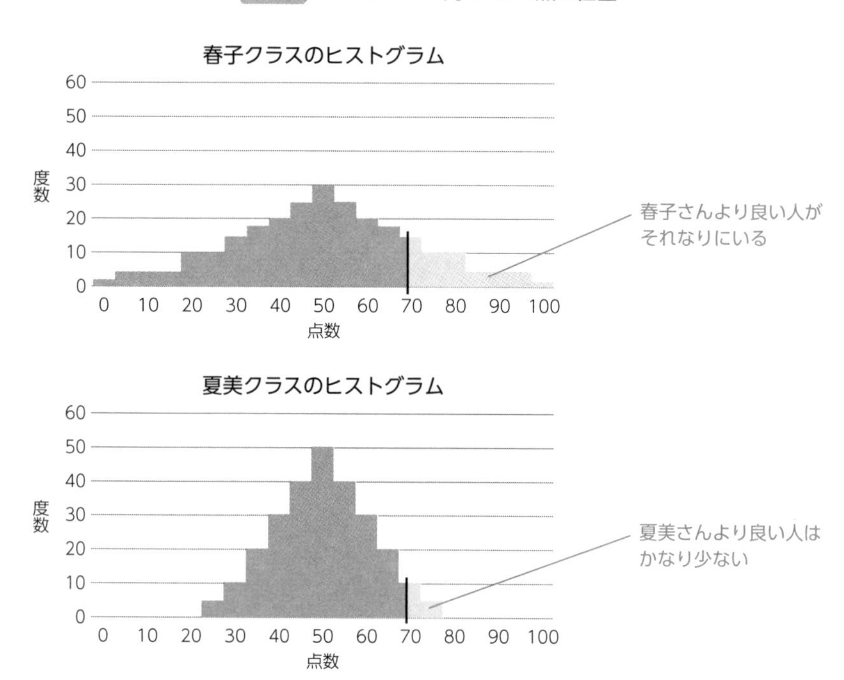

図9.2にも示したように、ともに平均点50点の中での70点であっても、順位が大分異なります。これは、70点という数値の持つ意味が、データ全体の中で相対的にどの程度の位置づけであるかということが異なることを表しています。善し悪しを判断するのであれば、夏美さんの70点の方がより良いといえます。ここに至る経緯として、散らばり具合が重要な要素となってきます。一般的にいえば、散らばり具合がより小さいほど、平均を大きく上回ることがより困難になります。

以上に言及したように、平均値よりもどの程度良いのか／悪いのかということが、善し悪しを判断するうえでの1つの測り方の目安となっており、より適切に評価するためには、散らばり具合を考慮することが必要です。本節では、異なる基準で取得されたデータについて比較を行うために、基準を揃えた数値へと変換する方法について紹介します。

具体的な数値変換の手法に進む前に、1つ注意しておきたいこととしては、図9.2に示したのは、「それぞれが所属する集団の中で見るのであれば、夏美さんの方が高い位置にいる」ということであり、決して夏美さんの方が春子さんよりも成績優秀ということにはなりません。超一流大学で平均より少し下の学生と、平均的な学力の大学で平均程度の学生では、前者の学生の方がより勉強ができる可能性があります。もちろんそうでない可能性もあり、これはもう判断ができません。すなわち平均値というものは、あるデータについて、その集団の中での善し悪しを判断する基準にはなりえますが、別の集団との間でデータを比べる手段にはならないということです。

異なる基準のデータどうしで、その基準を揃えるために、数値を変換することを**標準化**と呼びます。では、ここから、具体的な数値例とともに、標準化の流れを確認していきます。

表9.1で利用したものと同じデータを利用し、2クラスの生徒10名について、全員の点数を標準化していきたいと思います。もう一度確認すると、2つのテストは点数の基準が10倍異なるものの、まったくと言って良いほど同一の結果といえます。統計学における標準化の基本は、まず1つ目として平均値が0になるように変換します。平均値が0になるように変換するためには、それぞれのデータから平均値を引き算すれば良いのです。すなわち、偏差を求めれば良いことになります。

表9.2　2つのデータに関するそれぞれの偏差

	テスト1における点数	偏差
A	30	−20
B	40	−10
C	50	0
D	60	10
E	70	20
	平均：50	

	テスト2における点数	偏差
F	300	−200
G	400	−100
H	500	0
I	600	100
J	700	200
	平均：500	

表9.2は、2つのテストについて偏差を求めたもので、これにより少し比較を行いやすくなりました。たとえば、CさんとHさんは、ともに偏差が0であるので、それぞれの集団の中での位置づけは同じ程度であることがわかります。また、DさんとGさんを比べると、Dさんが＋10で、Gさんが－100と、プラスマイナスにより、Dさんの方が良い結果であったことが窺えます。ただし、Dさん（＋10）とIさん（＋100）の2人をこのまま比較することは、前述のように危険です。

標準化を行う際には、偏差を求めた後にもう1つ行わなくてはならない作業があります。それは「平均値よりもどの程度良いのか／悪いのか」について、数値として揃える作業です。それをより正確に判断するためには、本節で言及したように散らばり具合を考慮する必要があります。そのためにまず分散を求めます。

今回の試験では、それぞれ5名を受験生全体として、分散については母分散を求めることにします。計算式は割愛しますが、

テスト1の母分散：200
テスト2の母分散：20000

となります。分散は、散らばり具合を表す重要な値ですが、188ページでも示したように、基準が10倍になると、分散の値は10^2倍となってしまいます。実際に、2クラスの分散値は200と20000となっており、基準が元々10倍しかずれていなかったものを、100倍の差のものさしで測ることになるので、分散値をそのまま利用するのは不適当です。そこで、標準化を行う際には、分散のルート値である標準偏差を利用します。

テスト1の標準偏差：$\sqrt{200} = 14.142$
テスト2の標準偏差：$\sqrt{20000} = 141.42$

標準偏差であれば、元々の基準が10倍違えば、そのまま10倍の差となりますので、標準化にあたっては、より適切な数値となりえます。そして標準化のための2つ目の作業として、各データ値の偏差を標準偏差で割り算します。

表9.3 それぞれの標準化得点

	テスト1における点数	偏差	標準化得点
A	30	−20	$\frac{-20}{14.142} \fallingdotseq -1.4142$
B	40	−10	$\frac{-10}{14.142} \fallingdotseq -0.7071$
C	50	0	$\frac{0}{141.42} = 0$
D	60	10	$\frac{10}{14.142} \fallingdotseq 0.7071$
E	70	20	$\frac{20}{14.142} = 1.4142$
	平均：50		

	テスト2における点数	偏差	標準化得点
F	300	−200	$\frac{-200}{141.42} \fallingdotseq -1.4142$
G	400	−100	$\frac{-100}{141.42} \fallingdotseq -0.7071$
H	500	0	$\frac{0}{141.42} = 0$
I	600	100	$\frac{100}{141.42} \fallingdotseq 0.7071$
J	700	200	$\frac{200}{141.42} \fallingdotseq 1.4142$
	平均：500		

偏差を標準偏差で割り算すれば標準化は完了であり、標準化したデータ値のことを**標準化得点**（または**z値**）と呼びます。この標準化得点を見比べると、DさんとIさんは、ともに0.7071となっており、それぞれの集団内で同等程度の成績であったといえます。これは直感的にも違和感がない判断といえます。

端的にまとめると、標準化とは各データが、平均値を0としてそこから標準偏差で何個分離れているかを求めることであり、その数値のことを標準化得点と呼びます。

標準化得点＝偏差÷標準偏差
＝(データ値－平均値)÷標準偏差

Excelでやってみよう

ここでの解説に利用していた表9.1の左側、テスト1のデータを用いて標準化得点をExcelで求める練習をしてみましょう（330ページ）。

第9章

練習問題 9.1

ある7名の小規模クラスにおいて漢字テストを行ったところ、欠席者はおらず得点は下記のとおりでした。

37	42	55	58	70	77	90

下線の引いてある70点が、太郎君の取った得点です。太郎君の得点を標準化してください。

解答と解説 9.1

標準化を行うために、平均値、分散、そして標準偏差と順に求めていきます。

・平均値

$$(37+42+55+58+70+77+90) \div 7 \fallingdotseq 61.29$$

・分散

分散を求めるためには、偏差の二乗和を求めてデータ数で割り算すれば良いので、まずは偏差の二乗和を求めるまでの流れを表9.4に示します。

表9.4 偏差の二乗和

点数	偏差	偏差の二乗
37	−24.28…	589.7959…
42	−19.28…	371.9387…
55	−6.28…	39.5102…
58	−3.28…	10.7959…
70	8.71…	75.9387…
77	15.71…	246.9387…
90	28.71…	824.5102…
平均値：61.29		偏差の二乗和：約2159.429

ここで求めた偏差の二乗和の値をデータ数で割り算すると、分散値が求まります。

$$2159.429 \div 7 \fallingdotseq 308.49$$

・標準偏差

$$\sqrt{308.49} \fallingdotseq 17.56$$

上記で求めた平均値と標準偏差の値を利用し、太郎君（70点）の標準化得点を求めると、

$$(70 - 61.29) \div 17.56 \fallingdotseq 0.4960$$

となります。したがって、太郎君は、平均値よりも標準偏差0.4960個分ほど点数が良かったことになります。

練習問題 9.2

ある高校の3年生の定期試験において、理科の科目については、物理か化学から1科目を選択し受験します。その結果が下記のとおりです。

物理：平均点 … 60点、　標準偏差 … 12点
化学：平均点 … 40点、　標準偏差 … 15点

平均点が大分離れているので、標準化をして学年順位を決めようと考えました。A君は物理で75点、B君は化学で60点を取りました。標準化得点を基準に順位を決める場合、A君とB君ではどちらの学年順位がより高いと考えられますか。

解答と解説 9.2

平均点と標準偏差がそれぞれ問題文で与えられているので、これらをもとに「標準化得点＝(データ値－平均値)÷標準偏差」の式に当てはめてA君とB君の標準化得点を求めると、

A君 … (75－60)÷12＝1.25
B君 … (60－40)÷15＝1.33…

となり、素点（元々の得点）でいえば15点も低いB君の方が標準化得点は高いという結果になります。

今回の問題文の場合、標準化得点により順位を決めるという前提となっているのでこれで良いのですが、実際のケースを考えた場合、そもそも標準化得点で決めて良いのかという疑問はあります。というのも、化学の平均点が20点低いですが、この原因がどこにあるのかを考えます。この試験以前のさまざまなデータにより、「物理を選んだ人たち」と「化学を選んだ人たち」で、ほぼ同等の学力に分かれていることがわかっていたとすると、平均点に差が出た原因は、2科目の試験の難易度が異なっていたためといえるでしょう。しかし、別のケースとして、勉強のよくできる生徒に物理が好まれていて、物理を選択した側に学力の高い生徒が集まっている可能性もあります。その場合は、平均点の差は、試験の難易度の差ではなく、そもそもの学力の差とも考えられます。それを標準化得点で比べてしまうと、本来はよく勉強のできる生徒が、あまり勉強のできない生徒よりも低く評価されてしまうことになってしまいます。標準化得点で比べる際は、複数の集団がそもそも同等レベルであり、試験の難易度や実験の条件や環境によって結果に差が出ているのかどうかをしっかりと考慮しましょう。

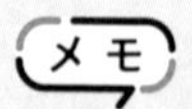

テストの難易度のみでなく、受験者のレベルが異なっていたとしても、同じ基準に変換して比較するためのIRT（Item Response Theory：項目反応理論）と呼ばれる手法もあります。高度な内容になりますので本書では扱いませんが、TOEICなどの、内容が異なるのに同じ基準でスコアが出せるような試験に用いられています。

9.2 偏差値

前節の内容を簡単におさらいすると、異なる基準で取得されたデータの基準を揃えることを標準化と呼び、その方法の1つとして標準化得点を学習しました。標準化得点をより具体的に表すと、平均値を0として、そこから標準偏差何個分プラスかマイナスかを示した値です。また、標準化得点を式として表すと、

$$標準化得点 = \frac{データ値 - 平均値}{標準偏差}$$

で求めることができました。

成績を比較するためによく出てくる数値として、**偏差値**というものがあります。受験を経験したことのある方にとっては、なじみのある言葉でしょう。偏差値も標準化得点と同様、平均点を中心として、各個人がどの程度に位置するのか比較を行うための標準化の一種です。標準化得点と異なる点は、偏差値の場合、平均と同じ得点だと50、得点が平均よりも標準偏差1つ分良いごとに10増え、逆に標準偏差1つ分悪くなるごとに10減るように計算されています。

たとえば、あるテストにおいて偏差値50と出た場合、それは平均点と同じ得点であったことを示しています。ただし、代表値でも学習したように、平均点と同じであるからといって、順位として真ん中くらいであるとは限らないことには注意しましょう。また偏差値が60となっていたら、平均点よりも標準偏差1つ分得点が高かったことになり、偏差値32という結果であった場合、平均点よりも標準偏差1.8個分ほど得点が低かったことになります。

偏差値の求め方を式に表すと、次のようになります。

$$
\begin{aligned}
\text{偏差値} &= 50 + \text{標準化得点} \times 10 \\
&= 50 + \frac{\text{データ値} - \text{平均値}}{\text{標準偏差}} \times 10
\end{aligned}
$$

上記の式からもわかるように、標準化得点と偏差値は、どちらか一方の値がわかればそれぞれ変換可能ですし、それぞれの値から読み取ることのできる情報量もほぼ同一となります。

表9.5 標準化得点と偏差値

	平均点の位置	標準偏差1つ分の値
標準化得点	0	1
偏差値	50	10

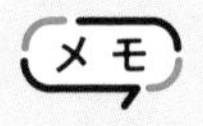

標準化得点や偏差値は、試験などの「得点」、「点数」に利用されることが多いですが、身長や貯金額などのデータについても求めることが可能です。

練習問題 9.3

太郎君がある試験を受けたところ20点でした。全体の平均点は70点で、標準偏差は8点だったそうです。このとき、太郎君の偏差値はいくつですか。

解答と解説 9.3

偏差値の式に当てはめると、

$$50+\frac{20-70}{8}\times 10=50-62.5=-12.5$$

となります。

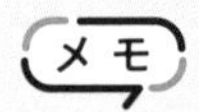

偏差値がマイナスと聞くと、間違いと思ってしまうかもしれませんが、実際に偏差値に上限や下限はありません。試験では頻繁に25～75や20～80などの範囲で上限値と下限値が設定されることが多いのですが、あれは一定を上回る／下回る場合には、その上限値／下限値で切っているためです。

練習問題 9.4

A君、B君が同じ試験を受けたところ、下記のように結果が返ってきました。

A君 … 得点 80、偏差値 67
B君 … 得点 55、偏差値 45

この試験の平均点と標準偏差はいくつでしょうか。

第9章

解答と解説 9.4

平均値をa、標準偏差をbとすると、それぞれの偏差値は、

① A君 … $50+\frac{80-a}{b}=67$

② B君 … $50+\frac{55-a}{b}=45$

となります。

①式を変形して、80－a＝17b　… ③
②式を変形して、55－a＝－5b … ④

がそれぞれ得られます。

aを消去して整理するために、③式と④式の左辺と右辺どうしを引き算すると、

左辺：$80-a-(55-a)$
右辺：$17b-(-5b)$

ですので、それぞれ計算すると、$25=22b$となり、$b\fallingdotseq1.136$であることがわかります。

このbの値を③の式に当てはめてaの値を求めると、$80-a=17b$ですので、$80-a=17\times1.136$と変形でき、aについて整理すると、

$$a\fallingdotseq80-17\times1.136=60.688$$

が得られます。

偏差値も標準化得点と同様に、その集団の中で平均値よりもどの程度良いのかを測る目安であり、たとえば、超一流大学の定期試験で偏差値45となっても、日本全体あるいは世界全体で見ると十分に優秀といえる学力を持っている可能性があります。したがって、偏差値という数値は、どの集団から得られた値なのか、どの集団を基準として設定されている値なのかに十分に注意しましょう。受験などでよく見かける、それぞれの学校に設定されている偏差値は、おおよそ例年の受験生全体の平均を50として算出されていることが多いです。

CHAPTER 10

第10章

相関

10.1 相関関係

本章では、「2つのデータの関係性を見る」というテーマで学習を行っていきます。2つのデータの間に関係があるかないかを、どのように判断すれば良いのでしょうか。具体的に見た方がイメージをつかみやすいと思いますので、早速ですが、ジュースの購入本数と合計金額を示した、下記の表を見てみましょう。

表10.1 ジュースの購入本数と合計金額

ジュースの購入本数	合計金額（円）
1	120
2	240
5	600
10	①
20	2400
②	6000
100	12000

表10.1で伏せられている①および②に入る数値はいくつでしょうか。表中のデータの値を見比べることで、①が1200、②が50と埋めることができるかと思います。ここで重要なポイントは、「ジュースの購入本数と合計金額には関係がある」、「ジュースの購入本数が1本増えるごとに、合計金額が120円高くなる」ということは、特に事前に示してはいませんでした。それにも関わらず2つの値を埋めることができたのは、「2つのデータには関係がある。さらには購入本数が1増えるごとに合計金額が120円増えるに違いない」ということをデータから判断できたためです。すなわち、関係性のあるデータというのは、互いのデータを推測する際に、もう一方のデータの値が役に立つことを示します。統計学の世界では、今回のように両者のデータに関係性があるとき、2つのデータには**相関**（そうかん）（**相関関係**）がある、と表現します。

相関について、次に押さえておきたいことは、関係の強さです。2種のデータの間で、ある数値を推測する際に、高い精度で推測可能と考えられる状態を、「データの相関が強い」、「強い相関関係にある」と表現します。表10.1では①と②の各値を、自信を持って正確な値を推測することができたでしょう。したがって、表10.1における「ジュースの購入本数」と「合計金額」は、強い相関関係にあるといえます。

では、別のデータ例で、少し考えてみたいと思います。表10.2はあるクラスの2科目（国語・数学）の試験における9名分の結果を示したものです。

表10.2　2科目の試験の結果

名前	国語	数学
A	100	100
B	85	80
C	45	35
D	90	85
E	50	50
F	75	70
G	15	10
H	90	100
I	95	③

Iさんの数学の点数が記入されていませんが、推測するとしたら何点くらいでしょうか。今回も2科目の試験の点数に関係があるということは特に述べていません。しかし、データを見比べると、全体的に「国語ができている人は数学もできている」、「国語ができていない人は数学もできていない」ということが把握できるかと思います。その情報をもとに推測すると、③に該当する値を90点程度と推測する人もいるでしょう。しかし、今回のケースの場合、80点と推測する人もいるかもしれないし、100点と推測する人がいてもおかしいことではなく、人によって推測する値に多少の幅が出てくることが考えられます。ただし、多くの人が、Iさんの数学の得点をかなり高く推測するはずです。したがって、2つの試験結果を、相関の強さという観点から見ると、先ほどのジュースの例とまではいかなくとも、かなり強い相関関係にあると考えられます。

また、相関関係には大きく分けて、**正の相関関係**と**負の相関関係**の2つがあります。正の相関関係というのは、前述の2例のように、片方が増えるともう一方も増えるような関係にあるデータを指します。視点を変えると、片方が減るともう一方も減るような関係にあるデータともいえます。負の相関関係は、片方が増えるともう一方のデータは減るような関係を示します。たとえば、表10.3のデータは、1日のうちの起きている時間と睡眠時間を示したデータであり、この両者は負の相関関係にあります。

表10.3 負の相関関係にあるデータ

起きている時間	睡眠時間
2	22
5	19
7	17
8	④
10	14
12	12
14	10

もちろん、起きている時間が長くなるほど睡眠時間は短くなりますし、逆に起きている時間が短くなるほど寝ている時間は長くなります。このデータで注意したい点は、2データの関係の強さです。表10.3で欠けている④の値は16だとすぐにわかるでしょう。すなわち、片方のデータからもう一方のデータを正確に求めることが可能であり、この2つのデータの相関関係は非常に強いといえます。

相関について、まずは、

- 正負 … 2種類のデータについて、関係の方向性
（片方が増えると、もう一方は増えるか減るか）

- 強さ … 片方のデータ値からもう一方を推定する際の精度の高さ

の2つのポイントを押さえておきましょう。相関の強さと正負は、基本的に関係ありません。

相関の弱いデータというのは、2データが無関係に近く、あるデータを予測する際に、もう一方のデータがまったく役に立たないケースです。次の表10.4は現在の身長と、初恋をしたときの年齢を調査したデータです。

表10.4 相関の弱いデータ

現在の身長（cm）	初恋の年齢
170	9
160	7
140	13
185	10
145	5
175	6
⑤	7

⑤に該当する、7人目の身長が予測できるでしょうか。この予測の際には、初恋の年齢が7歳であるということはほとんど役に立ちません。もしかしたら、『⑤の値はきっと140～180cmであり、外れているかもしれないけど、ある程度の予測は不可能ではない』と考える方がいるかもしれません。しかし、その推測値は、「人間の身長のデータであるから、大体その程度」という常識から推測したにすぎず、初恋の年齢から割り出した値ではないはずです。このように、もう片方のデータを推測する際に、もう一方のデータが役に立たないようなデータの関係が、弱い相関関係となります。

普段の生活では、特に意識することは少ないかもしれませんが、想像や思考の中で相関関係を利用していることも多いです。たとえば、「身長140cmのA君と、身長190cmのB君、どちらの体重が重いでしょうか？」と聞かれた場合、『おそらくB君』と答える方が多いでしょう。これは身長と体重に相関があると考えているためです。すなわち、一般的に身長が高いほど体重も重いことが多いはず、という思考から判断しています。ただし、物事を判断するうえでは、常識をもとに判断することも多いとは思いますが、過度な先入観や偏見を持ちすぎないように十分に注意しましょう。

10.2 散布図

本節では2つのデータを比べるうえで、相関関係があるのか、特にその正負や強さを確認するうえで非常に有効なグラフである**散布図**について紹介します。ここではまず、表10.5に示す、5名分の「国語の点数」と「算数の点数」についてのデータで考えてみます。

表10.5 国語の点数と算数の点数

名前	国語の点数	算数の点数
A	70	80
B	60	90
C	50	50
D	90	90
E	30	40

散布図を作成するためには、2種類のデータについて、左側と下側に目盛を振ります。

図10.1 散布図の目盛

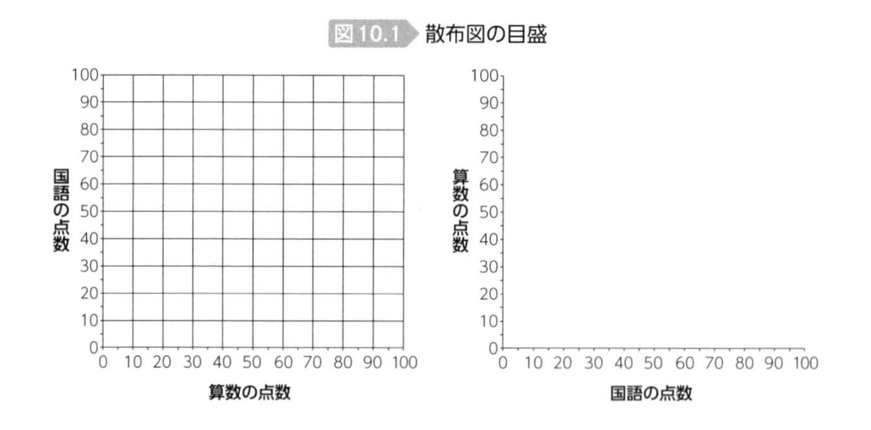

図10.1は、散布図の目盛の振り方の例であり、外観は少し異なりますが2つとも正しい目盛の振り方となっています。「国語の点数」を左側の目盛としても良いですし、「算数の点数」を左側の目盛としても構いません。また目盛の補助線を引いても引かなくても構いません。今回は図10.1の左側の外観（「国語の点数」が左目盛、補助線あり）をもとにして、散布図の作成を説明します。

外観を決めたら、次に**プロット**という作業を行います。プロットとは、グラフ上に各データの位置を示す点を打っていく作業になります。表10.5での1人目のデータ値は、国語が70点、算数が80です。このデータをプロットすると図10.2のようになります。同様に、表10.5の残り4名のデータ値をプロットして完成した散布図が図10.3となります。

図10.2 1人目のデータのプロット

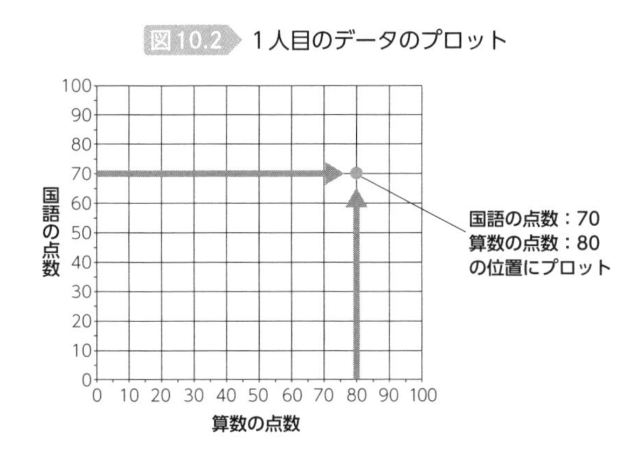

図10.3 国語と算数の点数の散布図

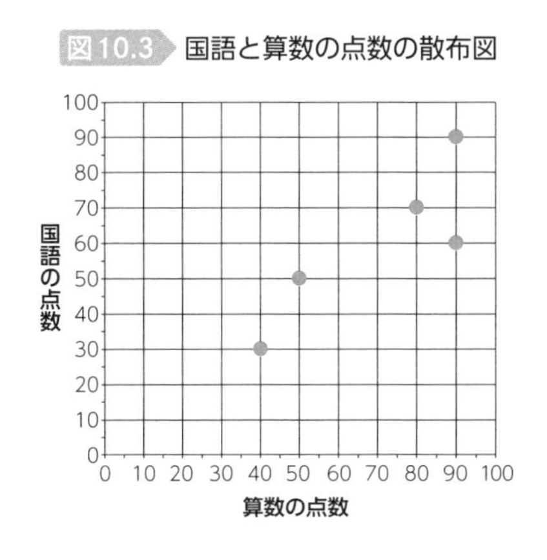

散布図を用いて、2種類のデータに関係があるかないかを確認する方法については、また次節で解説しますが、本節では散布図を見る際のポイントと注意について紹介します。まず、元データが手元になく、図10.3の散布図を提示された場合に、それぞれのテストともに0点を取った人や100点を取った人がいないことがわかります。また、国語と算数のテストで、両方ともに50点を取った人がいることが確認できます。ここで注意したいことは、プロットの点があるからといって、それが1人とは限らないことです。図10.3の散布図から正確にわかる情報は、「国語と算数のテスト、両方で50点だった人が、少なくとも1名はいる」ということです。同様に、図10.3の散布図から「標本の大きさ」を考える場合、プロットの数が5個あるので、少なくとも5名はいることがわかりますが、もしかしたらプロットが重なっている点があり、実際には6名以上のデータがあることも考えられます。

もう1つのポイントは、散布図からそれぞれのデータに関する各種統計量やヒストグラムが、ある程度イメージできる点です。先ほどのデータでは、データ数が少なすぎるので、図10.4に示す、100名分の身長と体重の散布図を見てみましょう。

図10.4　身長と体重の散布図（100名）

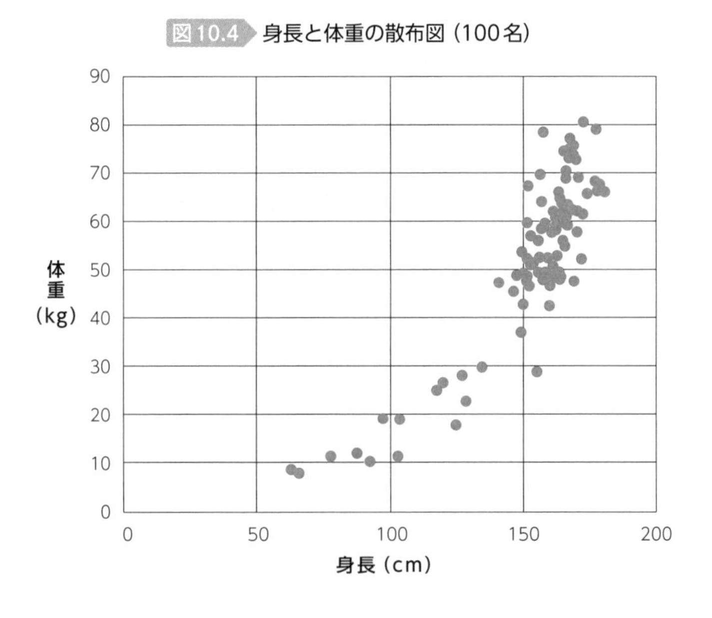

図10.4を見て、何cmあたりの身長の人が多いかわかるでしょうか。身長は横軸ですので、横軸を基準にプロットされた点を見ていくと、150cmを超えたあたりから増えてきて、170cmにかけてデータが集まっていることが確認できます。たとえば、身長10cm刻みのヒストグラムを把握しようとする際に、厳密には図10.5のようにプロットの点の数を数えなくてはいけませんが、データの最小値・最大値、どのあたりにデータが少ない／多いのか、といった大雑把な情報で良ければ、散布図のみからでも把握することが可能です。

図10.5 散布図からの身長のヒストグラムを把握

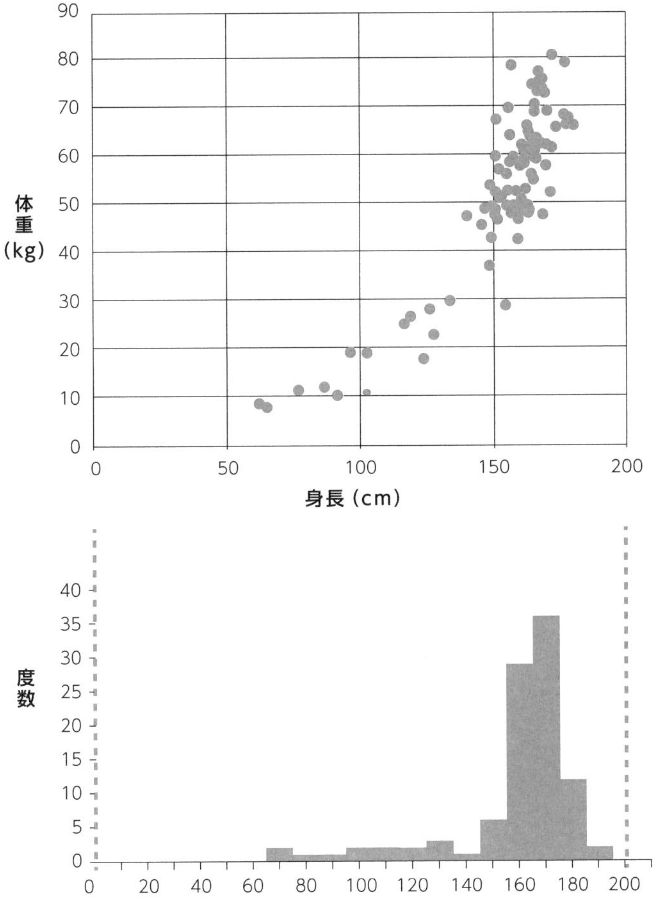

散布図は、主に2つの関係性を調査する際に用いられますが、それぞれのデータについてのおおまかな分布を把握することにも利用できます。縦軸についても、向きが異なっていて多少見づらいかもしれませんが、同様の情報を把握することができますので、体重に関する5kg刻みのヒストグラムについても図10.6を見て確認しておきましょう。

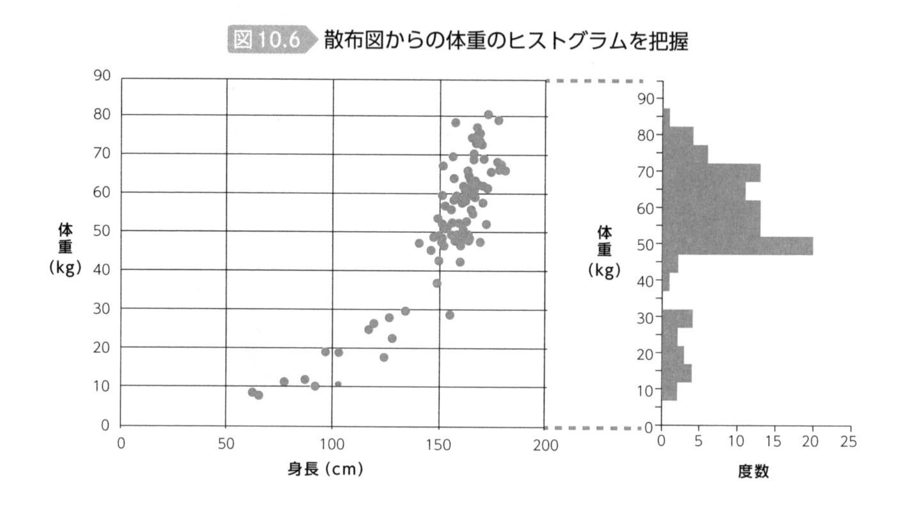

図10.6 散布図からの体重のヒストグラムを把握

図10.4、10.5、10.6を見るとわかりますが、プロットの数が多くなると、標本の大きさについてはとても数えられるものではなくなるので、提示する際には「身長と体重の散布図（標本サイズ：100）」など、情報を少し加えてあげた方が良いでしょう。

練習問題 10.1

次のデータ（表10.6）は、15ヶ月の期間内での各月について、その月の最高気温と最低気温を調査したデータです。最高気温と最低気温の2つのデータについて、散布図を作成してください。

表10.6 各月の最高気温と最低気温

調査月	最高気温(℃)	最低気温(℃)
1月	13.8	−3.8
2月	24.5	−2.6
3月	18.8	−0.8
4月	24.5	2.8
5月	28.9	9.7
6月	29.2	12.6
7月	34.1	16.6
8月	37.6	21.8
9月	32.9	12.2
10月	29.5	8.2
11月	25.6	0.1
12月	16.3	−0.3
翌1月	12.7	−5.5
2月	15.3	−4.1
3月	20.5	−2.1

解答と解説 10.1

図10.7はExcelで作成した散布図の見本となります。各軸に目盛が振られているか、数値の単位が明確であるか、といったグラフを作成するうえでの基本がしっかり守られているか、改めて確認しておきましょう。

図10.7 最低気温と最高気温の散布図

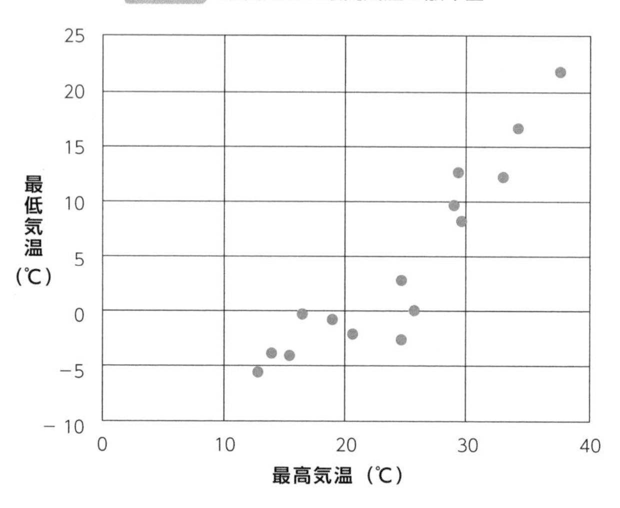

コラム

データを取得した際に、データが正確に得られていない項目のことを**欠損値**と呼びます。たとえば、身長と体重の調査において、ある1名について体重を記録し忘れたりすると、その箇所が欠損値となります。欠損値の扱いをどうするかは調査の目的や方法によります。平均身長と平均体重をそれぞれ求めるのであれば、欠損値を無視して、記入されている値だけで計算することは可能です。しかし、散布図では、1人につき身長と体重の両データが揃っていないとプロットが打てないので、体重のみでも欠損していると、その対象者については身長データも使えないことになります。

もう一点補足として、身長・体重などを調査する際には、体重が重くて恥ずかしいなどの理由で、回答者が意図的に書かないことが考えられます。そのようなデータについて、単純に欠損値を除いて平均値を計算すると、本来の母集団の平均体重より低い値となってしまうことが考えられます。あるいは逆に、年収を調査する際には、対象者の年収が低いと恥ずかしがって未記入とされてしまい、記入されている値のみで計算すると平均年収が高く表れてしまうこともあるかもしれません。

10.3

相関係数と回帰係数

相関の基本的な考え方（10.1節）と散布図の読み取り方（10.2節）について理解したところで、本節では相関の強さを数値化する方法について解説します。図10.8は200名の男性（子ども含む）について、身長と体重を散布図にまとめたものです。

図10.8 男性200名の身長と体重の散布図

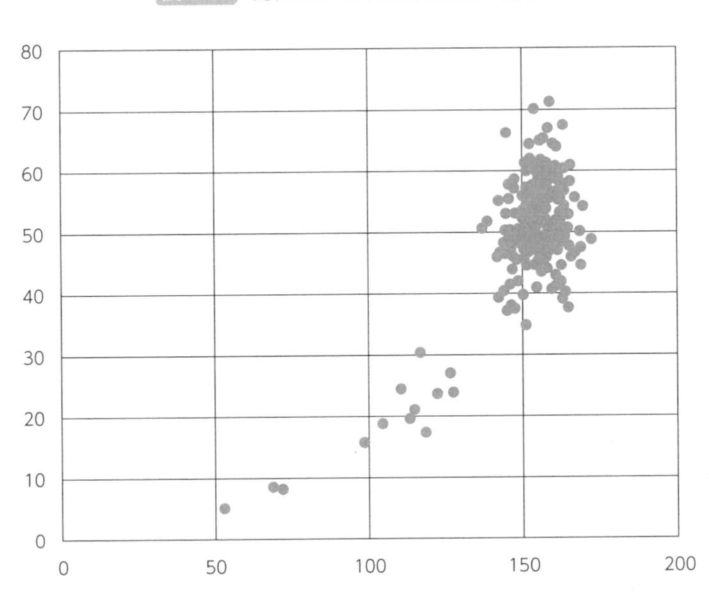

散布図からのみでは読み取りにくい部分もありますが、元データから計算すると、平均身長は約151.79cm、平均体重は約50.02kgとなっています。

次にこの散布図に近似直線を加えます（図10.9）。近似直線とは、すべてのプロットした点から最も距離が短くなるような直線のことです。イメージとしては、プロット全体の中心を通るような直線となります。

図10.9 近似直線

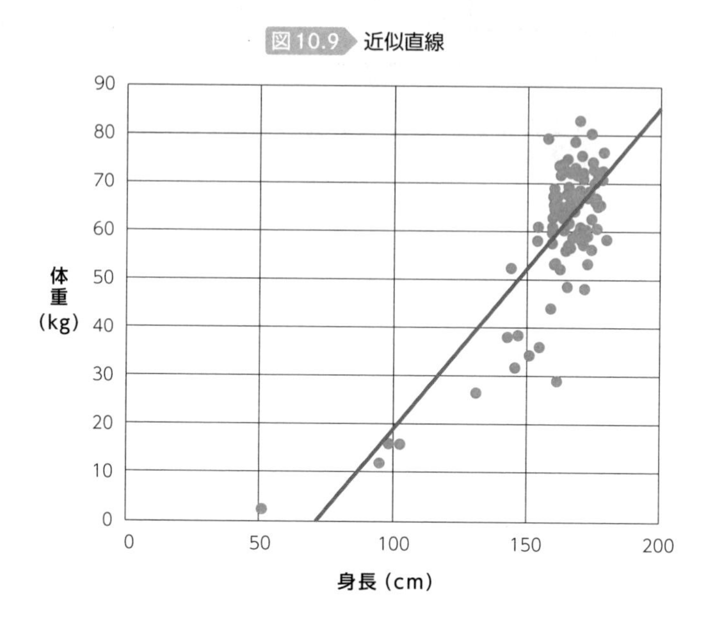

プロットの線の引き方（傾きや接線などの各値の具体的な計算方法）については本書では割愛しますが、コンピューターを利用すれば、Excelを用いることによって簡単に近似直線を追加することができますので、そちらについては332ページをご参照ください。

本節では、この近似直線と相関（関係の強さ）について、もう少し詳しく見ていきたいと思います。図10.9では近似直線は、右肩上がり（左下から右上に向かって上がっていく）となっています。すなわち、プロットの点の流れが、全体的に右肩上がりであると言い換えることもできます。これは、横軸（身長）の値が大きくなるほど、縦軸（体重）の値も大きくなる傾向にあること（＝正の相関であること）を示しています。

別の例でも近似直線を見ていきましょう。図10.10は、大学のある授業で、各学生について、全15回の授業のうちの欠席回数と、期末テストの点数を散布図で示したものです。今度は近似直線が右肩下がりになっています。すなわち、欠席回数が増えるほど、試験の点数が悪くなっていて、負の相関を示していることが確認できます。

図10.10 授業の欠席回数とテストの得点に関する散布図

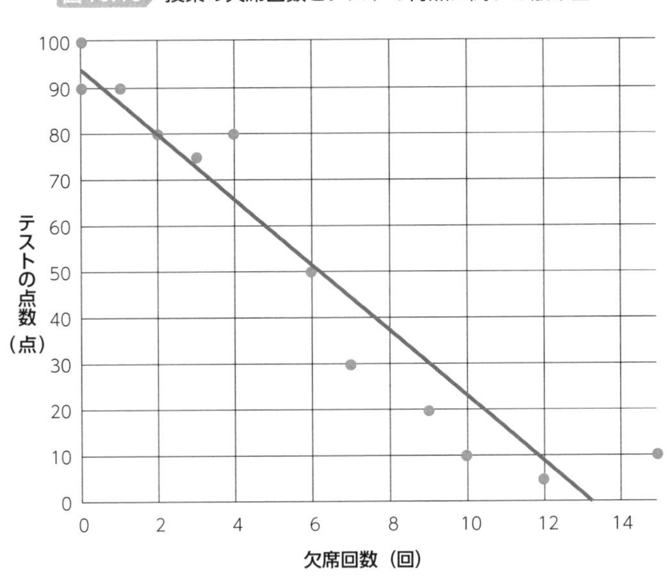

図10.9および10.10よりわかることは、正の相関関係にあると近似直線は右肩上がりとなり、負の相関関係にあると近似直線は右肩下がりになるということです。

表10.7 相関関係と近似直線の方向

近似直線の方向	相関関係の正負
右肩上がり	正の相関関係
右肩下がり	負の相関関係

ここまでの内容で、相関には向き（正負）があることを確認しました。片方のデータ値が増えると、もう片方のデータ値も増える傾向にあるのが正の相関関係です。一方、片方のデータ値が増えると、もう片方のデータ値が減る傾向にあるのが負の相関関係です。

相関関係で最も気を付けたいことは、「相関の強さ」と、「お互いのデータへの影響度」はまったく異なるという点です。

次の2つの表を見てみましょう。

表10.8　ジュースとタバコの合計金額

ジュースの購入本数	合計金額
1	120
2	240
5	600
10	1200

タバコの購入個数	合計金額
1	450
2	900
5	2250
10	4500

同表について、散布図と近似直線についても確認してみます。

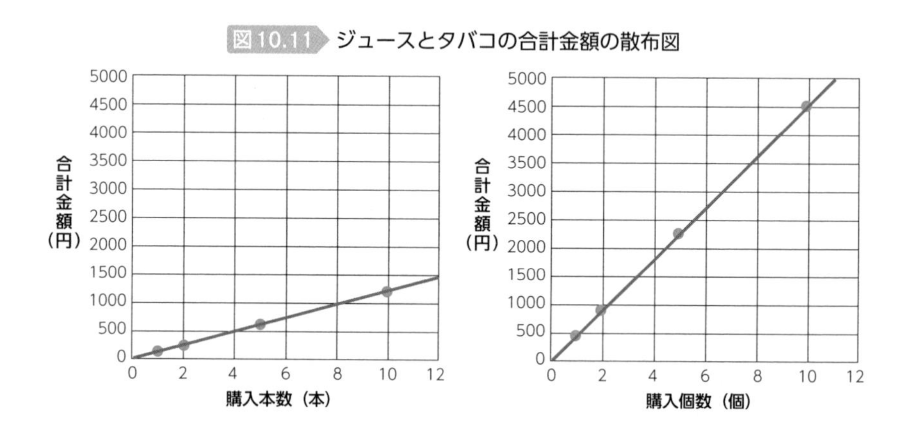

図10.11　ジュースとタバコの合計金額の散布図

ポイントとして、同表ともに、すべてのプロット点が近似直線の上に完全に重なっています。ただし、傾きが大きく異なります。これらの特徴が、「相関の強さ」と、「お互いのデータへの影響度」の差を理解するうえで重要な点となります。

「相関の強さ」は、片方のデータからもう片方のデータが、どれくらい正確に推測できるかです。表10.8の左側の表では、「ジュースの購入本数」がわかれば、「合計金額」が正確にわかります。逆に「合計金額」がわかっても「ジュースの購入本数」がわかります。これは2つのデータの関係性が強いことを示しています。表10.8の右側の表についても同様で、「タバコの購入個数」と「合計金額」には強い相関があります。

では、表10.8の左側と右側の表で、異なる点は何でしょうか。それは、ジュースの場合は1本増えるごとに合計金額が120円増えますが、タバコの場合は1つにつき合計金額が450円増えていることです。この120や、450という数値は、散布図上の近似直線の傾きにあたるもので、たとえば、ジュースの場合、購入本数が1増えるごとに、合計金額に対して120の数値分、影響を与えていることになります。

このように、2つのデータの関係性を見るうえで、「相手のデータへの影響度」を示す数値のことを**回帰係数**と呼び、その値は近似直線の傾きと一致します。

Excelでやってみよう

ここでは表10.6の最高気温と最低気温のデータを利用し、Excel上で散布図を作成してみましょう(332ページ)。

では、次に、関係の強さについて、詳しく見ていきましょう。表10.9は、太郎君と次郎君の2人のクラスメートが、1週間にいくつのお手伝いをして、いくらのお駄賃をもらったのかを表にしたものです。

表10.9 太郎君と次郎君のお駄賃

お手伝いの回数	お駄賃
1	100
2	200
3	300
5	500
8	800

お手伝いの回数	お駄賃
1	100
2	180
5	290
10	1010

左側の太郎君の家はわかりやすく、お手伝い1つにつき、必ず100円分のお駄賃がもらえています。右側の次郎君の家では、親が気まぐれで、そのときの気分で多少前後し、『1回のお手伝いにつき、いくらのお駄賃』ということが、明確には決まっていません。

2人のお手伝いの回数とお駄賃の金額を散布図にまとめたものが図10.12になります。

図10.12　2人それぞれの「お手伝いの回数」と「お駄賃」の散布図

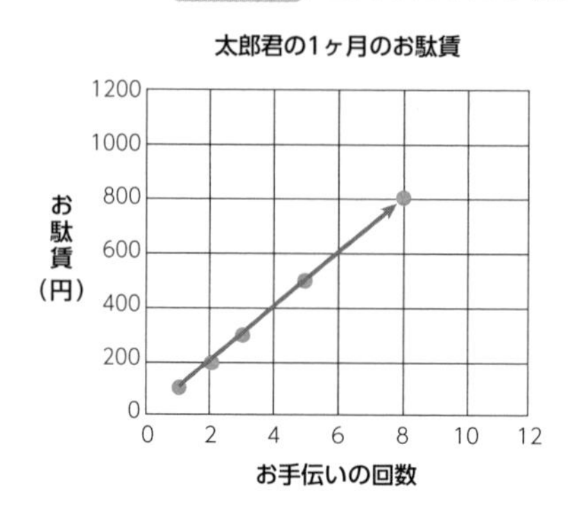

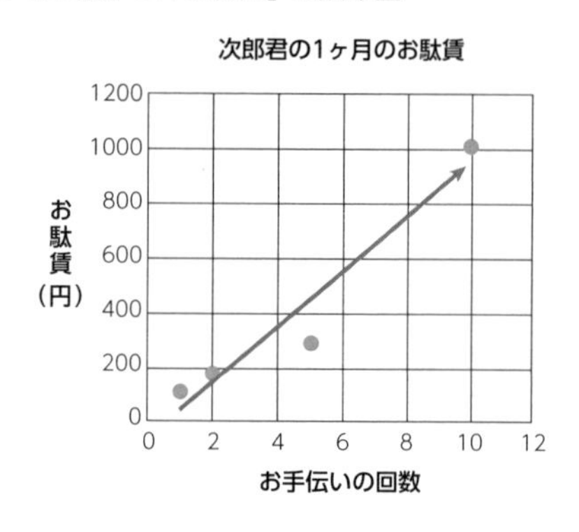

今回の例では近似直線の傾き（回帰係数）が、ともに100となるようにデータを作成しています（データは異なりますが、332ページの付録を参考に確認することもできます）。すなわち、次郎君の家でも、親の気まぐれで多少バラツキはあるものの、近似直線の傾きでいえば1回のお手伝いにつき100円程度もらえていることになります。

しかし、「お手伝い1回につき100円程度」と言われて、太郎君の家では誰もが納得できると思いますが、次郎君の家ではしっくりこない方も多いでしょう。その要因は図10.12を見て把握できるように、2つの家庭ではプロットした各点と近似直線の当てはまりの良さ、すなわち相関の強さが異なるためです。太郎君の家では、2回お手伝いをすればいつも200円ピッタリもらえそうですが、次郎君の家では2回お手伝いしても、そのときの親の気分によって毎回お駄賃が異なり、200円以上のこともあれば200円以下のこともありそうです。これは太郎君の家に比べて、「お手伝いの回数」と「お駄賃の金額」の関係が弱いためです。

このように近似直線の傾きが同じでも、相関の強さによって予測の精度がどれくらい当てになるのかということが変わってきます。

以上をまとめると、相関の強さとは、散布図上での各プロットの点が、近似直線とどの程度一致するかということになります。近似直線上にすべてのプロット点が並んでいるとき、2つのデータの相関関係が最も強い（**完全相関**）ということなり、それは片方のデータからもう一方のデータが正確に推測できることを示します。

【相関係数の計算】

相関の強さは、プロットに対する近似直線の当てはまり具合であると説明しましたが、これを人の目で判断することには限界があります。下記の図10.13の左側は、男性100名について、身長と体重に関する散布図と近似直線を示したものです。同様に右側は女性100名の身長と体重に関する散布図と近似直線になります。

図10.13 身長と体重の散布図

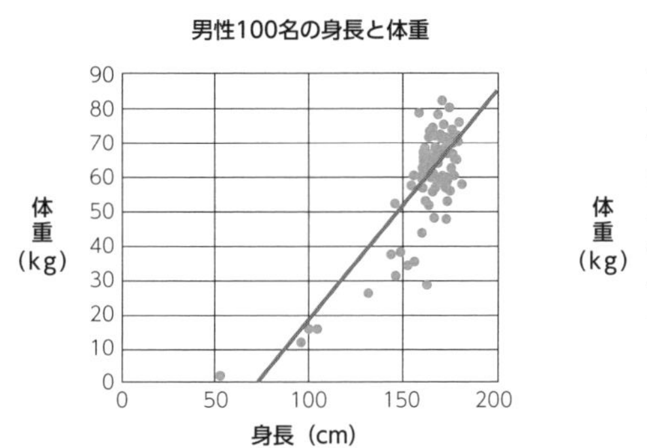

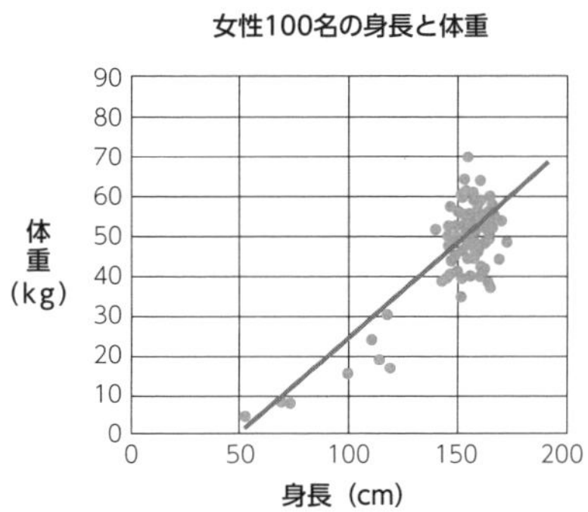

図10.13では、男性と女性、どちらの近似直線の方が当てはまりが良いでしょうか。また、当てはまりの良さは、どの程度異なるといえるでしょうか。この判断は中々難しいと思いますし、実際に人の感覚は不確かなものですので、可能であれば「近似直線の当てはまりの良さ」を数値化して、誰が分析しても公平に判断できる手法がほしいところです。

本節の最後として、近似直線の当てはまり具合、すなわち相関の強さを数値化する方法について学習します。データ数が多いと大変ですので、先ほど利用した、次郎君のお駄賃のデータで、相関係数を求めてみましょう。

表10.10 次郎君の家庭でのお駄賃の回数とお駄賃

お手伝いの回数	お駄賃
1	100
2	180
5	290
10	1010

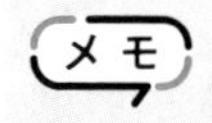

相関係数（相関の強さ）を計算する方法について、ここから解説していきますが、その計算の手順は、「平均値」や「分散」と同様に、定義でしかありません。したがって、なぜその計算で良いのかといったことを厳密に説明することは困難ですので、誰かが決めた方法だという認識で学習しましょう。

ここでは、短い6個のステップに分けて、相関係数を計算する方法を紹介します。

ステップ1. まずは、お手伝いの回数と、お駄賃の金額について、平均値を求めます。

お手伝いの回数 … (1＋2＋5＋10)÷4＝4.5
お駄賃 …………… (100＋180＋290＋1010)÷4＝395

簡潔にいえば、次郎君は4.5回程度のお手伝いをして、お手伝いの回数に合わせて平均395円程度のお駄賃をもらっていることになりますが、今回は近似直線との当てはまりの良さに着目して、解説を続けていきます。

ステップ2. お手伝いの回数と、お駄賃の金額について、それぞれ分散（ここでは「不偏分数」）を求めます。

図10.14 お手伝いの回数およびお駄賃の分散

お手伝いの回数	偏差	偏差の二乗
1	−3.5	12.25
2	−2.5	6.25
5	0.5	0.25
10	5.5	30.25

偏差の二乗和：49
分散：49÷3＝16.33…

お駄賃	偏差	偏差の二乗
100	−295	87,025
180	−215	46,225
290	−105	11,025
1010	615	378,225

偏差の二乗和：522,500
分散：522,500÷3＝174,166.…

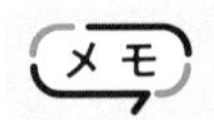

「お駄賃をいくらもらえたか」は標本データですので、ここでの分散値は、データ数よりも1つ少ない数で割る不偏分散の値を求めています。しかし、相関係数を求める際には、この後の計算の過程で、実際には不偏分散でも母分散でも、同じ値に行き着きます。したがって、相関係数を求める際の分散値は、「データ数」で割り算しても、「データ数よりも1少ない数」で割り算しても変わりません。

ステップ3. それぞれのデータの標準偏差を求めます。標準偏差は、分散のルート値ですので、

お手伝いの回数の標準偏差：$\sqrt{16.33\cdots} \fallingdotseq 4.0414$

お駄賃の標準偏差：$\sqrt{174,166.\cdots} \fallingdotseq 417.3328$

ステップ4. 偏差積の合計値を求めます。偏差積というのは、各データ値の偏差どうしの掛け算（積）のことを指します。

図10.15 偏差積の算出

お手伝いの回数	偏差	偏差の二乗
1	−3.5	12.25
2	−2.5	6.25
5	0.5	0.25
10	5.5	30.25

お駄賃	偏差	偏差の二乗
100	−295	87,025
180	−215	46,225
290	−105	11,025
1010	615	378,225

お手伝いの回数	お手伝いの偏差	お駄賃	お駄賃の偏差	偏差積
1	−3.5	100	−295	(−3.5)×(−295)=1032.5
2	−2.5	180	−215	(−2.5)×(−215)=537.5
5	0.5	290	−105	0.5×(−105)=−52.5
10	5.5	1010	615	5.5×615=3282.5

ここで偏差積の基本的な発想を簡単に示しておきます。偏差というのは、平均値からどの程度離れているかを示す値でした。偏差積もその特徴を受け継いでいて、2つの偏差がそれぞれ0に近い、すなわち平均値に近いほど偏差積の

値も0に近付きます。

偏差積の計算にはもう1つの特徴があり、偏差が両方ともプラスのとき、あるいは両方ともマイナスのときに、偏差積のそれぞれの値はプラスの値になります。

偏差の値が両方ともプラス … プラス
偏差の値が両方ともマイナス … プラス
偏差の値が片方はプラスで片方はマイナス … マイナス

これが相関の正負にも関係してくるのですが、偏差が両方ともプラスのときというのは、片方のデータ値が平均よりも大きいとき、もう片方のデータ値も平均よりも大きいということであり、このとき偏差積はプラスになります。同様に、両方ともマイナスのときというのは、片方のデータ値が平均よりも小さいとき、もう片方のデータ値も平均よりも小さいということで、このときも偏差積はプラスになります。すなわち、2つのデータの大小が同じ方向に向かっているとき、偏差積はプラスになるということです。

逆に片方のデータ値が平均を上回るのに、もう一方のデータ値が平均を下回るとき、すなわちデータ値の大小が異なる方向に向かっているとき、偏差積はマイナスの値になります。

ステップ5. **共分散**の値を求めます。共分散というのは、偏差積の平均値のことです。ステップ4で4つの偏差積はそれぞれ、1032.5、537.5、−52.5、3382.5でしたので、その合計値は

$$1032.5+537.5-52.5+3382.5=4900$$

となります。合計をデータ数で割り算すれば平均値が出せるのですが、標本から母分散（母集団の分散 ＝ 偏差の二乗和の平均値）を推測するとき、最後の割り算は、データ数よりも1つ少ない数で割り算する必要がありました。共分散についても同様に、母集団の偏差積（データAの偏差×データBの偏差）を推測する際も、手元にあるデータが標本の場合は、最後の割り算を、データ数よりも1つ少ない数で割り算する必要があります。

したがって、共分散の値は、

$$4900 \div 3 = 1633.3333\cdots$$

となります。このあたりの話に自信のない場合は、後ほど200ページを復習しておきましょう。

ステップ6. 相関係数を求めます。相関係数は、

$$相関係数 = \frac{共分散}{データAの標準偏差 \times データBの標準偏差}$$

と定義されています。

共分散自体が2つの単位の掛け算、ここでは「回数」と「金額」の掛け算ですので、それぞれの標準偏差の掛け算を分母として割り算することで、単位に依存しない値に揃えることが可能となります。

やや難しい考え方になりますので、計算方法だけ把握すれば良い場合は、上記を公式として覚えてしまいましょう。

この公式に当てはめると、次郎君のお手伝いの回数とお駄賃の金額の相関係数は、

$$相関係数(r) = \frac{1633.3333}{4.0414 \times 417.3328} \fallingdotseq 0.9684$$

となります。相関係数の値はrの記号で表されることもありますので覚えておきましょう。

今回、次郎君のお手伝いの回数とお駄賃と金額の相関係数は0.9684という値でした。では、この値をもって、「お手伝いの回数」と「お駄賃の金額」の関係性は強いのか弱いのか、どちらに判断すべきでしょうか。結論からいうと、この値は非常に強い相関であり、すなわち2つのデータ値は非常に関係性が強いということになります。すなわち、お手伝いの回数からお駄賃の金額が高い

精度で予測が付く、ということです。もちろん、逆に、お駄賃の金額からお手伝いの回数が高い精度で推測可能、ともいえます。

相関係数は0に近いほど、2つのデータの関係性は薄いといえます。また±1に近いほど強い相関になります。そして、符号がプラスのときは正の相関、マイナスのときは負の相関となります。

表10.11に相関係数の値の目安を示しておきますが、分野や状況によっても値の判断が変わってきますので、あくまで目安であるということにご注意ください。

表10.11 相関係数の見方の目安

相関係数の値	2つのデータの関係
0.7〜1.0	非常に強い正の相関関係にある
0.4〜0.7	やや強い正の相関関係にある
0.2〜0.4	弱い正の相関関係にある
0〜0.2	相関はほとんどない
0〜−0.2	
−0.2〜−0.4	弱い負の相関関係にある
−0.4〜−0.7	やや強い負の相関関係にある
−0.7〜−1.0	非常に強い負の相関関係にある

また繰り返しになりますが、相関係数と回帰係数の違いには注意しましょう。今回の例でいうと、相関係数が＋1に近いので、お手伝いの回数を頑張って増やすほど、お駄賃の金額が上がりやすいといえます。しかし、1回のお手伝いにつきいくらくらい上がるのかは、相関係数とはまったく関係ありません。1回につき、100円上がるか、1000円上がるのか、それを知るには、近似直線の傾きを求める必要があり、その値を回帰係数と呼びます。

Excelでやってみよう

ここまでの内容の確認も兼ねて、前項の表10.6で示した最高気温と最低気温のデータについてここでは相関係数を計算してみましょう（338ページ）。

コラム

本文中で説明したように、相関係数のより厳密な認識としては、『プロットと近似直線がどの程度一致するか』となります。前半（導入部分）の説明の中で、『片方のデータから、もう一方のデータをどの程度正確に推測できるか』といった説明を行いましたが、こちらの定義は厳密にいえば正しくありません。たとえば、「正の整数xの値」と、「x^2の値」を考えたとき、片方の値からもう一方の値が正確に推測できます。しかし、下記の図にも示したように、プロットと近似直線は一致しないので、相関係数は1とはなりません。

図10.16 xとx^2の相関

xの値	x^2の値
1	1
3	9
5	25
10	100

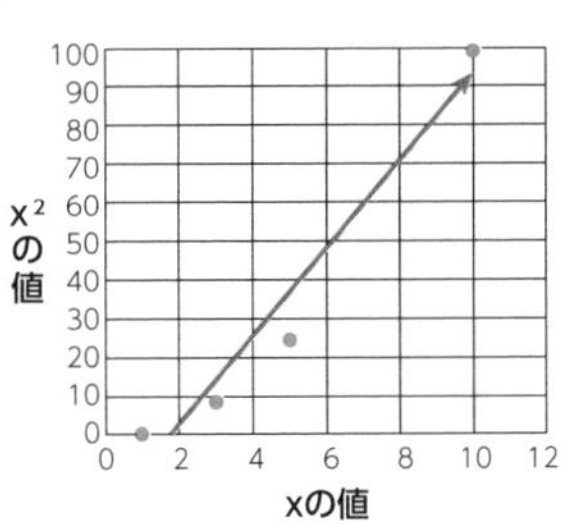

練習問題 10.2

次のデータは、小学4年生5名の標本調査による身長および体重のデータです。

表10.12 5名の身長と体重のデータ

生徒番号	身長(cm)	体重(kg)
1	133	30
2	136	35
3	140	32
4	142	40
5	144	38

(1) 共分散を求めてください。

(2) 相関係数を求めてください。

解答と解説 10.2

(1) 共分散の定義にしたがい、まずはそれぞれの平均を求めます。

表10.13　平均値の算出

生徒番号	身長(cm)	体重(kg)
1	133	30
2	136	35
3	140	32
4	142	40
5	144	38
平均	139	35

では、次に共分散を求めます。共分散は偏差積の平均値でした。ただし、データが標本の際には、最後にデータ数ではなく、それよりも1少ない数で割り算します。

表10.14　偏差積の算出

生徒番号	身長の偏差(cm)	体重(kg)の偏差	偏差積
1	133−139=−6	30−35=−5	(−6)×(−5)=30
2	136−139=−3	35−35=0	(−3)×0=0
3	140−139=1	32−35=−3	1×(−3)=−3
4	142−139=3	40−35=5	3×5=15
5	144−139=5	38−35=3	5×3=15

$$\text{共分散} = \{30+0+(-3)+15+15\} \div 4 = 57 \div 4 = 14.25$$

となります。

(2) (1) で共分散の値を求めたので、相関係数を求めるために、身長と体重、それぞれの標準偏差を求めます。まずは身長の偏差を求めてから、分散を求め、さらには標準偏差を求めていきましょう。

表10.15　偏差の二乗の算出（身長）

生徒番号	身長(cm)	偏差	偏差の二乗
1	133	−6	36
2	136	−3	9
3	140	1	1
4	142	3	9
5	144	5	25

偏差の二乗和（身長）$=36+9+1+9+25=80$

分散（身長）$=80\div4=20.0$

標準偏差（身長）$=\sqrt{20.0}\fallingdotseq 4.4721$

同様に、体重の標準偏差についても求めていきます。

表10.16　偏差の二乗の算出（体重）

生徒番号	体重(kg)	偏差	偏差の二乗和
1	30	−5	25
2	35	0	0
3	32	−3	9
4	40	5	25
5	38	3	9

偏差の二乗和（体重）$=25+0+9+25+9=68$

分散（体重）$=68\div4=17.0$

標準偏差（体重）$=\sqrt{17.0}\fallingdotseq 4.1231$

共分散と、それぞれの標準偏差が求まりましたので、最後に相関係数を計算します。

$$相関係数=\frac{14.25}{4.4721\times4.1231}\fallingdotseq 0.7728$$

練習問題 10.3

次のデータは、練習問題10.2のデータについて、単位をメートル（m）およびグラム（g）に変換したものです。

表10.17 5名の身長と体重のデータ（単位変換後）

生徒番号	身長(m)	体重(g)
1	1.33	30,000
2	1.36	35,000
3	1.40	32,000
4	1.42	40,000
5	1.44	38,000

(1) 共分散を求めてください。

(2) 相関係数を求めてください。

解答と解説 10.3

(1) 練習問題10.2と同様に、共分散を求めると142.5となります。練習問題10.2では共分散は14.25でした。今回の練習問題10.3と、練習問題10.2とを比較すると、単位が変わったのみですので、身長の数値は$\frac{1}{100}$、体重の数値は1,000倍となっています。そのような場合には、共分散は、

$$\frac{1}{100} \times 1{,}000 = 10 \text{ 倍}$$

となります。もちろん最初から計算しても良いですが、この特徴を知っていると、単位が変わった際にもう一度計算する必要がなくなります。

(2) 相関係数は、0.7728であり、練習問題10.2の(2)で求めたものと同一の値となります。そもそも相関係数とは、データの関係性を測るための1つの指標であり、データ値の単位が変わるだけで値や桁数が変わってしまうようでは、まったく当てにならない値となってしまいます。したがって、単位によっ

て、相関係数の値が変わることはありません。

同様に、体重計が壊れていたことが判明して、全員の体重を1.0kgずつ増やしたとしても相関係数は変わりません。本文中でも示したように、相関係数は近似直線の当てはまり具合なので、データが全体的に縦や横に同じ数値だけずれたとしても、近似直線の当てはまり具合が変わらないためです。

したがって、身長や体重に同じ数を足したり引いたり、あるいは掛けたり割ったりしても相関係数は変わらないということになります。当然ですが、一部のデータだけ増やしたり減らしたりした場合には相関係数の値は変わってきます。

コラム

本文では、相関係数について「近似直線との当てはまりの良さ」としましたが、これは導入時の説明としてはイメージしやすいと思いますが、実は厳密な定義としては誤りになります。相関には正負があることや、近似線には直線のみでなく近似曲線もあることなどを考慮し、それらも含めて当てはまりの良さをより正確に示した数値は**決定係数**と呼ばれ、相関係数とは異なる値となります。

ちなみに本文の説明のように、近似線を1本の直線で考える場合、決定係数は相関係数の2乗になります。したがって、相関係数が0.9や－0.9だとした場合の決定係数は、いずれも0.81ということになります。

10.4

擬似相関

相関関係とは、2つのデータに関係があるかどうか、ということでした。2つのデータが相関関係にあるということは、一見すると、片方のデータがもう一方のデータに影響していると考えがちです。しかし、そうでない場合もたくさんあります。次のデータを確認してみましょう。

表10.18 漢字の点数とことわざの点数

	漢字の点数	ことわざの点数
1人目	100	100
2人目	90	80
3人目	60	50
4人目	20	20
5人目	80	90

表10.18は、漢字の試験と、ことわざの試験で5名の生徒がそれぞれ何点取ったかを表にしたものです。相関係数を計算するまでもなく、「漢字の点数が高い生徒は、ことわざの点数が高い」、「逆に漢字の点数が低い生徒ほど、ことわざの点数も低い」ということが確認できるかと思います。すなわち、今回のデータの範囲では、漢字の点数とことわざの点数は相関関係にあるといえます。しかし、このデータの解釈として「漢字の点数が良いから、ことわざの点数が良い」と考えることはおそらく間違いであり、非常に危険です。もし「漢字の点数が良いから、ことわざの点数が良い」ということが正しいのであれば、「漢字の勉強だけして漢字の点数を伸ばせば、自然とことわざの得点も高くなる」ということになります。これは感覚的にも間違いであることがわかるでしょう。

では、なぜそもそも漢字の点数が良い生徒は、ことわざの点数も良かったのかというと、それは「国語全体の勉強を頑張っているため」と考えられるでしょう。すなわち、国語全体の勉強をたくさんした結果として、漢字とことわざ、両方の点数が伸びていると考えられます。これを図にすると図10.17のようなイメージです。

図10.17 2つのデータに影響を与える潜在変数

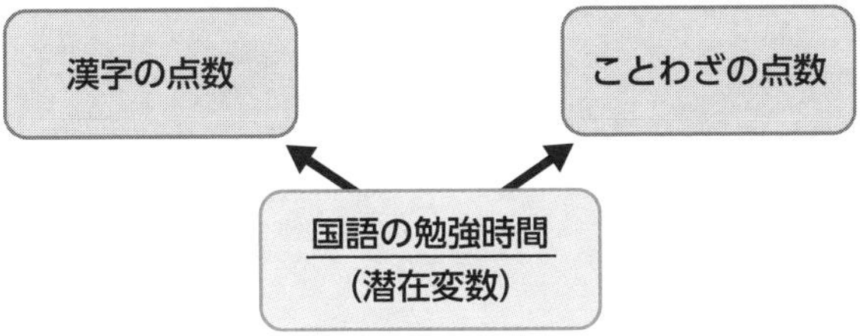

漢字の点数

ことわざの点数

国語の勉強時間
(潜在変数)

図10.17中にも示したように、裏で2つデータに影響を与えているような見えない要因(変数)のことを、**潜在変数**と呼びます。そして、今回のように、2つのデータが直接的に影響を与えているわけではなく、潜在変数によって相関関係が生まれているような状態を**擬似相関**と呼びます。

擬似相関の別例としては、野球の「ホームランの数」と「三振数」などが挙げられます。ホームランバッターは三振数が多いのですが、これは擬似相関です。もし擬似相関ではなかったとすると、わざと三振の数を増やせば、ホームラン数は自然と増えるはずですが、もちろん実際にはそうはなりません。ホームラン数と三振数の裏に隠れた潜在変数として「バットを振る力」、すなわちどれくらい思い切りバットを振っているのか、ということが影響しています(図10.18)。

図10.18 擬似相関の例

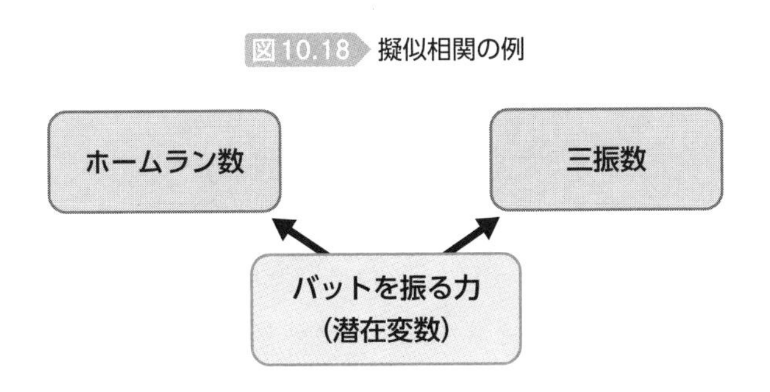

一方、擬似相関ではなく、あるデータがもう片方のデータに直接影響を与えているようなケースもあります。次の表10.19はある学生の1～4月におけるバイト時間とお給料の関係です。それぞれの月に何時間バイトをして、お給料がいくらであったかというデータです。

表10.19　バイト時間とお給料

	バイト時間数	お給料（円）
1月	50	50,000
2月	80	85,000
3月	70	72,000
4月	20	20,000

このデータも相関関係にあることがわかります。回帰係数は1,000（時給1,000円）に近そうですが、残業手当や休日手当などが入っているためか、ピッタリ1,000ではありません。それでも相関関係にあることは間違いないでしょう。では、次にお給料を増やすためにはどうすれば良いでしょうか。答えは単純で、バイト時間を増やせば良いのです。これはバイト時間が直接的にお給料に影響を与えているため、バイト時間の増減によって、お給料は変わってきます。図にすると、次の図10.19のようになります。

図10.19　因果関係の例

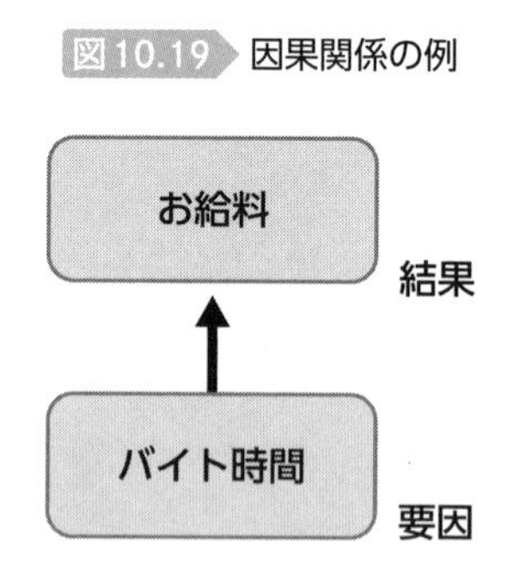

ここで1つポイントは、2つのデータには順序関係があることです。バイト時間を増やせばお給料が上がりますが、お給料を増やせばバイト時間が増えるわけではないことです。そもそも先にお給料を増やすこと自体に無理がありま

す。すなわち、影響を与える側が「バイト時間」であり、与えられる側が「お給料」になります。このように直接的に、影響を与える側（要因や原因）と、影響を与えられる側（結果）の両者から成る相関関係のことを**因果関係**と呼びます。

また、この言葉を用いて先ほどの擬似相関について説明すると、「因果関係はないが、相関関係にはある」ということになります。

練習問題 10.4

日本のある会社を調べたところ、「足の遅い人ほど、お給料が高い」ということがわかりました。すなわち、「足の速さ」と「お給料」は、負の相関関係にあるといえます。しかし、両者には因果関係はなく、擬似相関であると考えられます。この場合、2つのデータに影響を与えている潜在変数は何でしょうか。

解答と解説 10.4

解答は「年齢」です。一般的に会社勤めで運動をしなくなると、年齢とともに運動能力は落ちてくるでしょう。また日本の企業では、年齢が上がるにつれて、お給料が高くなることが一般的です。したがって、今回のように足が遅い人ほどお給料が高く見える、という結果になります。因果関係はないと考えられるので、間違ってもものすごく重い靴を履いて動きづらい格好で毎日出社してもお給料は上がりません。

10.5

相関係数に表れない相関関係

相関係数が1に近い、あるいは−1に近いときは、2つのデータに関係性が見られる、という話を本章で解説していきました。この考え方に従うと、相関係数が0に近い場合には、2つのデータ間に相関関係はないと考えてしまいがちですが、そうとも限りません。本節では、相関係数には表れない相関関係について説明します。表10.20は、試験の成績と授業に対する満足度のデータです。

表10.20 学生の試験の成績と授業に対する満足度

学生番号	試験の成績	授業に対する満足度
1	80	3
2	100	1
3	15	2
4	25	1
5	60	3
6	70	4
7	0	1
8	95	2
9	50	5
10	75	5
11	100	2
12	70	5
13	10	1
14	85	1
15	90	2
16	35	2
17	45	2
18	90	1
19	0	2
20	45	3

まず239ページや249ページで説明したように、相関係数とは、散布図を書いた際に、近似直線がどの程度あてはまりが良いかを示す1つの目安となる値でした。逆の言い方をすると、近似直線の当てはまりが悪いと、相関係数は低くなります。

それを念頭に置いて、表10.20のデータを確認していきましょう。これはある授業において、20名の学生が、それぞれ試験で何点を取って、さらにはその授業自体にどれだけ満足したかを5点満点で付けてもらったデータです。

少しデータ数が多いですが、相関係数を計算すると約0.16144となります(余裕があれば自身かExcelで計算を行って確認してみましょう)。この0.16144という値を見ると、2つのデータには特に関係がないように見えます。このときに、「相関係数が低いので相関関係はない」としてしまわずに、必ず散布図を確認するようにしましょう。

図10.20 表10.20のデータにおける散布図

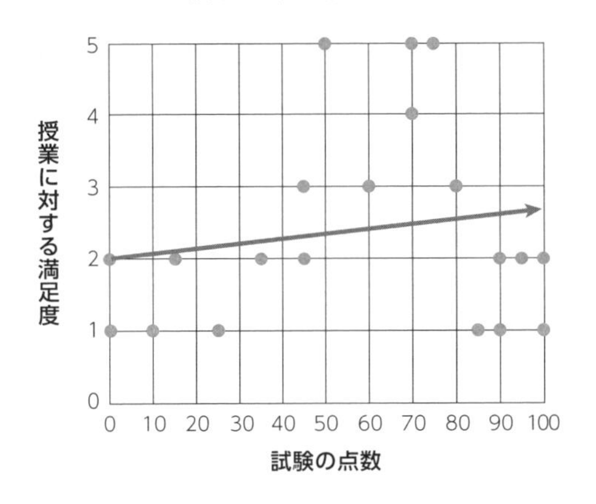

図10.20の散布図において、水平に近い右向きの矢印が近似直線となります。確かに全体的に各プロットの点との当てはまりは良くなさそうです。ここで、プロット点の全体的な配置を確認してみると、各点はまったくのランダムな形状をしているでしょうか。70点あたりを境目として、一度右上に上がってから、その後右下に向かって下がっていく流れに見えないでしょうか。

図10.21　2つに分けた近似直線

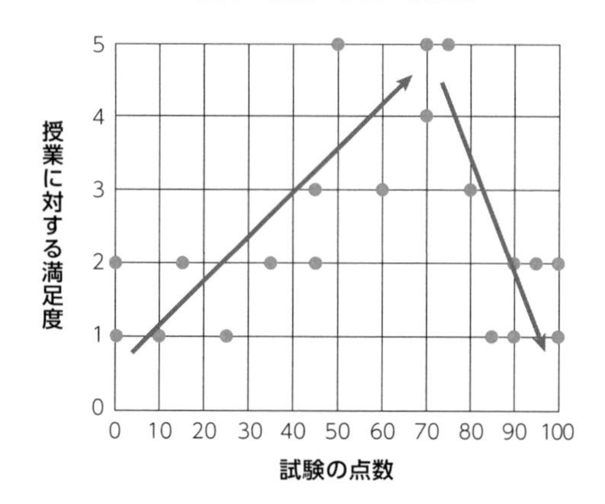

試しに、0〜70点の人のみで相関係数を計算すると、約0.800という高い正の相関係数となり、さらに70〜100点の人のみで相関係数を計算すると、約−0.821という高い負の相関係数を確認することができます。すなわち、0点から70点に向かって満足度は高くなるが、70点を超えると、満足度はどんどん低くなると考えられます。したがって、2つのデータは無関係なのではなく、70点程度までは正の相関関係があるが、それ以降は負の相関関係となると結論づけることができます。

この現象の解釈については、以下に挙げるものが必ずしも正しいとは限りませんが、1つ解釈例を挙げておきます。「授業にまったくついて行けずに試験の点数も低い学生は授業に満足できず、授業が簡単すぎて試験の点数も高い学生は授業に対してあまり張り合いがなくて満足度が低い。程良く学んで、程良い点数を取った学生の満足が最も高い傾向にある。」と考えられます。

重要なことは相関係数＝相関関係ではなく、相関係数は相関関係を確認するうえでの1つの手段に過ぎないということをしっかりと認識しておきましょう。いずれも散布図を見てパターンを見つけることができる場合、2つのデータは関係があるといえるでしょう。図10.22に、相関係数が低い（近似直線の当てはまりが悪い）が相関関係にありそうなデータを示しておきます。

図10.22 相関係数が低いが関係性のありそうなデータ

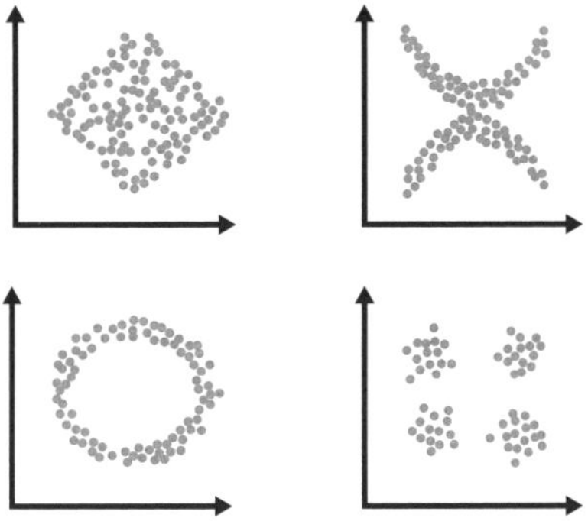

本章では相関について学習してきました。最後に相関係数の値がそれぞれどの程度の値の場合に、どのような散布図になるかの目安を図10.23に示しておきましたので、こちらも参照ください。

図10.23 相関係数と散布図の目安

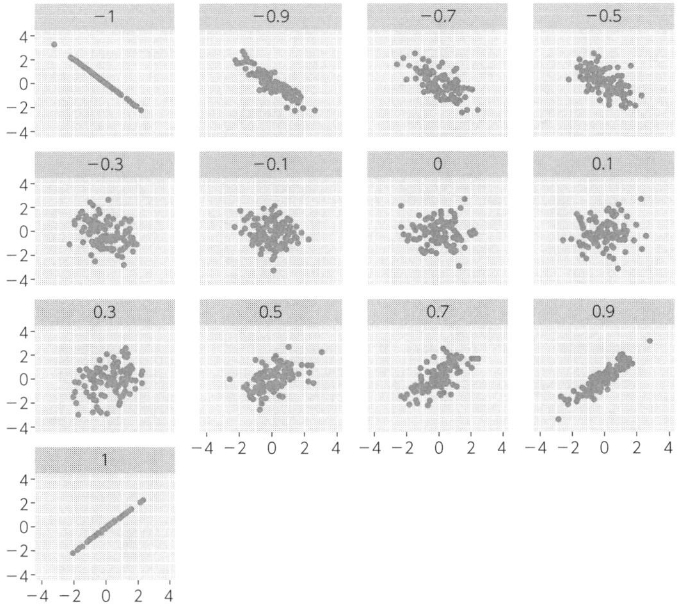

理想的には散布図を見て、ある程度相関係数の予測が付けられると好ましいです。ただし、図10.23は縦軸と横軸の目盛がそれぞれ等しい場合のイメージです。練習問題10.3では、目盛の単位が変わると、グラフの形状は左右や上下に伸び縮みする可能性がありますが、相関係数の値は変わらないことを確認しました。したがって、図10.23は縦軸と横軸の目盛が等しいときの目安として考えるようにし、目盛によって相関係数は同じでも、散らばり方の見え方が大分異なる可能性があることは十分に注意してください。

CHAPTER11

第11章

時系列データ

11.1

時系列データと折れ線グラフ

本章では**時系列データ**について扱います。時系列データとは時間とともに変化していくデータのことです。早速ですが、ある代表的なタバコの銘柄について、ここ50年間でその価格がどのように変化してきたか見てみましょう（表11.1）。

表11.1 代表的なタバコの銘柄の価格変化

改定年月	値段（円）
1969年2月	100
1975年12月	150
1980年4月	180
1983年5月	200
1986年5月	220
1997年4月	230
1998年12月	250
2003年7月	270
2006年7月	300
2010年10月	440
2014年4月	460
2018年10月	500

このデータを折れ線グラフで表現すると、図11.1のようになります。

折れ線グラフは時系列データを表現するのに頻繁に利用されます。特に次の2点に注意しておきましょう。

1. グラフが右にいくほど時間が進んでいくように作成する
2. 点どうしを直接結ぶ

特に2つ目の特徴に着目します。タバコの値段は折れ線グラフにあるように少しずつ上がるものではなく、ある日を境に急に上がるものです。しかし、折れ線グラフでは変化の流れに注目するため、点どうしを結び、グラフとしては徐々に上がっているような印象のグラフとなります。また基本的な折れ線グラフは、今回のもののように直線で結びますが、曲線で結ぶタイプの時系列グラフも存在します。

図11.1 ある代表的な銘柄のタバコの価格の推移

時系列データは流れをつかむのに適しています。図11.1を見ると、タバコについてまったく詳しくない人でも、51年間でどんどん値段が上がっていることを把握できるでしょう。また理由はわからなくとも、折れ線の流れからこの後も値段はきっと上がっていくことが予測されます。また一気に値段が上がっている部分がいくつかあります。時系列データではこのような特徴的なポイントをグラフから見つけ、その原因を探っていくなどします。ちなみに、タバコの値段が変わる原因は基本的に、法改正によりたばこ税が上がるため、結果として価格が上がります。

時系列データについては、折れ線グラフでなくともほぼ情報が読み取れるものを、棒グラフでも作成することができます。先ほどの表11.1のデータについて、折れ線グラフと棒グラフのそれぞれのグラフで表してみます。

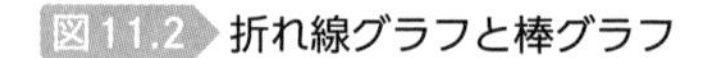
図11.2 折れ線グラフと棒グラフ

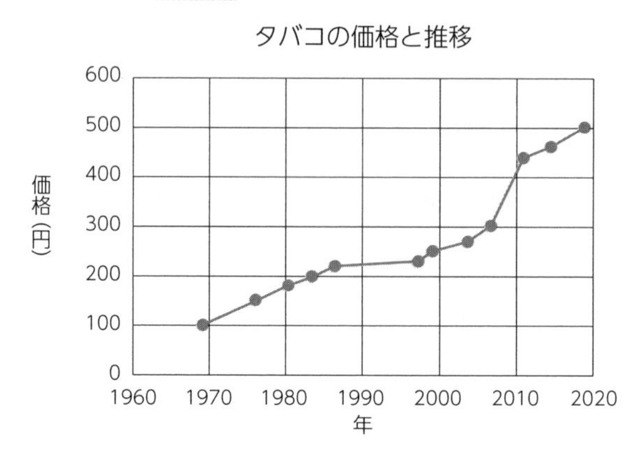

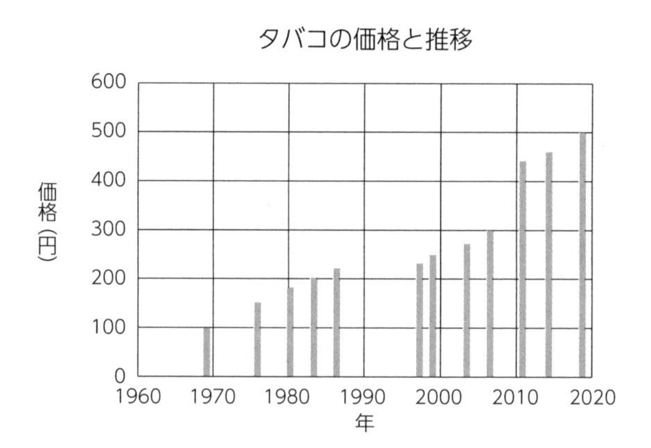

情報を伝える手段としての決定的な違いは、受け手がデータを読み取るときの準備です。折れ線グラフを見せられると、グラフを見たとたんに「時系列のデータであること」が相手に伝わるでしょう。というのも、折れ線グラフはそもそもそのためのグラフだからです。

しかし、棒グラフは汎用的で、比較的幅広く利用できるので、棒グラフを見せられると受け手は、構成比などの別のデータを説明しようとしていると勘違いしがちです。もちろんよく見ると、棒グラフでも時系列データであることはわかるのですが、やはり受け手に無駄な戸惑いを生じさせないためにも、時系列データは原則的に折れ線グラフで表すようにしましょう。

11.2 移動平均

本節では移動平均について学習します。まず次のデータを見てみましょう。

表11.2 東京都の51年間の月別最高気温

年	月	最高気温（℃）
1962	1	13.8
1962	2	24.5
1962	3	18.8
1962	4	24.5
2012	7	35.4
2012	8	35.7
2012	9	33.8
2012	10	31
2012	11	21.5
2012	12	18.4

表11.2は、1962年から2012年までの東京都の最高気温を月別にまとめたものです（データが長くなるので1962年5月〜2012年6月を省略しています）。この最高気温の推移を折れ線グラフで表現すると次のようになります。

図11.3 東京都の51年間の月別最高気温のグラフ

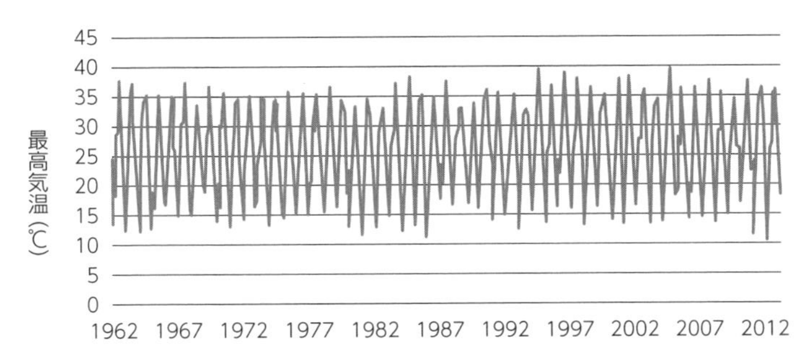

図11.3のグラフを見ると、次のようなことがわかります。

- 毎月の最高気温は上がったり下がったりを繰り返している
- 今後も上がったり下がったりすることが推測できる

理由を考えてみると、日本の気候は、冬が寒く、夏が暑いので、最高気温が冬に向かって下がり、夏に向かって上がり、その結果として折れ線グラフがずっとジグザクを繰り返すことは当然といえます。

では、51年間を通して全体的にどう変化しているか、ということについてはどうでしょうか。ジグザグしているために、近年（2012年）と51年前（1962年）と比較してどうかということが見えづらくなっています。そこで最高気温について、年ごとに平均値を取ってみたいと思います（図11.4）。

図11.4 最高気温を年ごとに平均値を求める

年	月	最高気温（℃）
1962	1	13.8
1962	2	24.5
1962	3	18.8
1962	4	24.5
1962	5	28.9
1962	6	29.2
1962	7	34.1
1962	8	37.6
1962	9	32.9
1962	10	29.5
1962	11	25.9
1962	12	16.3
1963	1	12.7
1963	2	15.3
1963	3	20.5
1963	4	26.9
1963	5	31.2
1963	6	35.7
1963	7	35.5
1963	8	37.2
1963	9	30.6
1963	10	27
1963	11	23.1
1963	12	18.7

平均値：26.31

平均値：26.20

51年間分、すべてについて平均値を求めたものが表11.3になります（1967年〜2007年は省略しています）。

表11.3　最高気温を年ごとに平均値を求める

年	各月最高気温の平均値
1962	26.30833333
1963	26.2
1964	25.40833333
1965	24.85833333
1966	25.825
2008	25.39166667
2009	26.58333333
2010	27.71666667
2011	26.45
2012	25.425

表11.3のデータを用いて、再度折れ線グラフに表してみます（図11.5）。

図11.5　最高気温を年ごとに平均値を求める

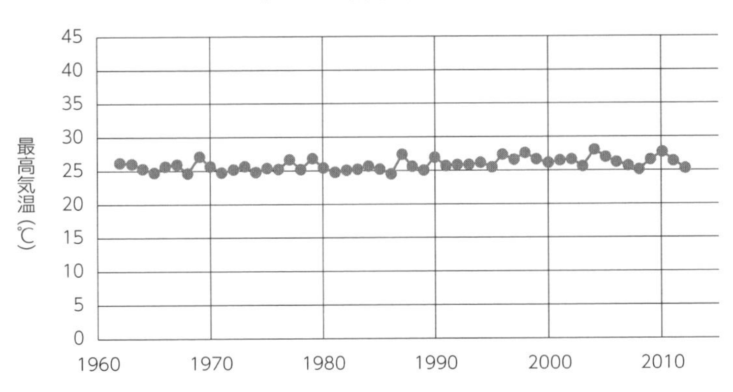

大分ジグザグが取れたかと思います。少し見にくいので、目盛を調整して、折れ線グラフを拡大してみます（図11.6）。

図11.6 最高気温を年ごとに平均値を求める

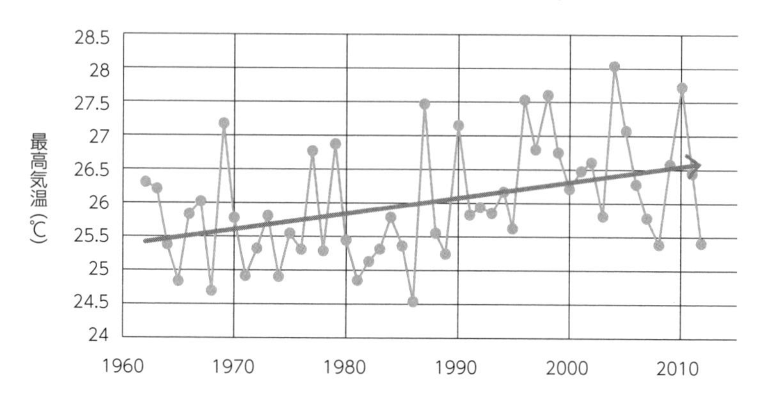

ここまで拡大すると、まだ少しジグザグしていることがわかるかと思います。やはり寒い年と暑い年があるので、多少ジグザグすることはしかたのないことです。また図11.6には近似直線も示してあります。近似直線の始点と終点の縦軸を見比べると、51年間で0.5℃ほど最高気温の平均が上がっていることが確認できます。このことから、どちらかというと最高気温は全体的に上昇傾向にあるといえるでしょう。

以上のように「平均を取って調べる」ということは、データを見やすくすることにもつながり、有効な手段といえます。ただし、先ほどの手法だと次のような欠点があります。今回のケースにおいては、元々は月ごとのデータが提供されていました。それをグラフ化したものである図11.3では、月ごとの細かい変化を見ることができたといえます。しかし、年ごとに平均値を取ってグラフ化したものである図11.5や図11.6では年ごとの推移になってしまいました。すなわち変化の刻みが大きくなり、細かい変化が見えにくくなったといえます。

たとえば、小学生が毎月どれくらい勉強しているかを調査したとします。6年間のデータを月ごとに取るわけですから、元データとしては6×12＝72個のデータがあることになります。しかし、先ほどのようにそれを年ごとに平均してしまうと、72個もあったデータの数は、たったの6個になってしまいます。72個の細かい変化を見ることのできたはずのデータが、6個の変化しか見られないデータになってしまうわけです。

そこで**移動平均**という手法があります。移動平均とは次のような手順でデータをまとめていきます。まず、データの最初から12個分の平均値を求めます(図11.7)。

図11.7 移動平均値の計算方法

年	月	最高気温（℃）
1962	1	13.8
1962	2	24.5
1962	3	18.8
1962	4	24.5
1962	5	28.9
1962	6	29.2
1962	7	34.1
1962	8	37.6
1962	9	32.9
1962	10	29.5
1962	11	25.6
1962	12	16.3
1963	1	12.7
1963	2	15.3
1963	3	20.5
1963	4	26.9
1963	5	31.2
1963	6	35.7
1963	7	35.5
1963	8	37.2
1963	9	30.6
1963	10	27
1963	11	23.1
1963	12	18.7

1つ目の移動平均値：26.31

最後のデータである1962年12月の値を「26.31」とする。

計算した結果、平均値は「26.31℃」となるので、この値を、12個のデータの最後の箇所である「1962年12月」における値とします。すなわち、「1962年12月の移動平均値は26.31」ということです。次に2つ目の移動平均値を求めるのですが、この際に、各データを1つだけずらして平均値を求めます(図11.8)。

図11.8 2点目の移動平均値の計算方法

年	月	最高気温（℃）
1962	1	13.8
1962	2	24.5
1962	3	18.8
1962	4	24.5
1962	5	28.9
1962	6	29.2
1962	7	34.1
1962	8	37.6
1962	9	32.9
1962	10	29.5
1962	11	25.6
1962	12	16.3
1963	1	12.7
1963	2	15.3
1963	3	20.5
1963	4	26.9
1963	5	31.2
1963	6	35.7
1963	7	35.5
1963	8	37.2
1963	9	30.6
1963	10	27
1963	11	23.1
1963	12	18.7

2つ目の移動平均値：26.22

最後のデータである1963年1月の値を「26.22」とする。

2つ目の平均値である「26.22℃」の値を、12個のデータの最後の箇所である「1963年1月」における移動平均値とします。先ほど、年ごとに平均値を求めたやり方とは異なり、このように1つずつデータをずらしていきながら平均値を求めていく方法を移動平均と呼びます。このまま最後まで続けていき、完成させたものが表11.4になります（1963年4月～2012年6月までを省略しています）。

表11.4 最高気温の移動平均値

年	月	最高気温（℃）	移動平均値
1962	1	13.8	
1962	2	24.5	
1962	3	18.8	
1962	4	24.5	
1962	5	28.9	
1962	6	29.2	
1962	7	34.1	
1962	8	37.6	
1962	9	32.9	
1962	10	29.5	
1962	11	25.6	
1962	12	16.3	26.30833333
1963	1	12.7	26.21666667
1963	2	15.3	25.45
1963	3	20.5	25.59166667
2012	7	35.4	25.38333333
2012	8	35.7	25.35
2012	9	33.8	25.45833333
2012	10	31	25.56666667
2012	11	21.5	25.46666667
2012	12	18.4	25.425

表11.4を見ても確認できるように、最初の11個分のデータについては、平均を求めるための12個分のデータが存在しないために、移動平均値が空白(算出不可)となります。また、今回のように、自身を含めて前に12個分の平均値を取っていくような手法を、移動平均の中でも特に**単純移動平均**と呼びます。ただし、省略されて書かれることも多く、特に何も注釈なしに「移動平均」と記載されている場合には、この単純移動平均のことだと考えてください。

では、最後に、求めた移動平均の表を折れ線グラフにしてみます(図11.9)。

図11.9　移動平均の折れ線グラフ

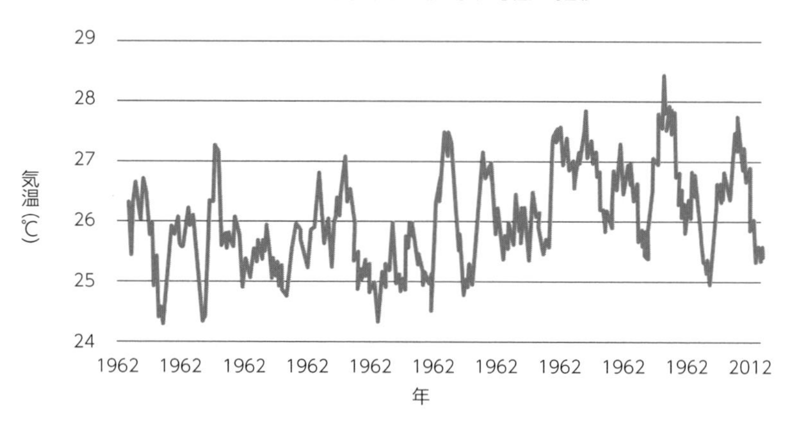

おおまかな特徴としては、年ごとに平均値を求めた最高気温のグラフに近いものになります。しかし、図11.9の場合は、隣のデータとの時間的な差が、1年ではなく1ヶ月です。この特徴は、元データの長所を失うことなく、より細かい変化を追うことができる、ともいえます。

今回は、12個ごとにデータをまとめて平均値を求めていきましたが、これを特に「12点移動平均」と呼びます。同様に、もし5個ずつ平均を求める場合は「5点移動平均」となります。いずれの場合においても、平均値を計算する際には1つずつデータをずらしながら平均値を求めていきます。

Excelでやってみよう

ここまでの内容を参考に、表11.2のデータについて移動平均を算出し、グラフを作成してみましょう（340ページ参照）。

練習問題 11.1

下記のデータは東京都の1962年における月ごとの最低気温をまとめた表です。3点単純移動平均を求め、表を完成させてください。

表11.5　3点単純移動平均の算出

年	月	最低気温（℃）	3点移動平均
1962	1	−3.8	
1962	2	−2.6	
1962	3	−0.8	
1962	4	2.8	
1962	5	9.7	
1962	6	12.6	
1962	7	16.6	
1962	8	21.8	
1962	9	12.2	
1962	10	8.2	
1962	11	0.1	
1962	12	−0.3	

解答と解説 11.1

3点移動平均ですので、最初のデータは

$$\{(-3.8)+(-2.6)+(-0.8)\}\div 3=-2.40$$

となります。同じ要領で進め、表を完成させると、表11.6のようになります。

表11.6　3点単純移動平均の解答

年	月	最低気温（℃）	3点移動平均
1962	1	−3.8	−−
1962	2	−2.6	−−
1962	3	−0.8	−2.40
1962	4	2.8	−0.20
1962	5	9.7	3.90
1962	6	12.6	8.37
1962	7	16.6	12.97
1962	8	21.8	17.00
1962	9	12.2	16.87
1962	10	8.2	14.07
1962	11	0.1	6.83
1962	12	−0.3	2.67

（※ 表中のデータは小数点第3位を四捨五入しています）

3点移動平均の場合、最初の2つのデータについては、移動平均値が存在しないことになります。また3点移動平均の場合は、当然ですが、1、2、3月の平均値の方が、7、8、9月の平均値よりも低くなります。したがって、これを何年分か集めてグラフを作成したとしても、グラフはジグザグしてしまいます。したがって、今回本書で扱ったようなデータで気温の推移を見ていきたい場合には、12点移動平均、24点移動平均、60点移動平均などのように、12の倍数で移動平均を取ってあげると良いでしょう。基本的に移動平均の点の数を増やすほど、グラフはどんどん滑らかになる反面、グラフの特徴がどんどん減っていきます。またデータの数も減っていきます。12点移動平均の場合は、最初の11個のデータについては移動平均を求めることができず、結果としてデータ数が11個減りますが、60点移動平均の場合はデータ数が59個減ることになります。

11.3 中心化移動平均

本節では**中心化移動平均**について解説していきます。前節で扱った移動平均の計算方法の1つなのですが、移動平均については、さきほどの単純移動平均を利用することがほとんどであり、本節で扱う内容は優先度がそこまで高くありません。したがって、余裕があれば押さえておく程度で良いと思います。

では、早速ですが、中心化移動平均について、計算方法を紹介していきます。例として、5点移動平均について考えていきます。5点単純移動平均の場合、自身のデータを含めて前に5つの平均値を求めました。しかし、5点中心化移動平均の場合は、自身のデータ値を中心として前後5点の平均値を求めます。

したがって、

「自身より前2つ分」+「自身の値」+「自身より後ろ2つ分」

の合計値から平均を求めることになります(図11.10)。

図11.10 5点中心化移動平均

年	月	最高気温(℃)
1962	1	13.8
1962	2	24.5
1962	3	18.8
1962	4	24.5
1962	5	28.9
1962	6	29.2
1962	7	34.1
1962	8	37.6
1962	9	32.9
1962	10	29.5
1962	11	25.6
1962	12	16.3

自身を中心として
5点の平均値を求める → 22.1

同様にして5点中心化移動平均をすべて求めて、表を埋めていきます（表11.7）。

表11.7 5点中心化移動平均の表

年	月	最高気温（℃）	中心化移動平均
1962	1	13.8	
1962	2	24.5	
1962	3	18.8	22.1
1962	4	24.5	25.18
1962	5	28.9	27.1
1962	6	29.2	30.86
1962	7	34.1	32.54
1962	8	37.6	32.66
1962	9	32.9	31.94
1962	10	29.5	28.38
1962	11	25.6	
1962	12	16.3	

データが埋まらない部分がありますが、その箇所が単純移動平均と異なります。単純移動平均の場合は、最初の4つが埋まりませんが、中心化移動平均の場合、最初の2つと最後の2つのデータが埋まらないことになります。理由は、単純に、その箇所では5点分のデータが集まらずに計算が不可能なためです。中心化移動平均についてはこれだけで、単純移動平均と計算方法（計算する場所）が異なるのみです。

練習問題 11.2

先ほどと同様のデータについて、今度は6点中心化移動平均を求めてください。

表11.8 6点中心化移動平均の算出

年	月	最高気温（℃）	6点中心化移動平均
1962	1	13.8	
1962	2	24.5	
1962	3	18.8	
1962	4	24.5	
1962	5	28.9	
1962	6	29.2	
1962	7	34.1	
1962	8	37.6	
1962	9	32.9	
1962	10	29.5	
1962	11	25.6	
1962	12	16.3	

解答と解説 11.2

定義にしたがって、計算しようとすると、少し問題が出てくることに気付くと思います。たとえば、1962年4月の6点中心化移動平均を求めようとすると、自身より前（2点）、自身のデータ（1点）、自身より後ろ（2点）の、合計5点までは問題なく取れるかと思います。

図11.11 6点中心化移動平均の算出方法（5点まで）

年	月	最高気温（℃）
1962	1	13.8
1962	2	24.5
1962	3	18.8
1962	4	24.5
1962	5	28.9
1962	6	29.2
1962	7	34.1
1962	8	37.6
1962	9	32.9
1962	10	29.5
1962	11	25.9
1962	12	16.3

自身を中心として5点は取れる
→ 1点足りない

しかし、最後の1点をどのように取るかが問題になります。もう1つ前の1点を取ったとしても、もう1つ後ろの1点を取ったとしても、自身のデータが中心ではなくなってしまいます。結論としては、前と後ろから0.5点ずつ取ります。

図11.12 6点中心化移動平均の算出

年	月	最高気温（℃）
1962	1	13.8
1962	2	24.5
1962	3	18.8
1962	4	24.5
1962	5	28.9
1962	6	29.2
1962	7	34.1
1962	8	37.6
1962	9	32.9
1962	10	29.5
1962	11	25.9
1962	12	16.3

$$\left(\frac{13.8}{2} + 24.5 + 18.8 + \underline{24.5} + 28.9 + 29.2 + \frac{34.1}{2}\right) \div 6$$

0.5点 + 1点 + 1点 + 1点 + 1点 + 1点 + 0.5点 = 6点

もう1つ前の値である13.8から半分、もう1つ後ろの値である34.1から半分ずつをそれぞれ合計して平均を求めます。すなわち、自身のデータ（1点）に加えて、前に2.5個分、後ろから2.5個分を加えた、計6点の平均を求めて移動平均値とします。

このようにして求めていくと、次のような6点中心化移動平均の表が完成します。

表11.9　6点中心化移動平均の解答

年	月	最高気温（℃）	6点中心化移動平均
1962	1	13.8	
1962	2	24.5	
1962	3	18.8	
1962	4	24.5	24.975
1962	5	28.9	27.75833333
1962	6	29.2	30.025
1962	7	34.1	31.61666667
1962	8	37.6	31.75833333
1962	9	32.9	30.40833333
1962	10	29.5	
1962	11	25.6	
1962	12	16.3	

点の数が奇数個のときには良いのですが、偶数個になると、中心化移動平均は計算が少し面倒になります。また結局、中心化移動平均から見えてくる情報についても、単純移動平均と大きく変わりはありません。このあたりが、あまり利用されていない理由になります。

付 録

Excelを利用した実践

付録

Excelを利用した実践

分析ツールの利用

まず分析をより容易に行うためのExcelのアドイン機能である**分析ツール**の利用方法について紹介します。ただし、分析ツールを利用した具体的な分析手法については、それぞれの学習項目の中で説明しますので、ここでは分析ツールを利用するための設定方法のみを説明します。分析ツールはExcelを標準インストールした状態では、機能としては存在するものの、メニューには表示されていません。分析ツールをExcelのメニューに表示させてみましょう。

Microsoftのサイトにも同様の手順が紹介されています。macOS版での設定方法についても記載がありますので、必要に応じてこちらもご参照ください。

https://support.microsoft.com/ja-jp/office/excel-で分析ツールを読み込む-6a63e598-cd6d-42e3-9317-6b40ba1a66b4

操作手順

1 Excelのリボン（タブ）から、「ファイル」を選択します（図A.1）。

図A.1 「ファイル」メニューの選択

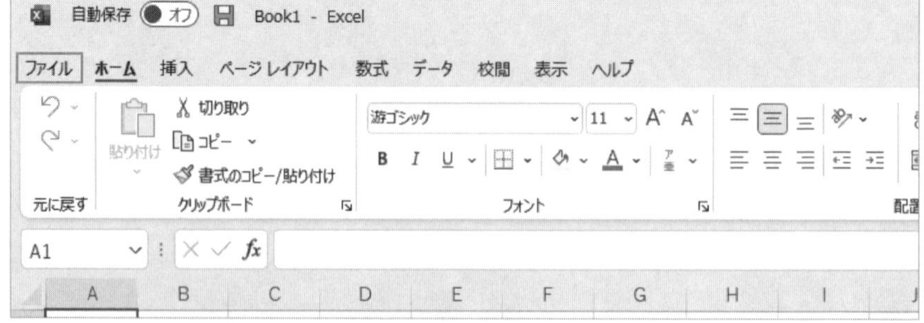

2 左側メニューの下の方にある、「オプション」を選択します（図A.2）。

図A.2 「オプション」の選択

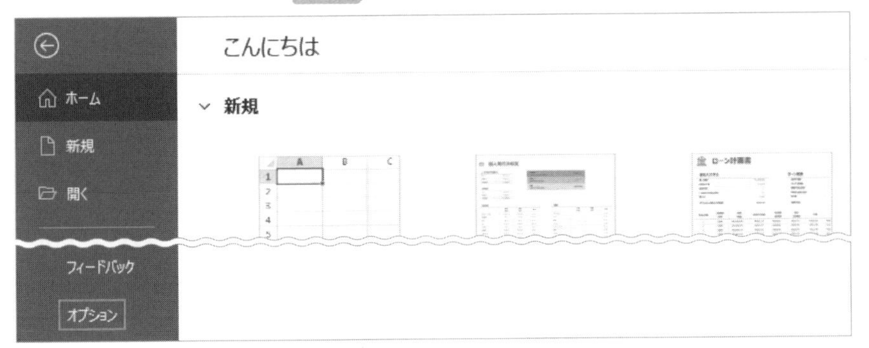

3 大きめのダイアログが開くので、①左側メニューの「アドイン」を選択し、②右側メニューの下の方に表示される項目が「Excelアドイン」になっていることを確認し、「設定」ボタンをクリックします（図A.3）。

図A.3 「Excelアドイン」の「設定」を選択

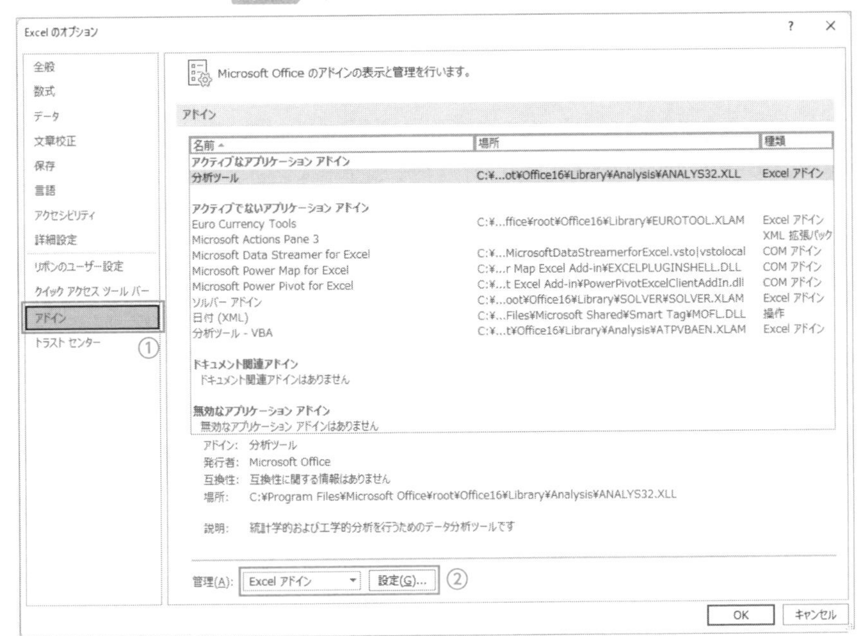

4 小さめのダイアログが開くので、「分析ツール」にチェックを入れ、OKボタンをクリックします。ほかのダイアログも閉じてしまって構いません(図A.4)。

図A.4 「分析ツール」にチェックを入れる

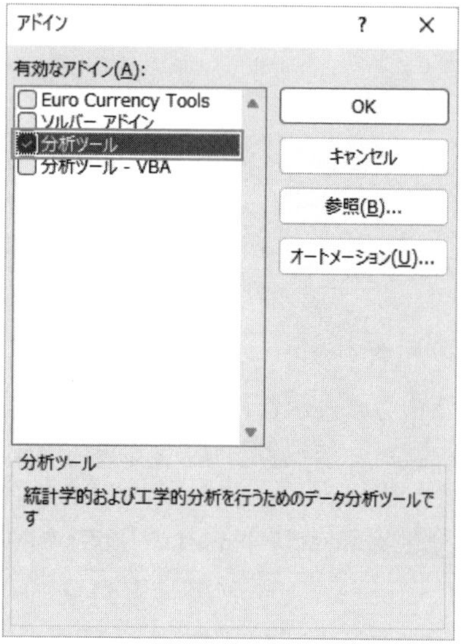

5 以上で設定は完了です。「データ」タブを開き、右側の方に「データ分析」というアイコンが表示されていれば設定完了です(図A.5)。

図A.5 「分析ツール」の表示確認

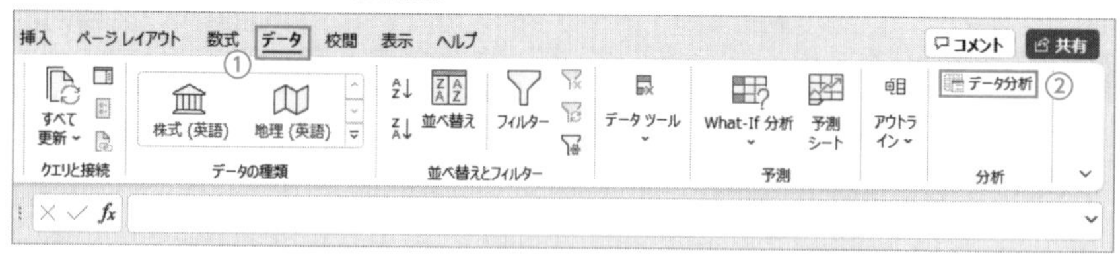

メモ　画面上部のボタンたちは、正式には「アイコン」ではなく「コマンド」という名称になります。

この設定はExcel自体に保存されるので、この後に別のファイルを開く場合も、分析ツールが表示されるようになります。またPCをシャットダウンしても、この設定は残ります。もし非表示にしたい場合は、先ほどと同様の手順を辿り、分析ツールのチェックを今度は外してください。

早速使ってみたいところですが、分析ツールを実際に利用するのは、本文の各学習項目の中で集計や分析を行う必要が出てきた際に、本付録の該当項目を参照すると良いでしょう。

行列を入れ替える

26ページでも説明したように、データを記録する際には、列に項目、行にレコードを記述することが一般的となっています。しかし、逆に記録してしまったとしても、簡単な操作で変換することが可能です。

操作手順

1 8ページを参考に本書のサンプルファイルを入手して、「01.xlsx」のExcelファイルを開きます。今回は26ページでも利用した、4名分の国語と算数の点数について、行列を入れ替えていきます。「変換前」シートのデータをドラッグで選択した後に、選択箇所を右クリックし、表示されたメニューから「コピー」を選択します（図A.6）。

図A.6 コピーを選択

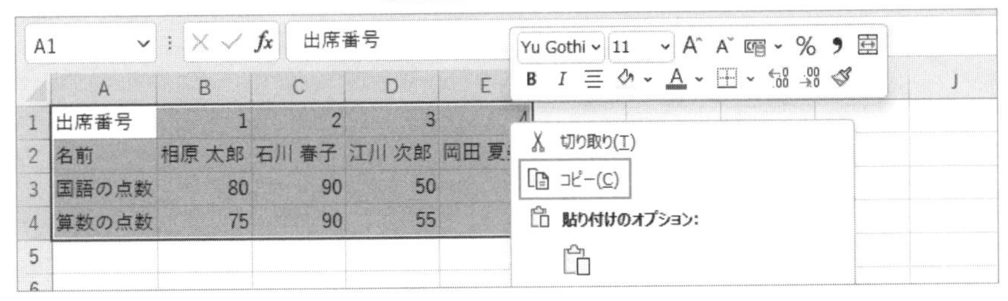

2 貼り付けたい箇所で右クリックをします。今回は「貼り付け用」シートの左上（A1）のセルに貼り付けるので、同箇所で右クリックします。表示されたメニューの「貼り付けのオプション」から行列を入れ替えて貼り付けるア

イコンを選択します（図A.7）。

図A.7 貼り付けのオプション

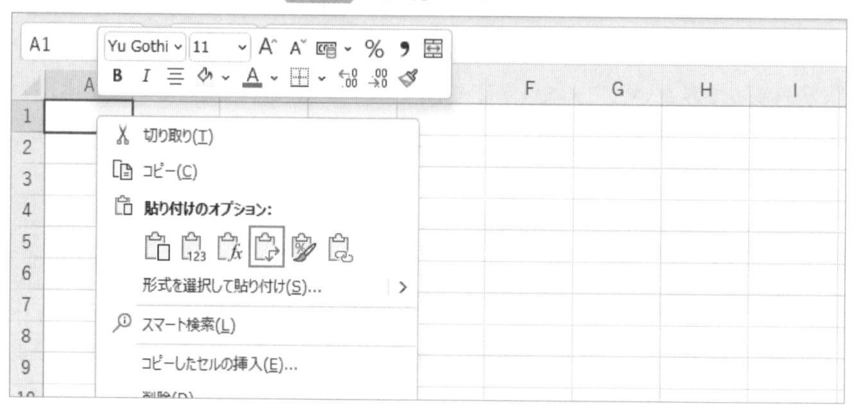

3 元のデータの行と列が入れ替わった状態で貼り付けられます（図A.8）。

図A.8 行列の入れ替え完了

	A	B	C	D	E	F	G	H	I
1	出席番号	名前	国語の点数	算数の点数					
2	1	相原 太郎	80	75					
3	2	石川 春子	90	90					
4	3	江川 次郎	50	55					
5	4	岡田 夏美	60	40					
6					(Ctrl)				

データの並べ替え

データ分析では、小さい順や大きい順にデータを並べ替えることが頻繁に行われます。同操作を行うことにより、並べ替え以外にも便利な機能を利用できるので、手順を確認しておきましょう。「02.xlsx」を利用して、4名の国語と算数のテストの結果について、国語の点数の低い順に並べていきたいと思います。

操作手順

1 見出しを左から右まですべて選択し、[データ] タブにあるメニューから[フィルター] を選択します (図 A.9)。

図A.9 [フィルター] の選択

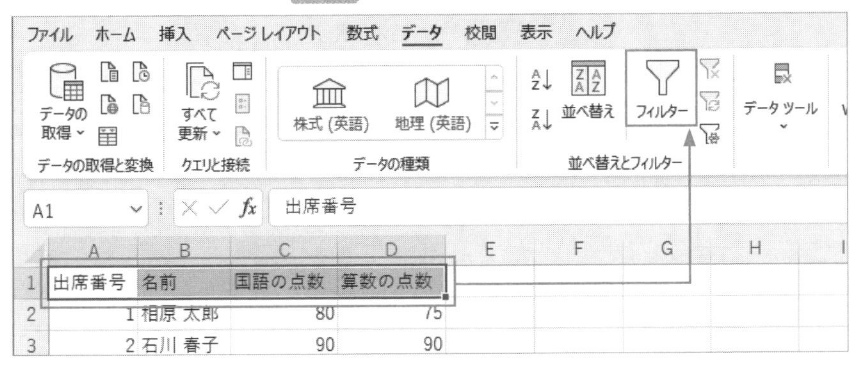

2 各項目に「▼マーク」が付くので、それをクリックすると並べ替えができます。今回は国語の点数を並べ替えてみましょう。「▼マーク」をクリックし[昇順] を選択します (図 A.10)。**昇順**とは小さい順、**降順**とは大きい順の意味になります。

図A.10 [昇順] に並べ替え

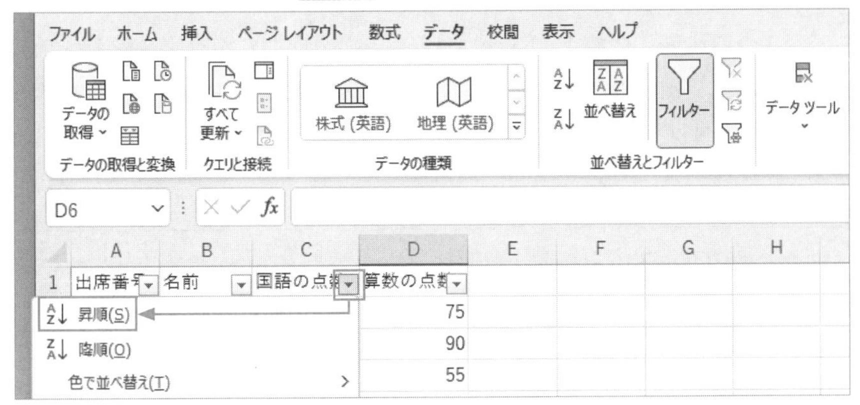

付録

3 国語の点数の順に並び替わります（図A.11）。ある項目（列）を並べ替えると、ほかの項目の順序も変わっていることがわかります。もし国語の点数の列のみが並び替わってしまったらデータの整合性が取れなくなりますが、このようにデータの整合性は失われません。

図A.11 並べ替えの完了

出席番号	名前	国語の点数	算数の点数
3	江川 次郎	50	55
4	岡田 夏美	60	40
1	相原 太郎	80	75
2	石川 春子	90	90

また、並び順を元の順番に戻す、という機能はありません。もし必要であれば、今回のデータの[出席番号]のように、最初の並び順に戻すことができるようにするための項目をあらかじめ付けておきましょう。

もう1つの注意としては、Excelでは列（縦）方向にしか、並べ替えができないことです。国語の点数が横方向に並んでいた場合、フィルターの「▼マーク」を上手く付けることができず、並べ替えることはできません。

クロス集計表の作成

ここではCOUNTIFS関数を利用してクロス集計表の作成する方法について学習します。

Excelデータ「03.xlsx」のファイルを開いて、「データ」シートの左側にある元データを確認しましょう。内容としては、本文55ページで紹介したものと同様で、男女20名分の血液型のデータについて、性別と血液型の2変数でクロス集計表を作成していきます。

操作手順

1 まず「男性」で「A型」の人数を数えてみましょう。G5のセルに「=COUNTIFS(B5:B24, 1, C5:C24,1)」と入力します（図A.12）。

図A.12 COUNTIFS関数の入力

	A	B	C	D	E	F	G	H	I	J
1	性別	1：男性	2：女性							
2	血液型	1：A型	2：B型	3：O型	4：AB型					
3										
4	被験者No.	性別	血液型				1：A型	2：B型	3：O型	4：AB型
5	1	1	1			1：男性				
6	2	2	2			2：女性				
7	3	2	3							
8	4	1	1							
9	5	1	2							
10	6	2	1							
11	7	1	3							
12	8	1	2							
13	9	2	1							
14	10	2	2							
15	11	2	3							

=COUNTIFS(B5:B24, 1, C5:C24, 1)
と入力

正しく入力できるとG5のセルには「5」という数値が入ります。これは性別が1で、血液型が1のデータが5件あったことを示しています。図A.13にCOUNTIFS関数の機能の詳細を示しておきます。

図A.13 COUNTIFS関数の内容

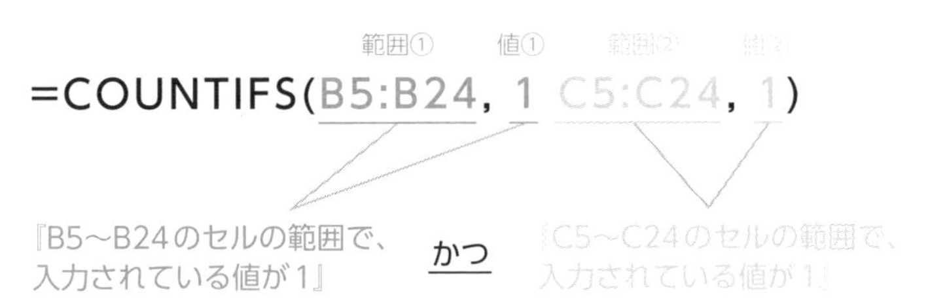

基本的には「範囲」と「値」のペアで入力していき、すべての条件を満たすデ

ータが何個あるのかを表示するための関数となります。COUNTIFSの条件の書き方については307ページでもさらに詳しく説明しています。

2 同様に、I6のセルを埋めましょう。性別が2で、血液型が3の人数をカウントしたいので、「＝COUNTIFS(B5:B24, 2, C5:C24, 3)」と入力すると、「4」という数値が入るはずです（図A.14）。

図A.14 「女性」で「O型」の人数をカウント

	A	B	C	D	E	F	G	H	I	J
1	性別	1：男性	2：女性							
2	血液型	1：A型	2：B型	3：O型	4：ＡＢ型					
3										
4	被験者No.	性別	血液型				1：A型	2：B型	3：O型	4：ＡＢ型
5	1	1	1			1：男性	5			
6	2	2	2			2：女性				
7	3	2	3							
8	4	1	1							
9	5	1	2							

=COUNTIFS(B5:B24, 2, C5:C24, 3)
と入力

3 同様の要領でほかの箇所もCOUNTIFS関数を用いて埋めていくとクロス集計表の完成です（図A.15）。

図A.15 クロス集計表の完成

	A	B	C	D	E	F	G	H	I	J
1	性別	1：男性	2：女性							
2	血液型	1：A型	2：B型	3：O型	4：ＡＢ型					
3										
4	被験者No.	性別	血液型				1：A型	2：B型	3：O型	4：ＡＢ型
5	1	1	1			1：男性	5	2	2	1
6	2	2	2			2：女性	3	2	4	1
7	3	2	3							
8	4	1	1							
9	5	1	2							

元データが数値ではなく、文字で入っている場合には、「=COUNTIFS(B5:B24, "男性", C5:C24, "A型")」のように、値の部分を文字で入力するとカウントできます。注意点としては値が文字のときはダブルクォテーション" "で囲むことと、大文字・小文字や、半角・全角などに注意しないと正しくカウントできない場合があります。

クロス集計表の集計

クロス集計表の集計方法と構成比の算出方法について説明します。本文で解説したように、行集計、列集計、行列集計の3種類の集計方法がありますが、ここでは286ページと同様のデータを利用し、行列集計の方法を解説します。

操作手順

1 データ「04.xlsx」のExcelファイルの「行列集計データ」シートを利用します。まず「男性」の人数を集計します。K5のセルに「＝SUM(G5:J5)」と入力します（図A.16）。

図A.16 「男性」の集計

	A	B	C	D	E	F	G	H	I	J	K
1	性別	1：男性	2：女性								
2	血液型	1：A型	2：B型	3：O型	4：ＡＢ型						
3											
4	被験者No.	性別	血液型				1：A型	2：B型	3：O型	4：ＡＢ型	小計
5	1	1	1			1：男性	5	2	2	1	
6	2	2	2			2：女性	3	2	4	1	
7	3	2	3			小計					
8	4	1	1								
9	5	1	2			構成比					
10	6	2	1				1：A型	2：B型	3：O型	4：ＡＢ型	小計

=SUM (G5:J5) と入力

男性の集計値（小計）として、10の数値が入ります。SUM関数は括弧( )の中で指定した数値や範囲を合計する関数になります。今回はG5～J5を合計すれば良いので、G5:J5となります。

2 K5のセルをクリックした後に、セルの右下にカーソルを合わせ、下方向にドラッグしてオートフィルを行います（図A.17）。

図A.17　オートフィルによる「女性」の集計

	1：A型	2：B型	3：O型	4：ＡＢ型	小計
1：男性	5	2	2	1	10
2：女性	3	2	4	1	
小計					

ドラッグ（オートフィル）

K6のセルに「女性」の集計値である10の数値が入ります。

3 続けて列の集計を行います。G7をクリックして、「＝SUM(G5:G6)」と入力して、「A型」の小計を求めます（図A.18）。

図A.18　「A型」の集計

型	4：ＡＢ型

=SUM(G5:G6) と入力

	1：A型	2：B型	3：O型	4：ＡＢ型	小計
1：男性	5	2	2	1	10
2：女性	3	2	4	1	10
小計					

G7のセルに「A型」の集計値である8の数値が入ります。

4 G7のセルをクリックした後に、セルの右下にカーソルを合わせ、右方向にドラッグしてオートフィルを行います（図A.19）。

図A.19　オートフィルによる各血液型の集計

	1：A型	2：B型	3：O型	4：ＡＢ型	小計
1：男性	5	2	2	1	10
2：女性	3	2	4	1	10
小計	8				

ドラッグ（オートフィル）

構成比

	1：A型	2：B型	3：O型	4：ＡＢ型	小計

5 K7のセルは合計を入れるセルになるので、行の集計または列の集計、どちらでも構いません。「＝SUM(K5:K6)」あるいは「＝SUM(G7:J7)」と入力します（図A.20）。

図A.20 合計の算出

	1：A型	2：B型	3：O型	4：ＡＢ型	小計
1：男性	5	2	2	1	10
2：女性	3	2	4	1	10
小計	8	4	6	2	

=SUM(K5:K6)
または
=SUM(G7:J7)
と入力

合計値が求まり、これで行列集計の完成です。続けて構成比を求めていきます。

6 まずG11のセルに「男性」かつ「A型」の構成比を求めたいので、同セルに「＝G5/$K$7」と入力します（図A.16）。ほかのセルの構成比を求める際にも、割り算する方の値はずっとK7のままであり、ずらしたくないので、式の入力時に$マークを付けておきます。

図A.21 「男性」かつ「A型」の構成比の算出

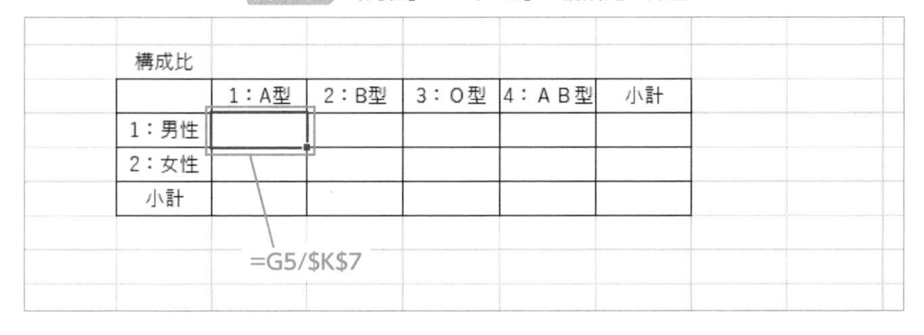

構成比

	1：A型	2：B型	3：O型	4：ＡＢ型	小計
1：男性					
2：女性					
小計					

式を入力すると、G11に「0.25」の値が入ります。

7 残りの箇所はオートフィルで求めることができます。最初にG11をクリックし、同セルの右下の位置にカーソルを合わせ、まずは右方向にドラッグします。今オートフィルでコピーしたG11～K11が選択された状態になっていると思いますので、そのまま下方向にK13のセルまでドラッグすれば完成です（図A.22）。

図A.22　オートフィルによる残りの構成比の算出

構成比

	1：A型	2：B型	3：O型	4：ＡＢ型	小計
1：男性	0.25				
2：女性					
小計					

①ドラッグ（オートフィル）1回目
②ドラッグ（オートフィル）2回目

本当は一度で右下までオートフィルを行いたいところですが、上下か左右の一方向にしかできないので、まずは右方向へのオートフィル、次は下方向へのオートフィル、と2回に分けて行いましょう。

図A.23が完成した行列集計の構成比になります。行集計や列集計を行ったクロス集計表についても、「04.xlsx」のファイルに解答を付けていますので、そちらも確認しておきましょう。

図A.23　クロス集計表（構成比）の完成

	1：A型	2：B型	3：O型	4：ＡＢ型	小計
1：男性	5	2	2	1	10
2：女性	3	2	4	1	10
小計	8	4	6	2	20

度数分布表とヒストグラムの作成（分析ツールの利用）

ここでは分析ツールを利用して、度数分布表およびヒストグラムを作成する方法を紹介します。分析ツールのメニュー表示の設定を行っていない方は、280ページを参照し、先に設定を済ませておきましょう。

元データとしては、200名の身長データについて、5cm刻みで階級を区切る方法を紹介していきます。

操作手順

1 データ「05.xlsx」のExcelファイルの「元データ」シートを開きます。D1のセルに「区間」、D2に「130」、D3に「135」をそれぞれ入力します（図A.24）。

図A.24 区間の開始データを入力

	A	B	C	D	E	F	G	H	I
1	被験者No.	身長		区間					
2	1	162.2		130					
3	2	151.27		135					
4	3	158.63							
5	4	159.32							
6	5	179.39							
7	6	177.11							
8	7	161.49							
9	8	169.06							
10	9	156.66							

D1に「区間」
D2に「130」
D3に「135」
を、それぞれ入力

2 D2とD3のセルをドラッグで範囲選択し、下方向にD16まで（200の値が入力されるまで）オートフィルを行います（図A.25）。

図A.25 オートフィルによる区間の補完

	A	B	C	D	E	F	G	H	I
1	被験者No.	身長		区間					
2	1	162.2		130					
3	2	151.27		135					
4	3	158.63							
5	4	159.32							
6	5	179.39							
7	6	177.11							
8	7	161.49							
9	8	169.06							
10	9	156.66							
11	10	151.9							
12	11	187.4							
13	12	161.04							
14	13	172.78							
15	14	150.74							
16	15	156.96							
17	16	165.9							

D2とD3を範囲選択し、
D16のセルまでオートフィル
（D16の値は200となる）

この操作により、区間という列に、130から200までの値が、5刻みに入力されることになります。これは130から5刻みで200までの階級を作ります、ということを指定するための前準備作業になります。Excelでヒストグラムを作成する場合は、階級によって幅を変えるようなことはせず、区間の刻み幅はすべて同一で揃えるようにしましょう。

メモ　「区間」という言葉は「階級」の別名であり、統計学でもこちら用語が使われる場合があります。

3 ここから分析ツールを利用します。①「データ」タブを選択し、②「データ分析」のアイコンをクリックします（図A.26）。

図A.26 データ分析のクリック

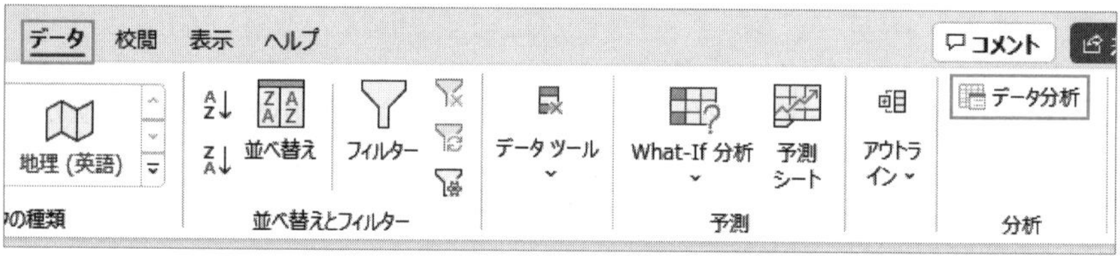

4 表示されるリストの中から「ヒストグラム」を選択し、OKボタンをクリックします（図A.27）。メニュー名としてはヒストグラムとなっていますが、ヒストグラムのみでなく度数分布表の作成も同メニューから行います。

図A.27 ヒストグラムの選択

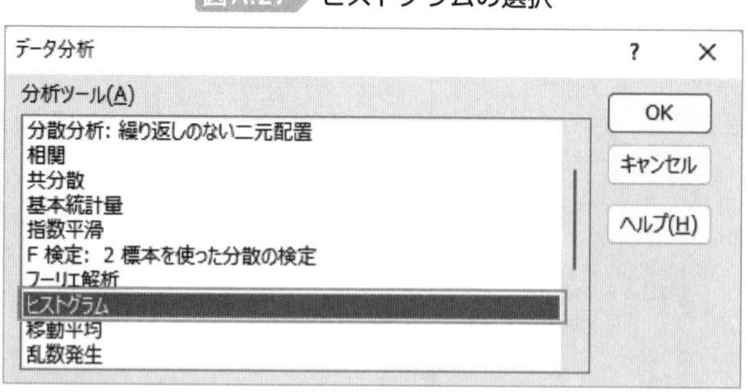

5 次に表示される図A.28の画面上で度数分布表／ヒストグラムを作成するための各種データを指定して、OKボタンをクリックします。

図A.28 データの入力

	A	B	C	D
1	被験者No.	身長		区間
2	1	162.2		130
3	2	151.27		135
4	3	158.63		140
5	4	159.32		145
6	5	179.39		150
7	6	177.11		155
8	7	161.49		160
9	8	169.06		165
10	9	156.66		170
11	10	151.9		175
12	11	187.4		180
13	12	161.04		185
14	13	172.78		190
15	14	150.74		195
16	15	156.96		200
17	16	165.9		
18	17	174.27		
19	18	167		
20	19	156.7		

ヒストグラム
入力元
① 入力範囲(I): $B$1:$B$201
データ区間(B): $D$1:$D$16
② ラベル(L)
出力オプション
③ 出力先(O): $F$1
新規ワークシート(P):
新規ブック(W)
④ パレート図(A)
累積度数分布の表示(M)
グラフ作成(C)
OK
キャンセル
ヘルプ(H)

①入力範囲　… 元データの入っている場所を入力します。
ラベル（見出し）を含めるようにしましょう。
今回のデータでは「B1:B201」です。

データ区間 … 階級が入力されている場所を入力します。
上記と同じくラベル（見出し）を含めるようにしましょう。
今回のデータでは、先ほど作成した「D1:D16」です。

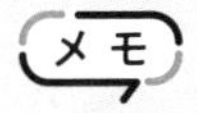

データの範囲を入力する際に、手入力する場合は$マークを使わずに「D1:D16」のように入れた方が入力しやすいです。一方キーボードではなく、マウスのドラッグ操作によって入力を行った場合は「$D$1:$D$16」のように$マークが付きますが、どちらも同じ範囲を指しているので気にする必要はありません。

②今回のように、データのいちばん上の行が、ラベル（見出し）の場合はチェックを入れます。

③作成する度数分布表やヒストグラムの出力場所です。
新規ワークシートでも良いですが、今回は「F1」のセルあたりに出力してみましょう。

④必要なものにチェックを入れます。今回は「累積度数分布の表示」と「グラフ作成」の2つにチェックを入れておきましょう。ちなみに、ここで「グラフ作成」にチェックを入れておかないと、分析ツールのヒストグラムというメニューから作成したにも関わらず、ヒストグラムは作成されず、度数分布表のみになります。

6 度数分布表とヒストグラムが作成されます（図A.29）。ヒストグラムとして不十分な点が、まずグラフの棒の間隔です。本文でも説明したように、ヒストグラムの棒の間隔は、データ（度数）に切れ目のない限りは詰める必要があります。ほかにもヒストグラムとして少しデザインを調整しておいた方が良い点がありますので、順に設定していきます。まずは図A.29にもあるように、ドラッグ操作で表全体を少し大きくします。

図A.29　度数分布表とヒストグラムの完成

区間	頻度	累積 %
130	0	0.00%
135	0	0.00%
140	0	0.00%
145	5	2.50%
150	11	8.00%
155	18	17.00%
160	26	30.00%
165	30	45.00%
170	41	65.50%
175	31	81.00%
180	27	94.50%
185	7	98.00%
190	4	100.00%
195	0	100.00%
200	0	100.00%
次の級	0	100.00%

7 ヒストグラムを大きくすると、「次の級」という表示が出ることがあります（図A.30）。これを消すためには、作成された度数分布表の最下行（①の位

置）に入っているデータを［Delete］キーで削除します。データを削除すると、それに合わせてヒストグラム中の表示（②の位置）も消えます。

図A.30 「次の級」の削除

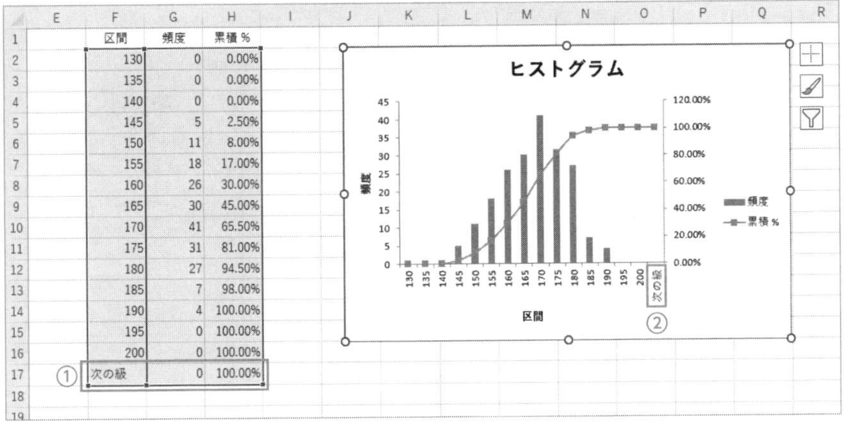

	区間	頻度	累積 %
1	区間	頻度	累積 %
2	130	0	0.00%
3	135	0	0.00%
4	140	0	0.00%
5	145	5	2.50%
6	150	11	8.00%
7	155	18	17.00%
8	160	26	30.00%
9	165	30	45.00%
10	170	41	65.50%
11	175	31	81.00%
12	180	27	94.50%
13	185	7	98.00%
14	190	4	100.00%
15	195	0	100.00%
16	200	0	100.00%
17	次の級	0	100.00%

8 累積相対度数の目盛は0～100%で十分ですので、同目盛の設定を行います。右側の目盛を右クリックし、表示されたメニューから「軸の書式設定」を選択します（図A.31）。

図A.31 累積相対度数の軸の書式設定

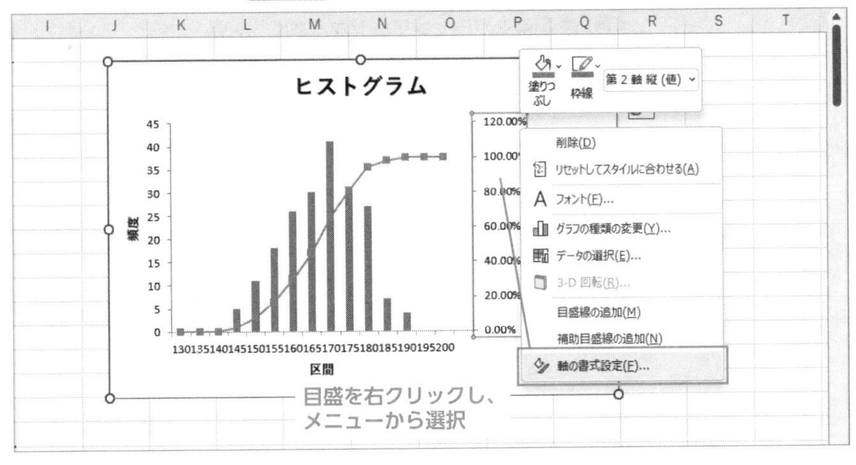

9 図A.32を参考に、最小値を0.0 (0%)、最大値を1.0 (100%)、目盛の間隔（主）を0.1 (10%) に、それぞれ設定を行います。

図A.32 最小値、最大値、目盛間隔の設定

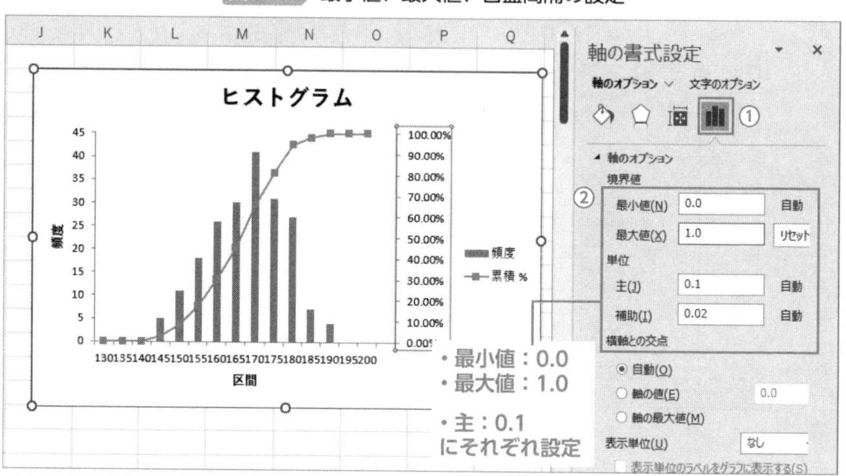

10 目盛がパーセンテージ表示になっていますが、0.0～1.0の数値表示にしたい場合は、「軸のオプション」の下方にある「表示形式」について、「パーセンテージ」から「数値」へ変更しましょう（図A.33）。

図A.33 目盛をパーセンテージから数値へ変更

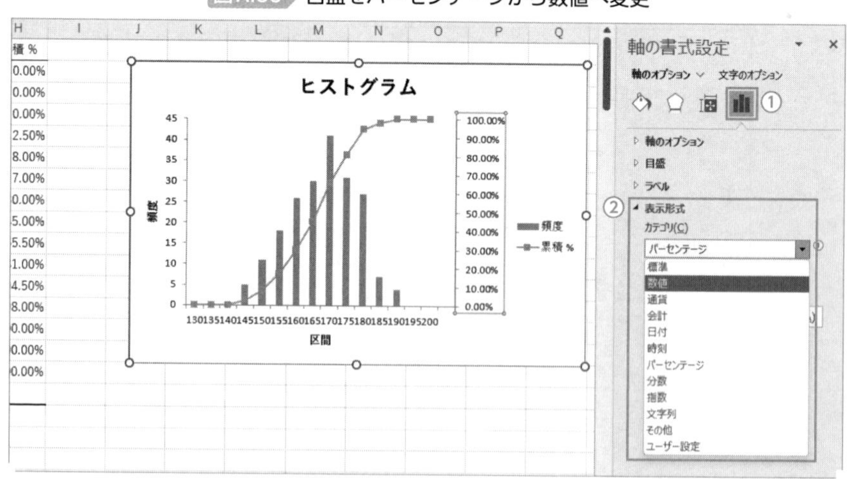

11 次に、ヒストグラムとして重要なポイントですが、階級間の間隔を詰めるために、①グラフ上の棒をクリックし、②グラフのアイコンから、③要素の間隔を0%に設定しましょう（図A.34）。

図A.34 グラフ上の棒の間隔を詰める

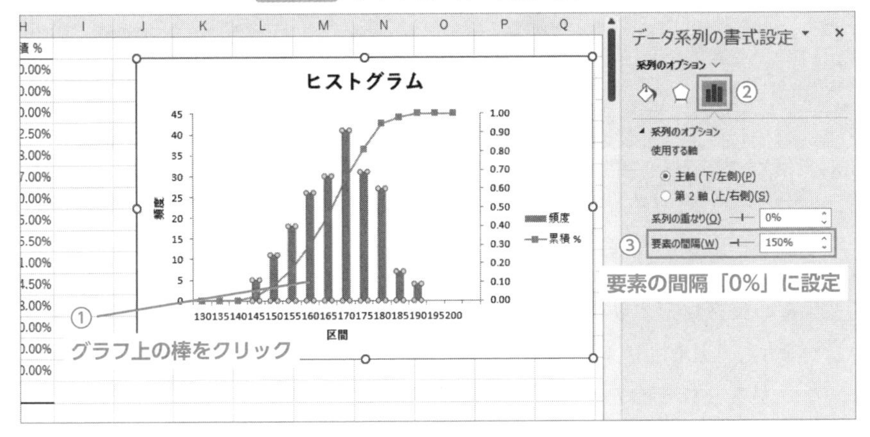

12 続けて、ヒストグラムの横軸の目盛間隔を調整します。①横軸をクリックし、②グラフのアイコンから、③ラベルの間隔の単位を2に設定します（図A.35）。ここでいう「ラベルの間隔」とは、区間を設定する際に、「130、135、140、145、150、…」で入力した階級について、いくつ間隔で目盛を振るかということです。1に設定すると、全目盛を表示しますし、「130、(135)、140、(145)、150、…」と2つ刻みで目盛を振りたい場合は、今回のように2と設定します。

図A.35 横軸の間隔の設定

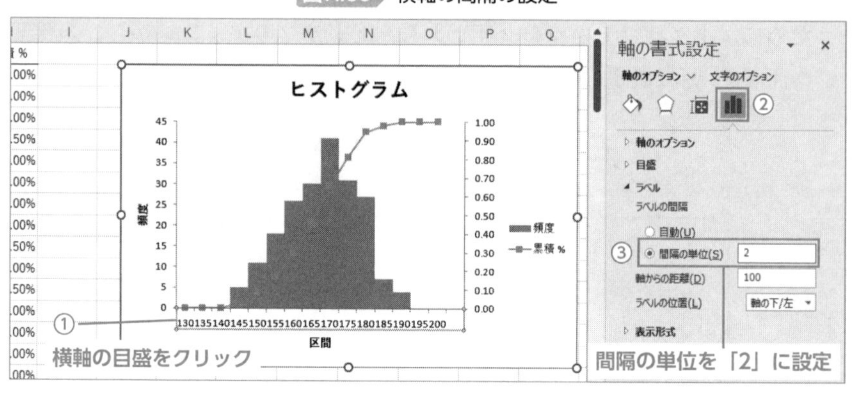

13 また、棒グラフと折れ線グラフの、どちらが度数でどちらが累積相対度数かを示す「凡例」についてですが、ヒストグラムの場合は明確ですので必要ないかもしれません。不要な場合は、凡例を右クリックし、メニューから削除を選択します（図A.36）。

図A.36 凡例の削除

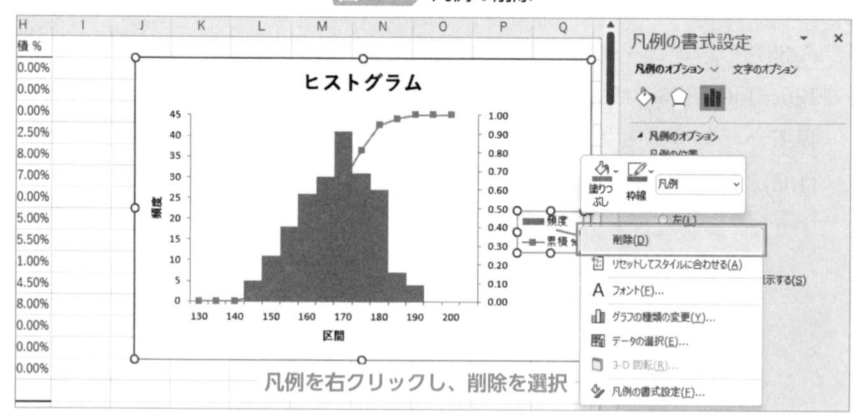

14 左側の目盛のラベルが初期設定だと横向きになっているので、縦向きにしたい場合は、①ラベルをクリックし、②に示すアイコンから、③文字列の方向を縦書きに設定します（図A.37）。

図A.37 ラベルを縦書きに設定

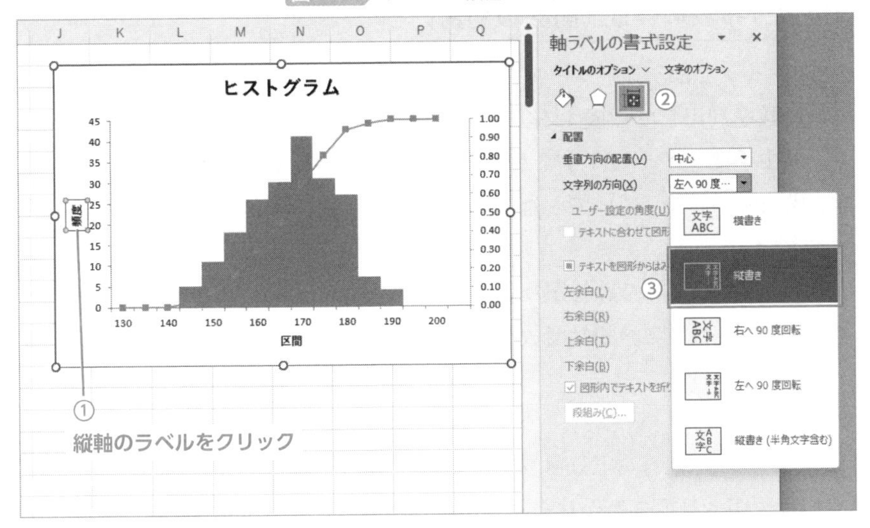

15 最後に、タイトルやラベルの文字などを必要に応じて設定すると、ヒストグラムの完成となります（図A.38）。

図A.38 ヒストグラムの完成

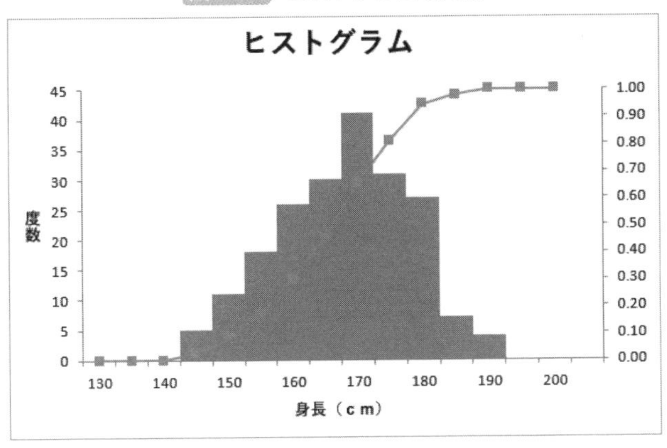

付録

度数分布表の作成（関数の利用）

292ページでは、分析ツールを利用して度数分布表を作成しましたが、ここでは関数を利用して作成する方法を紹介します。分析ツールでの作成と比較し、多少手間が多くなりますが、累積度数や相対度数なども求めることができ、階級幅が異なっていても対応できるなど、少し手間をかける利点はあります。

元データとしては200名分の身長を利用し、5cm刻みで階級を区切り、相対度数、累積度数、累積相対度数をそれぞれ求めていく手順を解説します。

操作手順

1 データ「06.xlsx」のExcelファイルの「度数分布表」シートを開きます。今回は説明や目標をわかりやすくするために、度数分布表の枠組みを先に用意しています。シートを確認できたら、D2のセルに130を、D3のセルに135をそれぞれ入力します（図A.39）。

図A.39　階級の開始データの入力

	A	B	C	D	E	F	G	H	I	J	K
1	被験者No.	身長		階級			階級値	度数	相対度数	累積度数	累積相対度数
2	1	162.2									
3	2	151.27									
4	3	158.63									
5	4	159.32									
6	5	179.39									
7	6	177.11									
8	7	161.49									
9	8	169.06									
10	9	156.66									
11	10	151.9									
12	11	187.4									
13	12	161.04									
14	13	172.78									
15	14	150.74									
16	15	156.96				合計					
17	16	165.9									

D2のセルに130を、
D3のセルに135を、
それぞれ入力

2 D2とD3のセルを範囲選択し、D15のセルまで下方向にオートフィルを行います（図A.40）。D15のセルには195の値が入ります。

図A.40 階級データのオートフィル

	A	B	C	D	E	F	G	H	I	J	K
1	被験者No.	身長		階級			階級値	度数	相対度数	累積度数	累積相対度数
2	1	162.2		130							
3	2	151.27		135							
4	3	158.63									
5	4	159.32									
6	5	179.39									
7	6	177.11									
8	7	161.49									
9	8	169.06									
10	9	156.66									
11	10	151.9									
12	11	187.4									
13	12	161.04									
14	13	172.78									
15	14	150.74									
16	15	156.96				合計					
17	16	165.9									
18	17	174.27									

D2とD3のセルを範囲選択し、
D15のセルまでオートフィル

3 同様にF2とF3のセルに135と140をそれぞれ入力し、F15のセルまで下方向にオートフィルを行います（図A.41）。D15のセルには200の値が入ります。

図A.41 終点の階級データのオートフィル

	A	B	C	D	E	F	G	H	I	J	K
1	被験者No.	身長		階級			階級値	度数	相対度数	累積度数	累積相対度数
2	1	162.2		130		135					
3	2	151.27		135		140					
4	3	158.63		140							
5	4	159.32		145							
6	5	179.39		150							
7	6	177.11		155							
8	7	161.49		160							
9	8	169.06		165							
10	9	156.66		170							
11	10	151.9		175							
12	11	187.4		180							
13	12	161.04		185							
14	13	172.78		190							
15	14	150.74		195							
16	15	156.96				合計					
17	16	165.9									
18	17	174.27									

F2とF3のセルにそれぞれ
135と140を入力した後に
範囲選択を行い、
F15のセルまでオートフィル

4 続けて、E3のセルに「～」を入力し、E15のセルまでオートフィルを行います（図A.42）。この時点で各階級の「○○ ～ □□」の入力が完了します。

図A.42 「～」のオートフィル

D	E	F	G	H	I	J	K
階級			階級値	度数	相対度数	累積度数	累積相対度数
130	～	135					
135							
140							
145		150					
150		155					
155		160					
160		165					
165		170					
170		175					
175		180					
180		185					
185		190					
190		195					
195		200					
		合計					

E2のセルに「～」を入力した後に
E15のセルまでオートフィル

ここで1つ着目しておきたいことは、セルに対する階級データの入れ方です。1つのセルに「130 ～ 135」と入力するのではなく、「130」と「～」と「135」のように3つのセルに分けて入力しました。このように「数値」と「それ以外」の部分に分けて入力することがExcelでデータ分析を行う際において作業を簡略化するポイントになります。もし「130 ～ 135」、「135 ～ 140」と1つのセルに入力してしまった場合、オートフィルを上手く利用することができません。

5 ここからは各集計を求めていきます。まずは階級値を求めます。G2のセルに「=(D2+F2)/2」と入力します（図A.43）。計算値として132.5と入力されない場合は、式をよく確認しましょう。

図A.43 階級値の計算

	D	E	F	G	H	I	J	K
	階級			階級値	度数	相対度数	累積度数	累積相対度数
	130	～	135					
	135	～	140					
	140	～	145					
	145	～	150					
	150	～	155					
	155	～	160					
	160	～	165					
	165	～	170					
	170	～	175					
	175	～	180					
	180	～	185					
	185	～	190					
	190	～	195					
	195	～	200					
			計					

=(D2+F2)/2と入力

ここで何気なく行った階級値の計算に、「130 ～ 135」を3つのセルに分けて入力したことの、もう1つのメリットがあります。もし「130 ～ 135」を1つのセルに入力していたら、130や135の数値を直接利用することはできません。数値部分と「～」の文字を分けて入力していたことで、D2やF2といったように各数値を容易に指定することが可能になります。

6 G2からG15までオートフィルを行い、階級値の入力を完成させます（図A.44）。G15には197.5が入ります。

図A.44 階級値のオートフィル

A	B	C	D	E	F	G	H	I	J	K	L
被験者No.	身長		階級			階級値	度数	相対度数	累積度数	累積相対度数	
1	162.2		130	～	135	132.5					
2	151.27		135	～	140						
3	158.63		140	～	145						
4	159.32		145	～	150						
5	179.39		150	～	155						
6	177.11		155	～	160						
7	161.49		160	～	165						
8	169.06		165	～	170						
9	156.66		170	～	175						
10	151.9		175	～	180						
11	187.4		180	～	185						
12	161.04		185	～	190						
13	172.78		190	～	195						
14	150.74		195	～	200						
15	156.96				合計						
16	165.9										

G2のセルから
G15のセルまでオートフィル

7 次に、COUNTIFS関数を用いて度数を求めます。H2のセルに、少し長いですが、

```
=COUNTIFS($B$2:$B$201, ">="&D2, $B$2:$B$201, "<"&F2)
```

と入力します（図A.45）。

図A.45 COUNTIFS関数を用いた度数の算出

A	B	C	D	E	F	G	H	I	J	K	L
被験者No.	身長		階級			階級値	度数	相対度数	累積度数	累積相対度数	
1	162.2		130	～	135	132.5					
2	151.27		135	～	140	137.5					
3	158.63		140	～	145	142.5					
4	159.32		145	～	150	147.5					
5	179.39		150	～	155	152.5					
6	177.11		155	～	160	157.5					
7	161.49		160	～	165	162.5					
8	169.06		165	～	170	167.5					
9	156.66		170	～	175	172.5					
10	151.9		175	～	180	177.5					
11	187.4		180	～	185	182.5					
12	161.04		185	～	190	187.5					
13	172.78		190	～	195	192.5					
14	150.74		195	～	200	197.5					
15	156.96				合計						
16	165.9										
17	174.27										

=COUNTIFS(
$B$2:$B$201, ">=", &D2,
$B$2:$B$201, "<"&F2
)　と入力

この関数が少し複雑ですので、1つずつ確認してみましょう。286ページでクロス集計表を作成する際にも利用したように、COUNTIFS関数は複数条件（単数条件も可）を指定して、すべての条件を満たすデータの数を数える関数です。具体的には下記の2つの条件を満たすデータの個数を数えます。

$B$2:$B$201, ">="&D2 （元データのうち、130以上）
　　＋ （かつ）
$B$2:$B$201, "<"&F2 （元データのうち、135未満）

書き方としてはほとんど同じですので、前者の「$B$2:$B$201, ">="&D2」の条件の意味について解説します。カンマの前部分である「$B$2:$B$201」は範囲を指定している部分で、元データが入っているセルの範囲になります。$マークが付いているのは、後ほどオートフィルを行う際に、元データの範囲がずれないようにするためです。カンマの後ろ部分である「">="&D2」は『D2の値以上』という条件を示しています。D2の値は130ですので、『130以上』という条件になります。

COUNTIFSで130という数値と比較した条件を書くためには次のように書きます。

表A.1　COUNTIFSの条件の書き方

条件の内容	条件の書き方
130以上	">=130"
130より大きい	">130"
130以下	"<=130"
130より小さい（未満）	"<130"
130と同じ（等しい）	"=130" ※1 ＝の場合は省略可、"130"でも良い ※2 さらに数値のみの場合は" "も省略可 130と書いても良い
130ではない（と等しくない）	"<>130"

表A.1に示したように、条件を比べる際には［比較演算子（比較のための記号）］＋［数値］で指定することになります。比較演算子の種類は多くないので、しっかりと覚えてしまいましょう。

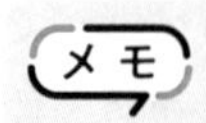

文字列"あいうえお"と等しいものを数えたい場合は、"=あいうえお"と書くか、"あいうえお"と書くかの2通りの方法があります。130と等しいものを数えたい場合は、"=130"、"130"、130の3通りの書き方があります。307ページでは、数値のみを表記する省略形を用いた書き方を行っています。

今回の条件指定で、もう1つ複雑な書き方を行っていることは、"＞＝"&D2といったように&を利用していることです。この複雑さの原因は、『130以上』と書きたい場合に"＞＝130"のようにダブルクォテーション" "で括らなくてはいけないルールにあります。" "で括ると、Excel上では文字であることを示します。条件式の中に、130のような固定値を入れてしまうと、オートフィルで式のコピーを行う際に使い勝手が非常に悪くなります。

また、"＞＝D2"と書くことによって『D2の値以上』という条件を作りたいところですが、" "の中に入れてしまうと、D2はセル番号と認識はされずにただの文字として認識されるので、正しい度数を求めることができません。

そこで、"＞＝"&D2といった書き方を行います。具体的には" "で比較演算子のみを括り、その後ろに& D2とセルの番号を続けます。&は、『前にあるものと、後ろにあるものを、文字としてくっつける』という意味の記号になります。この書き方を利用すると、D2のようなセル番号を" "の外に出すことができるので、オートフィルによる式のコピーを利用することもできます。以上の特徴を、図A.46にまとめます。少し複雑な書き方ですが、この程度までExcelを柔軟に利用できると、集計や分析の際に、Excel操作で困ることがほとんどなくなりますので、しっかりと理解しておくことをオススメします。

図A.46 &を用いた条件の指定方法

“>=130” …… 固定値で書くと、オートフィルが利用できない

“>=D2” …… “ ”の中に書くと、D2はセル番号ではなく、ただの文字として認識される

“>=” &D2 …… &は文字や数値を連結するための演算子（計算記号）
さらにD2が“ ”の外に出るので、オートフィルも利用可

説明が長くなりましたが、H2のセルに、「=COUNTIFS($B$2:$B$201, ">="&D2, $B$2:$B$201, "<"&F2)」と入力すると、同セルに0の値が入ります。

8 H2のセルからH15のセルまで下方向にオートフィルを行います（図A.47）。先ほど、少し複雑な式を入力しておいたおかげで、オートフィルを行うのみで、全階級の度数が求まります。

図A.47 オートフィルによる度数の算出

C	D	E	F	G	H	I	J	K
	階級			階級値	度数	相対度数	累積度数	累積相対度数
	130	～	135	132.5	0			
	135	～	140	137.5				
	140	～	145	142.5				
	145	～	150	147.5				
	150	～	155	152.5				
	155	～	160	157.5				
	160	～	165	162.5				
	165	～	170	167.5				
	170	～	175	172.5				
	175	～	180	177.5				
	180	～	185	182.5				
	185	～	190	187.5				
	190	～	195	192.5				
	195	～	200	197.5				
			合計					

H2のセルから
H15のセルまで
オートフィル

9 H16のセルに、「=SUM(H2:H15)」と入力し、度数の合計値を求めます（図A.48）。H16のセルには、データ数と等しい値である200が入ります。

図A.48　度数の合計値の算出

	A	B	C	D	E	F	G	H	I	J	K	L
1	被験者No.	身長		階級			階級値	度数	相対度数	累積度数	累積相対度数	
2	1	162.2		130	～	135	132.5	0				
3	2	151.27		135	～	140	137.5	0				
4	3	158.63		140	～	145	142.5	5				
5	4	159.32		145	～	150	147.5	11				
6	5	179.39		150	～	155	152.5	18				
7	6	177.11		155	～	160	157.5	26				
8	7	161.49		160	～	165	162.5	30				
9	8	169.06		165	～	170	167.5	41				
10	9	156.66		170	～	175	172.5	31				
11	10	151.9		175	～	180	177.5	27				
12	11	187.4		180	～	185	182.5	7				
13	12	161.04		185	～	190	187.5	4				
14	13	172.78		190	～	195	192.5	0				
15	14	150.74		195	～	200	197.5	0				
16	15	156.96				合計						
17	16	165.9										
18	17	174.27										
19	18	167										
20	19	156.7										

=SUM(H2:H15)
と入力

10 I2のセルに「=H2/$H$16」を入力し、相対度数を求めます（図A.49）。割り算する側である合計の方には$マークを付けて、この後にオートフィルを行う際に値がずれないようにしましょう。I2には0の値が入ります。

図A.49　相対度数の式を入力

	A	B	C	D	E	F	G	H	I	J	K	L
1	被験者No.	身長		階級			階級値	度数	相対度数	累積度数	累積相対度数	
2	1	162.2		130	～	135	132.5	0				
3	2	151.27		135	～	140	137.5	0				
4	3	158.63		140	～	145	142.5	5				
5	4	159.32		145	～	150	147.5	11				
6	5	179.39		150	～	155	152.5	18				
7	6	177.11		155	～	160	157.5	26				
8	7	161.49		160	～	165	162.5	30				
9	8	169.06		165	～	170	167.5	41				
10	9	156.66		170	～	175	172.5	31				
11	10	151.9		175	～	180	177.5	27				
12	11	187.4		180	～	185	182.5	7				
13	12	161.04		185	～	190	187.5	4				
14	13	172.78		190	～	195	192.5	0				
15	14	150.74		195	～	200	197.5	0				
16	15	156.96				合計		200				
17	16	165.9										
18	17	174.27										
19	18	167										
20	19	156.7										

=H2/$H$16
と入力

11 I2のセルからI15のセルまで下方向にオートフィルを行います（図A.50）。

図A.50 相対度数のオートフィル

	A	B	C	D	E	F	G	H	I	J	K	L
1	被験者No.	身長		階級			階級値	度数	相対度数	累積度数	累積相対度数	
2	1	162.2		130	～	135	132.5	0	0			
3	2	151.27		135	～	140	137.5	0				
4	3	158.63		140	～	145	142.5	5				
5	4	159.32		145	～	150	147.5	11				
6	5	179.39		150	～	155	152.5	18				
7	6	177.11		155	～	160	157.5	26				
8	7	161.49		160	～	165	162.5	30				
9	8	169.06		165	～	170	167.5	41				
10	9	156.66		170	～	175	172.5	31				
11	10	151.9		175	～	180	177.5	27				
12	11	187.4		180	～	185	182.5	7				
13	12	161.04		185	～	190	187.5	4				
14	13	172.78		190	～	195	192.5	0				
15	14	150.74		195	～	200	197.5	0				
16	15	156.96				合計		200				

I2のセルから
I15のセルまで
オートフィル

12 合計値を求めるために、H16のセルから右隣のI16のセルにオートフィルを行います（図A.51）。あるいはI16のセルに「＝SUM(I2:I15)」の計算式を直接入力しても構いません。

図A.51 相対度数の合計値の算出

	A	B	C	D	E	F	G	H	I	J	K	L
1	被験者No.	身長		階級			階級値	度数	相対度数	累積度数	累積相対度数	
2	1	162.2		130	～	135	132.5	0	0			
3	2	151.27		135	～	140	137.5	0	0			
4	3	158.63		140	～	145	142.5	5	0.025			
5	4	159.32		145	～	150	147.5	11	0.055			
6	5	179.39		150	～	155	152.5	18	0.09			
7	6	177.11		155	～	160	157.5	26	0.13			
8	7	161.49		160	～	165	162.5	30	0.15			
9	8	169.06		165	～	170	167.5	41	0.205			
10	9	156.66		170	～	175	172.5	31	0.155			
11	10	151.9		175	～	180	177.5	27	0.135			
12	11	187.4		180	～	185	182.5	7	0.035			
13	12	161.04		185	～	190	187.5	4	0.02			
14	13	172.78		190	～	195	192.5	0	0			
15	14	150.74		195	～	200	197.5	0	0			
16	15	156.96				合計		200				

H15のセルから
隣のI15のセルへ
オートフィル

13 続けて、累積度数を求めていきます。累積度数の先頭は、先頭階級の度数と一致するので「＝H2」と入力します（図A.52）。

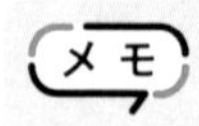

Excelで「いずれかのセルの値と同じ」としたいときは、上記のように「=セル参照」の形式で入力します。

図A.52 先頭の累積度数

	A	B	C	D	E	F	G	H	I	J	K	L
1	被験者No.	身長		階級			階級値	度数	相対度数	累積度数	累積相対度数	
2	1	162.2		130	～	135	132.5	0	0			
3	2	151.27		135	～	140	137.5	0	0			
4	3	158.63		140	～	145	142.5	5	0.025			
5	4	159.32		145	～	150	147.5	11	0.055			
6	5	179.39		150	～	155	152.5	18	0.09			
7	6	177.11		155	～	160	157.5	26	0.13			
8	7	161.49		160	～	165	162.5	30	0.15			
9	8	169.06		165	～	170	167.5	41	0.205			
10	9	156.66		170	～	175	172.5	31	0.155			
11	10	151.9		175	～	180	177.5	27	0.135			
12	11	187.4		180	～	185	182.5	7	0.035			
13	12	161.04		185	～	190	187.5	4	0.02			
14	13	172.78		190	～	195	192.5	0	0			
15	14	150.74		195	～	200	197.5	0	0			
16	15	156.96				合計		200	1			

=H2
と入力

14 2つ目以降の累積度数を求めていきます。まずはJ3のセルに「＝J2＋H3」と入力します（図A.53）。本文でも解説したように、累積度数は、［1つ上までの累積度数］＋［自身の階級の累積度数］の計算で求めることができ、この式がそれにあたります。

図A.53 2つ目の累積度数の算出

	A	B	C	D	E	F	G	H	I	J	K	L
1	被験者No.	身長		階級			階級値	度数	相対度数	累積度数	累積相対度数	
2	1	162.2		130	～	135	132.5	0	0	0		
3	2	151.27		135	～	140	137.5	0	0			
4	3	158.63		140	～	145	142.5	5	0.025			
5	4	159.32		145	～	150	147.5	11	0.055			
6	5	179.39		150	～	155	152.5	18	0.09			
7	6	177.11		155	～	160	157.5	26	0.13			
8	7	161.49		160	～	165	162.5	30	0.15			
9	8	169.06		165	～	170	167.5	41	0.205			
10	9	156.66		170	～	175	172.5	31	0.155			
11	10	151.9		175	～	180	177.5	27	0.135			
12	11	187.4		180	～	185	182.5	7	0.035			
13	12	161.04		185	～	190	187.5	4	0.02			
14	13	172.78		190	～	195	192.5	0	0			
15	14	150.74		195	～	200	197.5	0	0			
16	15	156.96				合計		200	1			

=J2+H3
と入力

15 残りの累積度数は、2つ目と同様の計算方法になるので、オートフィルを利用します。J3のセルから下方向へ、J15のセルまでオートフィルを行います（図A.54）。

図A.54 残りの累積度数へのオートフィル

	A	B	C	D	E	F	G	H	I	J	K	L
1	被験者No.	身長		階級			階級値	度数	相対度数	累積度数	累積相対度数	
2	1	162.2		130	～	135	132.5	0	0	0		
3	2	151.27		135	～	140	137.5	0	0	0		
4	3	158.63		140	～	145	142.5	5	0.025			
5	4	159.32		145	～	150	147.5	11	0.055			
6	5	179.39		150	～	155	152.5	18	0.09			
7	6	177.11		155	～	160	157.5	26	0.13			
8	7	161.49		160	～	165	162.5	30	0.15			
9	8	169.06		165	～	170	167.5	41	0.205			
10	9	156.66		170	～	175	172.5	31	0.155			
11	10	151.9		175	～	180	177.5	27	0.135			
12	11	187.4		180	～	185	182.5	7	0.035			
13	12	161.04		185	～	190	187.5	4	0.02			
14	13	172.78		190	～	195	192.5	0	0			
15	14	150.74		195	～	200	197.5	0	0			
16	15	156.96				合計		200	1			
17	16	165.9										
18	17	174.27										
19	18	167										

16 累積度数の合計は、度数の合計値と等しい値となるので、J16のセルに「=H16」と入力します（図A.55）。

図A.55 累積度数の合計値の入力

	A	B	C	D	E	F	G	H	I	J	K	L
1	被験者No.	身長		階級			階級値	度数	相対度数	累積度数	累積相対度数	
2	1	162.2		130	～	135	132.5	0	0	0		
3	2	151.27		135	～	140	137.5	0	0	0		
4	3	158.63		140	～	145	142.5	5	0.025	5		
5	4	159.32		145	～	150	147.5	11	0.055	16		
6	5	179.39		150	～	155	152.5	18	0.09	34		
7	6	177.11		155	～	160	157.5	26	0.13	60		
8	7	161.49		160	～	165	162.5	30	0.15	90		
9	8	169.06		165	～	170	167.5	41	0.205	131		
10	9	156.66		170	～	175	172.5	31	0.155	162		
11	10	151.9		175	～	180	177.5	27	0.135	189		
12	11	187.4		180	～	185	182.5	7	0.035	196		
13	12	161.04		185	～	190	187.5	4	0.02	200		
14	13	172.78		190	～	195	192.5	0	0	200		
15	14	150.74		195	～	200	197.5	0	0	200		
16	15	156.96				合計		200	1			
17	16	165.9										
18	17	174.27										

17 最後に累積相対度数を求めます。累積度数と同様の手順で求めても良いですが、表を見てみると、「度数」の右隣に「相対度数」のデータがあり、ここでのステップでは「累積度数」の右隣に「累積相対度数」を入力しようとしています。したがって、この位置関係を上手く利用すれば、オートフィルを利用することも可能です。J2からJ16までを範囲選択し、範囲全体を右隣へオートフィルを行います（図A.56）。

図A.56 オートフィルを利用した累積累積度数の入力

	B	C	D	E	F	G	H	I	J	K
No.	身長		階級			階級値	度数	相対度数	累積度数	累積相対度数
1	162.2		130	～	135	132.5	0	0	0	
2	151.27		135	～	140	137.5	0	0	0	
3	158.63		140	～	145	142.5	5	0.025	5	
4	159.32		145	～	150	147.5	11	0.055	16	
5	179.39		150	～	155	152.5	18	0.09	34	
6	177.11		155	～	160	157.5	26	0.13	60	
7	161.49		160	～	165	162.5	30	0.15	90	
8	169.06		165	～	170	167.5	41	0.205	131	
9	156.66		170	～	175	172.5	31	0.155	162	
10	151.9		175	～	180	177.5	27	0.135	189	
11	187.4		180	～	185	182.5	7	0.035	196	
12	161.04		185	～	190	187.5	4	0.02	200	
13	172.78		190	～	195	192.5	0	0	200	
14	150.74		195	～	200	197.5	0	0	200	
15	156.96				合計		200	1	200	
16	165.9									
17	174.27									
18	167									
19	156.7									

J2からJ16を範囲選択した後に
1つ右へオートフィル

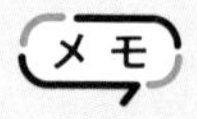

1つ目の累積度数（I2）、2つ目以降の累積度数（I3～I15）、累積度数の合計（I16）、とコピー元にはそれぞれ異なる式が入力されていますが、範囲選択でオートフィルを行った場合、コピー先（K2～K16）にはそれぞれのコピー元に対応した式でコピーされます。

18 度数分布表の完成です（図A.57）。またこちらのデータを利用することでも、付録301ページとほぼ同様のヒストグラムおよび累積度数グラフを作成することが可能です（07.xlsx）。

図A.57 完成した度数分布表

	B	C	D	E	F	G	H	I	J	K	L
.	身長		階級			階級値	度数	相対度数	累積度数	累積相対度数	
1	162.2		130	～	135	132.5	0	0	0	0	
2	151.27		135	～	140	137.5	0	0	0	0	
3	158.63		140	～	145	142.5	5	0.025	5	0.025	
4	159.32		145	～	150	147.5	11	0.055	16	0.08	
5	179.39		150	～	155	152.5	18	0.09	34	0.17	
6	177.11		155	～	160	157.5	26	0.13	60	0.3	
7	161.49		160	～	165	162.5	30	0.15	90	0.45	
8	169.06		165	～	170	167.5	41	0.205	131	0.655	
9	156.66		170	～	175	172.5	31	0.155	162	0.81	
0	151.9		175	～	180	177.5	27	0.135	189	0.945	
1	187.4		180	～	185	182.5	7	0.035	196	0.98	
2	161.04		185	～	190	187.5	4	0.02	200	1	
3	172.78		190	～	195	192.5	0	0	200	1	
4	150.74		195	～	200	197.5	0	0	200	1	
5	156.96				合計		200	1	200	1	

途中に関数の説明なども入れたこともあり、やや長い手順に見えてしまいますが、慣れてくると元データさえあれば、2～3分掛からない程度でできるようになります。ただし、デザインや見栄えはいまひとつに感じる方も多いでしょう。したがって、集計の部分では今回のような手法で行い、報告書や発表などに利用する場合は、デザインした表は最後にまた別途作成するなど、「集計・分析」と「デザイン」の作業を分けて考える／行う方が良いでしょう。

代表値（平均値・最頻値・中央値）を求める

本文で学習した3つの代表値について、Excelで求める方法について説明します。代表値は、Excelを利用すると容易に求めることが可能ですので、ここでは3つまとめて求めていきたいと思います。

元データとして、本文107ページの説明に利用した、9名分のお小遣いの金額を利用します。

操作手順

1 「08.xlsx」のExcelファイルを開き、「元データ」シートに下記をそれぞれ入力します(図A.58)。

- 平均値の算出：B11のセルに「＝AVERAGE(B2:B10)」を入力
- 最頻値の算出：B12のセルに「＝MODE(B2:B10)」を入力
- 中央値の算出：B13のセルに「＝MEDIAN(B2:B10)」を入力

AVERAGE、MODE、MEDIANの関数名さえ覚えれば、括弧の中はいずれも同様に、元データの範囲を入力すれば良いのみです。

図A.58 それぞれの関数を入力

	A	B	C	D	E	F	G	H	I	J	K
1	調査対象No.	金額（円）									
2	1	0									
3	2	0									
4	3	1000									
5	4	2000									
6	5	3000									
7	6	3000									
8	7	3000									
9	8	5000									
10	9	100000									
11	平均値										
12	最頻値										
13	中央値										
14											

=AVERAGE(B2:B10)
=MODE(B2:B10)
=MEDIAN(B2:B10)

2 図A.59のように、3つの代表値がそれぞれ求まります。

図A.59 代表値

	A	B	C	D	E	F	G	H	I	J	K
1	調査対象No.	金額（円）									
2	1	0									
3	2	0									
4	3	1000									
5	4	2000									
6	5	3000									
7	6	3000									
8	7	3000									
9	8	5000									
10	9	100000									
11	平均値	13000									
12	最頻値	3000									
13	中央値	3000									
14											
15											
16											

3 次に、本文でも紹介した、最頻値が複数あるパターンについてExcelで求める練習をしていきましょう。続けて、「別例（複数最頻値）」シートに移動し、D2からD6のセルをドラッグで範囲選択します（図A.60）。

図A.60 最頻値を入力する位置を範囲選択

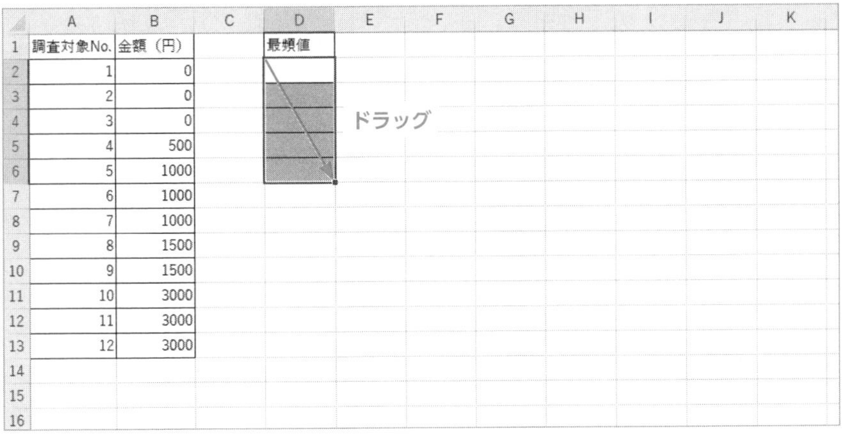

	A	B	C	D	E	F	G	H	I	J	K
1	調査対象No.	金額（円）		最頻値							
2	1	0									
3	2	0									
4	3	0									
5	4	500									
6	5	1000									
7	6	1000									
8	7	1000									
9	8	1500									
10	9	1500									
11	10	3000									
12	11	3000									
13	12	3000									
14											
15											
16											

ドラッグ

4 範囲選択した状態で「=MODE.MULT(B2:B13)」と入力し、確定する際にはそのまま［Enter］キーを押すのではなく、［Ctrl］キーと［Shift］キーを押しながら［Enter］キーを押します（図A.61）。

図A.61 MODE.MULT関数で最頻値を複数求める

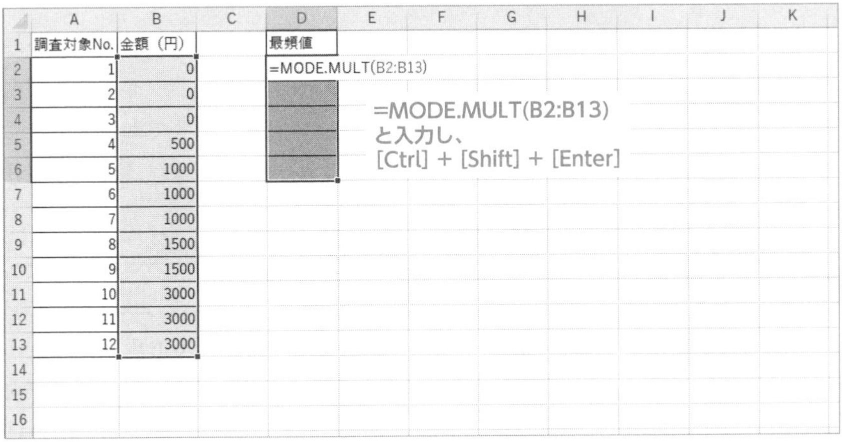

	A	B	C	D	E	F	G	H	I	J	K
1	調査対象No.	金額（円）		最頻値							
2	1	0		=MODE.MULT(B2:B13)							
3	2	0									
4	3	0									
5	4	500									
6	5	1000									
7	6	1000									
8	7	1000									
9	8	1500									
10	9	1500									
11	10	3000									
12	11	3000									
13	12	3000									
14											
15											
16											

=MODE.MULT(B2:B13)
と入力し、
[Ctrl] + [Shift] + [Enter]

MODE.MULT関数は、括弧( )の中に指定した元データについて、複数の最頻値を求める関数になります。

5 複数の最頻値が求まります（図A.62）。「#N/A」は数値が求まらないことを示すメッセージであり、今回のケースでは、それ以上最頻値がないという意味になります。すなわち今回は0、1000、3000の3つということになります。

図A.62 複数の最頻値が求まる

	A	B	C	D	E	F	G	H	I
1	調査対象No.	金額（円）		最頻値					
2	1	0		0					
3	2	0		1000					
4	3	0		3000					
5	4	500		#N/A					
6	5	1000		#N/A					
7	6	1000							
8	7	1000							
9	8	1500							
10	9	1500							
11	10	3000							
12	11	3000							
13	12	3000							
14									

MODE関数は最頻値を1つしか求めない欠点がありますので、複数個の最頻値をすべて求めるためにはMODE.MULT関数を用います。また最初に範囲選択を行う際には、十分足りる個数をドラッグで範囲選択しておくようにしましょう。余分に表示されてしまった「#N/A」が不必要な場合は、その部分のセルのみ、後から削除すれば問題ありません。

四分位数を求める

四分位数をExcelで求める方法について説明します。本文でも説明したように、四分位数を求める計算方法は複数あり、Excelで求める場合は5.2節で求めた値と等しくなり、5.3節で求めた値とは異なることになるので、その点はご了承ください。

元データとして、本文121ページの説明に利用した、9名分のお小遣いの金額を利用します。

操作手順

1 「09.xlsx」のExcelファイルを開き、「元データ」シートを開き、B11のセルに「=PERCENTILE(B2:B10, 0.25)」と入力します(図A.63)。

図A.63 PERCENTILE関数で25%点を求める

	A	B	C	D	E	F	G	H	I
1	調査対象No.	勉強時間(分)							
2	1	0							
3	2	0							
4	3	30							
5	4	60							
6	5	60							
7	6	75							
8	7	90							
9	8	120							
10	9	180							
11	第1四分位数								
12	第2四分位数								
13	第3四分位数								
14									
15									
16									

=PERCENTILE(B2:B10, 0.25)

PERCENTILE関数は、PERCENTILE(元データの範囲, 割合)の形式で、何%点の値を求めたいかを指定します。第1四分位数は25%点ですので、割合の部分には0.25を入力しました。結果として、B11のセルには30が入ります。

2 続けて、第2四分位数と第3四分位数を求めます。それぞれ50%点と75%点となるので、B12のセルに「=PERCENTILE(B2:B10, 0.5)」、B13のセルに「=PERCENTILE(B2:B10, 0.75)」を入力します(図A.64)。

図A.64　50%点と75%点を求める

	A	B	C	D	E	F	G	H	I	J
1	調査対象No.	勉強時間（分）								
2	1	0								
3	2	0								
4	3	30								
5	4	60								
6	5	60								
7	6	75								
8	7	90								
9	8	120								
10	9	180								
11	第1四分位数	30								
12	第2四分位数									
13	第3四分位数									
14										

=PERCENTILE(B2:B10, 0.5)

=PERCENTILE(B2:B10, 0.75)

③ 計算結果として、B12のセルに60、B13に90が入力され、四分位数がすべて求まります（図A.65）。

図A.65　四分位数の完成

	A	B	C	D	E	F	G	H	I	J
1	調査対象No.	勉強時間（分）								
2	1	0								
3	2	0								
4	3	30								
5	4	60								
6	5	60								
7	6	75								
8	7	90								
9	8	120								
10	9	180								
11	第1四分位数	30								
12	第2四分位数	60								
13	第3四分位数	90								
14										
15										

四分位数の求め方は上記のとおりですが、「=PERCENTILE(B2:B10, 0.3)」のように入力すると、本文コラムで触れた第3十分位数などを求めることも可能です。

箱ひげ図の作成

Excelで箱ひげ図を作成する方法について説明します。元データとしては、A～Dの4クラスで100点満点のテストを行った結果を利用し、4クラス分の箱ひげ図を並べて作成していきます。

操作手順

1 「10.xlsx」のExcelファイルを開き、「元データ」シートを開き、データの開始位置であるA1のセルをクリックします（図A.66）。

図A.66 データの始点セルをクリック

	A	B	C	D	E	F	G	H	I	J	K
1	受験者No.	クラス	点数								
2	1	A	10								
3	2	A	23								
4	3	A	37								
5	4	A	45								
6	5	A	47								
7	6	A	55								
8	7	A	58								
9	8	A	71								
10	9	A	80								
11	10	B	10								
12	11	B	29								
13	12	B	30								
14	13	B	41								
15	14	B	42								
16	15	B	44								
17	16	B	47								
18	17	B	49								
19	18	B	51								
20	19	B	53								
21	20	B	55								
22	21	B	61								
23	22	B	80								
24	23	C	10								

始点のセルをクリック

2 データの終点位置であるC41のセルを、「Shift」キーを押しながらクリックすると、先ほどの始点から終点までのデータを範囲選択できます（図A.67）。

図A.67 データの終点セルをクリック

	A	B	C
16	15	B	44
17	16	B	47
18	17	B	49
19	18	B	51
20	19	B	53
21	20	B	55
22	21	B	61
23	22	B	80
24	23	C	10
25	24	C	17
26	25	C	25
27	26	C	28
28	27	C	33
29	28	C	40
30	29	C	47
31	30	C	63
32	31	C	80
33	32	D	20
34	33	D	33
35	34	D	53
36	35	D	60
37	36	D	67
38	37	D	70
39	38	D	75
40	39	D	82
41	40	D	90

[Shift] を押しながら、
終点のセルをクリック

3 ①「挿入」タブから、②おすすめグラフを選択します（図A.68）。

図A.68 グラフ作成のアイコンを選択

ファイル　ホーム　挿入　ページ レイアウト　数式　データ　校閲　表示　ヘルプ

テーブル　図 ①　アドイン　おすすめグラフ ②　マップ　ピボットグラフ　グラフ　3D マップ　ツアー　スパークライン　フィルター　リンク　リンク　コメント　コメント　テキスト　特殊

A1　受験者No.

	A	B	C
16	15	B	44
17	16	B	47
18	17	B	49
19	18	B	51
20	19	B	53
21	20	B	55

4 ①「すべてのグラフ」タブから、②「箱ひげ図」を選び、③箱ひげ図のアイコンをクリックし、OKボタンをクリックします（図A.69）。

図A.69 箱ひげ図を選択

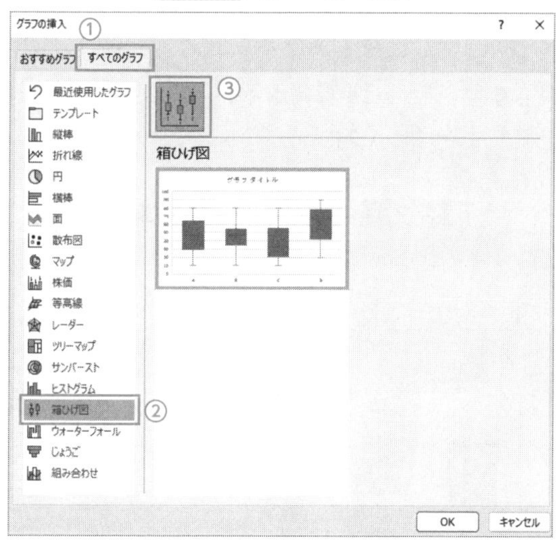

5 箱ひげ図の基本ができあがりますので、必要に応じて少しデザインをしていきます。箱ひげ図のグラフ部分を右クリックし、メニューから「データ系列の書式設定」を選択します（図A.70）。

図A.70 データ系列の書式設定を選択

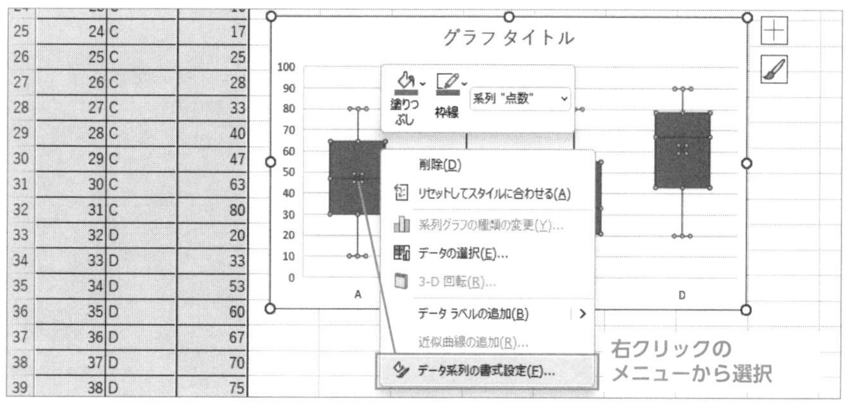

付録

6 「特異ポイントを表示する」と「平均マーカーを表示する」のチェックを必要に応じて設定します。特異ポイントとは外れ値のことで、外れ値を分けた箱ひげ図を作成する際にはチェックを入れます。この際の外れ値の基準は、Excel側で組み込まれた式より自動的に判定を行います。また、「平均値マーカーを表示する」にチェックを入れると、箱ひげ図中の平均値の位置に×印が付きます。今回は「特異ポイントを表示する」のみチェックを入れておくことにします（図A.71）。

図A.71 系列のオプションの設定

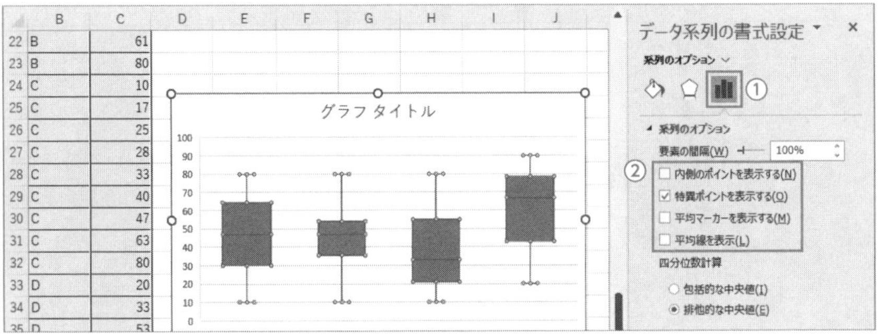

7 箱ひげ図の色を白に設定します。グラフを選択した状態で、①のバケツのアイコンから、②の塗りつぶし（単色）を選択し、③の箇所から白色に設定を行います（図A.72）。

図A.72 グラフの塗りつぶしの色を選択

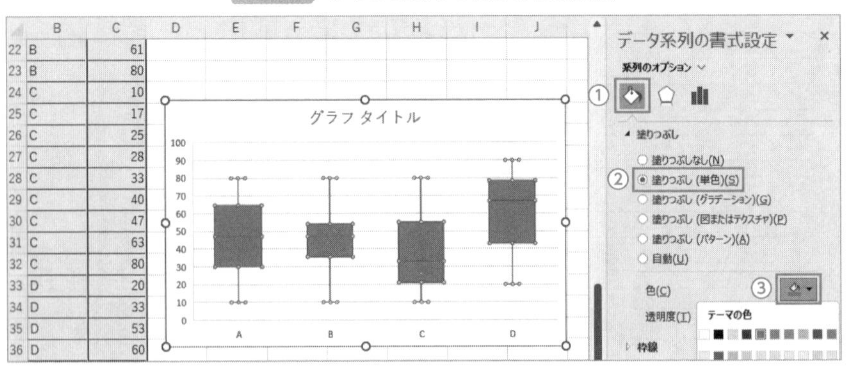

この際に、必要であれば、枠線の色も設定しておきましょう。

8 タイトルや目盛など、必要な設定を行えば、箱ひげ図の完成です(図A.73)。

図A.73 箱ひげ図の完成

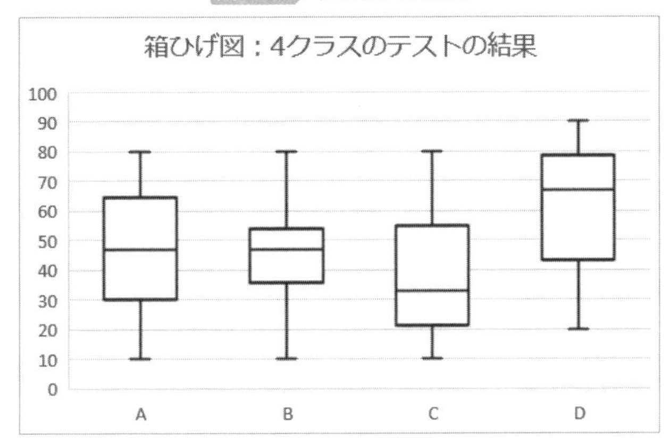

分散を求める

Excelで分散を求める方法について説明します。元データとしては、204ページの練習問題8.3で利用した、6名が100点満点で付けた「人生の幸福度」を利用します。本文で説明したように、分散には2種類あり、元データを母分散として、偏差の二乗和をデータ数で割り算する計算のほかに、元データを標本として、偏差の二乗和をデータ数よりも1少ない数で割り算する計算があり、そのどちらを求めるかによって利用する関数が異なります。

操作手順

1 「11.xlsx」のExcelファイルを開き、「元データ」シートを開き、D2のセルに「=VAR.P(A2:A7)」と、D3のセルに「=STDEV.P(A2:A7)」と入力します(図A.74)。

図A.74　元データを母集団とする分散

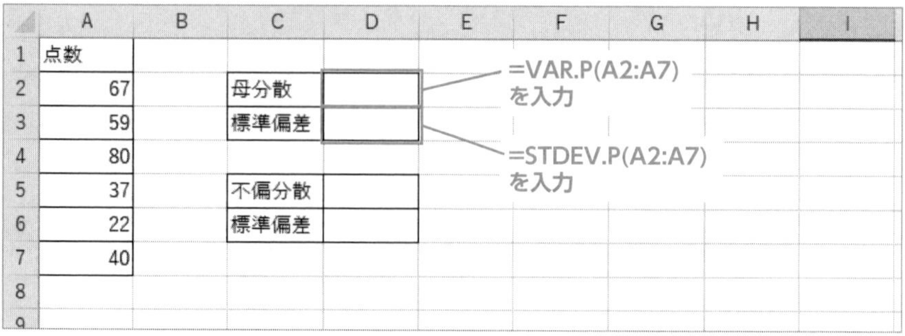

	A	B	C	D	E	F	G	H	I
1	点数								
2	67		母分散						
3	59		標準偏差						
4	80								
5	37		不偏分散						
6	22		標準偏差						
7	40								
8									
9									

=VAR.P(A2:A7)を入力
=STDEV.P(A2:A7)を入力

VAR.P関数は、指定した範囲を元データとする分散値を求めます。また、その際、元データを母集団として計算します。「.P」は「母集団（Population）」を表しています。もう1つのSTDEV.P関数は、指定した範囲の標準偏差を求めることになります。値としては、先ほどのVAR.P関数で求めた値の√値となります。正しく入力できると、D2に「386.4722」、D3に「19.6589」の値が入ります。

2 続けて、同じ元データですが、このデータが標本であった場合の分散値と標準偏差を求めてみます。D5のセルに「=VAR.S(A2:A7)」と、D6のセルに「=STDEV.S(A2:A7)」と入力します（図A.75）。

図A.75　元データを標本とする分散

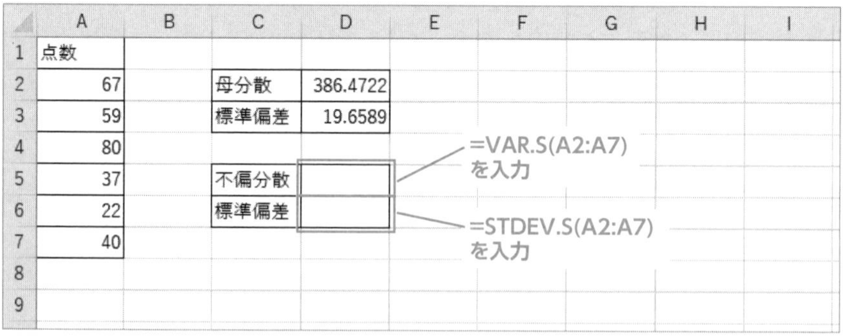

	A	B	C	D	E	F	G	H	I
1	点数								
2	67		母分散	386.4722					
3	59		標準偏差	19.6589					
4	80								
5	37		不偏分散						
6	22		標準偏差						
7	40								
8									
9									

=VAR.S(A2:A7)を入力
=STDEV.S(A2:A7)を入力

VAR.S関数は、指定した範囲を元データとする分散値を求めますが、その際の元データは標本として計算します。「.S」は「標本（Sample）」を表しています。もう1つのSTDEV.S関数は、指定した範囲の標準偏差を求めることになります。

3 図A.76のように、それぞれ分散と標準偏差が求まります。

図A.76 母分散と標準偏差、および不偏分散と標準偏差

	A	B	C	D	E	F	G	H	I
1	点数								
2	67		母分散	386.4722					
3	59		標準偏差	19.6589					
4	80								
5	37		不偏分散	463.7667					
6	22		標準偏差	21.53524					
7	40								
8									

標準偏差は分散の√値ですので、今回の演習のように元データが同じであっても、それが母集団であるか標本であるかによって、標準偏差の値も変わってきます。

要約統計量を一括で求める

ここでは分析ツールを利用して、要約統計量を一括で求める方法を紹介します。分析ツールのメニュー表示の設定を行っていない方は、280ページを参照し、先に設定を済ませておきましょう。

分析ツールで要約統計量を求める方法は非常に便利ですが、少しだけ手間が掛かるので、平均値だけほしい、分散だけほしい、といったように個別の値を知りたいのみの場合は、関数を利用した方が早いです。

操作手順

1 ここでは4章の解説で利用した200名分の身長データ（78ページ参照）を利用して、要約統計量を求めてみます。「12.xlsx」のExcelファイルを開き、「元データ」シートを開きます。

最初に、①「データ」から、②「データ分析」を選択します（図A.77）。

図A.77 「データ分析」を選択

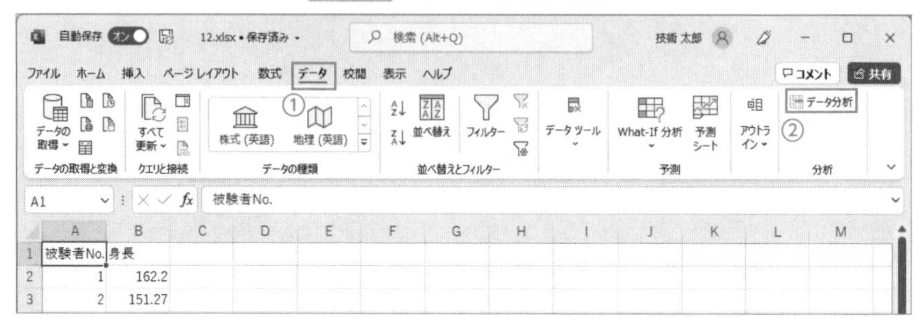

2 表示されたダイアログの中から、基本統計量を選択して、OKボタンをクリックします（図A.78）。

図A.78 「基本統計量」の選択

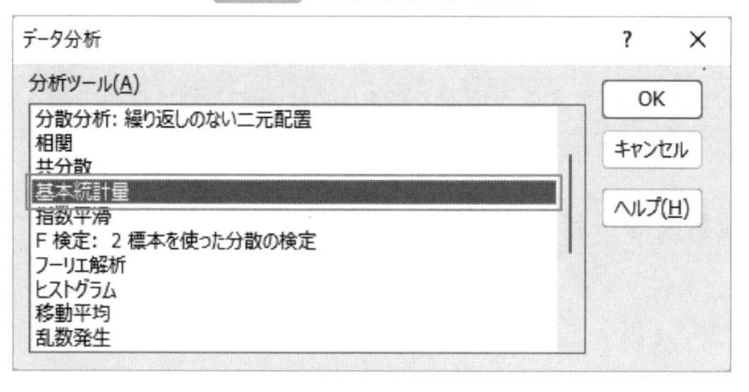

105ページでも紹介しましたが、基本統計量と要約統計量は言葉が少し違いますが、意味はまったく同じものです。

3 続けて表示されるダイアログで、必要な情報を入力します。①元データの入っている箇所を指定する入力範囲には「B1:B201」を入力、データの先頭行は「身長」というラベルですので、②にチェックを入れ、③結果の出力先は同じシート内の「E1」セルを指定し、要約統計量の情報を表示させるため④をチェックし、OKボタンをクリックします（図A.79）。

図A.79 必要な情報の入力

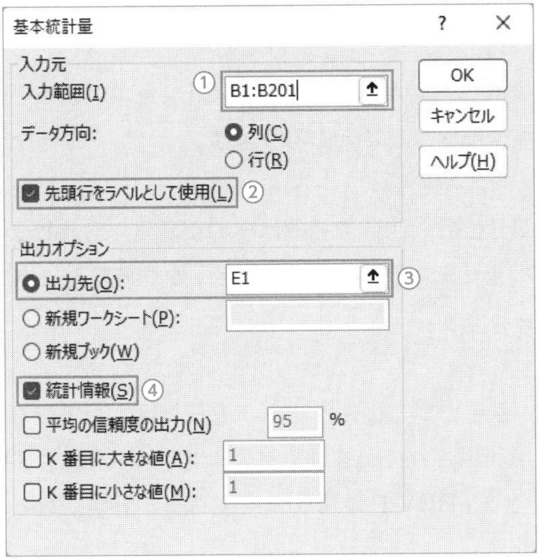

基本統計量 ? ×

入力元
入力範囲(I) ① B1:B201
データ方向: ◉ 列(C) ○ 行(R)
☑ 先頭行をラベルとして使用(L) ②

出力オプション
◉ 出力先(O): E1 ③
○ 新規ワークシート(P):
○ 新規ブック(W)
☑ 統計情報(S) ④
☐ 平均の信頼度の出力(N) 95 %
☐ K 番目に大きな値(A): 1
☐ K 番目に小さな値(M): 1

OK
キャンセル
ヘルプ(H)

[4] 要約統計量の一覧が、先ほど指定したE1を開始セルとして表示されます(図A.80)。

図A.80 要約統計量の一覧表示

	A	B	C	D	E	F	G	H
1	被験者No.	身長			身長			
2	1	162.2						
3	2	151.27			平均	165.3995		
4	3	158.63			標準誤差	0.717793		
5	4	159.32			中央値 (メジアン)	166.225		
6	5	179.39			最頻値 (モード)	161.04		
7	6	177.11			標準偏差	10.15112		
8	7	161.49			分散	103.0452		
9	8	169.06			尖度	-0.45058		
10	9	156.66			歪度	-0.1787		
11	10	151.9			範囲	48.99		
12	11	187.4			最小	140.67		
13	12	161.04			最大	189.66		
14	13	172.78			合計	33079.89		
15	14	150.74			データの個数	200		
16	15	156.96						

基本的な操作としては以上ですが、いくつか下記に補足しておきます。

- 「標本の大きさ」が「データの個数」となっているなど、本書で利用している言葉と多少異なる点があります。またExcelのバージョンやOSによっても、表記が一部異なることもあります。

- 一般的に、四分位数・四分位範囲は要約統計量に含まれますが、この機能では表示されません。逆に「合計」など、要約統計量にあまり含まれないものが表示されます。

- 分散と標準偏差については、元データを母集団として扱った、母分散を求める計算式が利用されています。すなわち、VAR.SやSTDEV.Sではなく、VAR.PやSTDEV.Pの関数で求める値と同値になっていますので注意しましょう。

1つ1つの値の持つ意味が理解できるか、計算式や求め方がわかるかなど、しっかり確認し、不安であれば当該の箇所を本書でよく復習しておきましょう。

標準化得点を求める

STANDARDIZE関数を利用して、標準化得点を求めてみます。208ページで利用したデータについて、それぞれ標準化を行いたいと思います。

操作手順

1 「13.xlsx」のExcelファイルを開き、「元データ（テスト1）」シートを開き、データを簡単に確認したら、B2のセルに「=STANDARDIZE(A2, AVERAGE($A$2:$A$6), STDEV.P($A$2:$A$6))」と入力します（図A.81）。

図A.81 1人目の標準化得点を求める

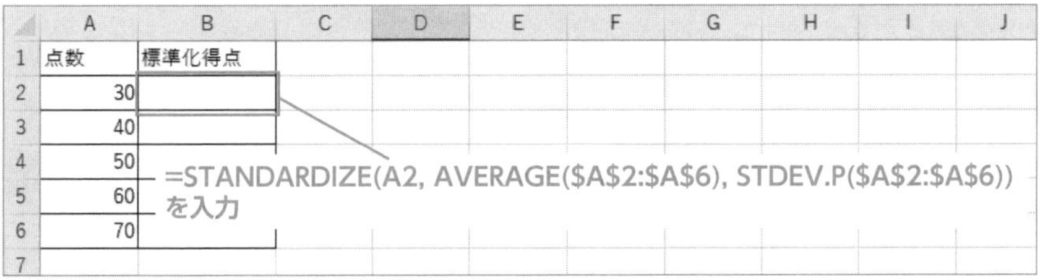

	A	B	C	D	E	F	G	H	I	J
1	点数	標準化得点								
2	30									
3	40									
4	50									
5	60									
6	70									
7										

=STANDARDIZE(A2, AVERAGE($A$2:$A$6), STDEV.P($A$2:$A$6))
を入力

少し長い関数ですが、正しく入力できると、これだけで1人目の標準化得点（約 −14.142）を求めることができます。STANDARDIZE関数は、「標準化得点を求める値の素点」、「平均値」、「標準偏差」の3つを入力することで、計算を行うことができます。ここでは平均値はAVERAGE関数、標準偏差はSTDEV.P関数を利用します。後ほど式をコピーすることを考えて、両者の関数内のセル参照には$マークを付けておきましょう。ただし、標準化得点を求めたい側である、素点の方にまで$マークを付けてしまわないよう気を付けましょう。

図A.82 STANDARDIZE関数

STANDARDIZE(標準化したい値, 平均値, 標準偏差)

STANDARDIZE(A2, AVERAGE($A$2:$A$6), STDEV.P($A$2:$A$6))

2 B2のセルを始点セルとして、B6のセルまでオートフィルを行い、式をコピーします（図A.83）。

図A.83 式のコピー

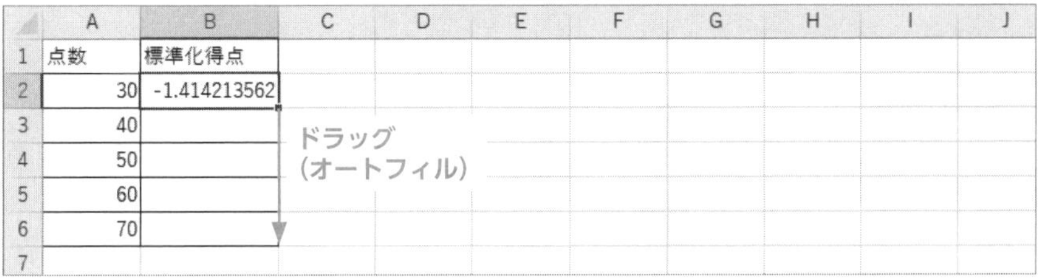

	A	B	C	D	E	F	G	H	I	J
1	点数	標準化得点								
2	30	-1.414213562								
3	40									
4	50									
5	60									
6	70									
7										

ドラッグ
（オートフィル）

3 全員分の標準化得点が求まります（図A.84）。

図A.84 標準化得点の完成

自動保存 オフ　13　検索 (Alt+Q)　技術 花子

ファイル　ホーム　挿入　ページレイアウト　数式　データ　校閲　表示　ヘルプ　コメント　共

I12

	A	B	C	D	E	F	G	H	I	J
1	点数	標準化得点								
2	30	-1.414213562								
3	40	-0.707106781								
4	50	0								
5	60	0.707106781								
6	70	1.414213562								
7										
8										
9										
10										
11										

「別解（テスト2）」シートに、208ページの説明で利用したもう一方のテストの結果についての標準化得点を求めたシートがあります。そちらについても確認しておきましょう。また、STANDARDIZE関数中の標準偏差については、基本通りに、母集団であればSTDEV.P関数、標本であればSTDEV.S関数を用いるべきですが、データの数が数百件程度もあれば、その差を気にする必要はほとんどないでしょう。

散布図の作成

1ヶ月ごとの最高気温と最低気温のデータについて、散布図の作成を行い、Excelの機能を用いて回帰係数も求めていきます。

操作手順

1 「14.xlsx」のExcelファイルを開き、「元データ」シートを開き、散布図を作成するための元データの値となるB1からC16のセルを範囲選択します（図A.85）。

図A.85 元データの選択

	A	B	C	D	E	F	G	H	I
1	調査月	最高気温(℃)	最低気温(℃)						
2	1月	13.8	-3.8						
3	2月	24.5	-2.6						
4	3月	18.8	-0.8						
5	4月	24.5	2.8						
6	5月	28.9	9.7						
7	6月	29.2	12.6						
8	7月	34.1	16.6						
9	8月	37.6	21.8						
10	9月	32.9	12.2						
11	10月	29.5	8.2						
12	11月	25.6	0.1						
13	12月	16.3	-0.3						
14	翌1月	12.7	-5.5						
15	2月	15.3	-4.1						
16	3月	20.5	-2.						
17									

2 メニューの①「挿入」タブから、②「おすすめグラフ」を選択します（図A.86）。

図A.86 グラフメニューの選択

ファイル ホーム 挿入 ページレイアウト 数式 データ 校閲 表示 ヘルプ

テーブル 図 ① アドイン おすすめグラフ ② マップ ピボットグラフ グラフ 3Dマップ ツアー スパークライン フィルター リンク リンク コメント コメント

B1 最高気温(℃)

	A	B	C	D	E	F	G	H	I
1	調査月	最高気温(℃)	最低気温(℃)						
2	1月	13.8	-3.8						
3	2月	24.5	-2.6						
4	3月	18.8	-0.8						
5	4月	24.5	2.8						

3 ①「すべてのグラフ」、②「散布図」、③「散布図」、④2軸ともに温度（℃）となっているグラフ、を順に選択して（図A.87）、OKボタンをクリックします。

図A.87 作成するグラフの選択

この手順の段階で、一応の散布図が完成しますが、軸の値などの外観が少し見づらいので、デザインしていきます。

4 左側の軸を右クリックし、「軸の書式設定」を選択します（図A.88)。

図A.88 軸の書式設定

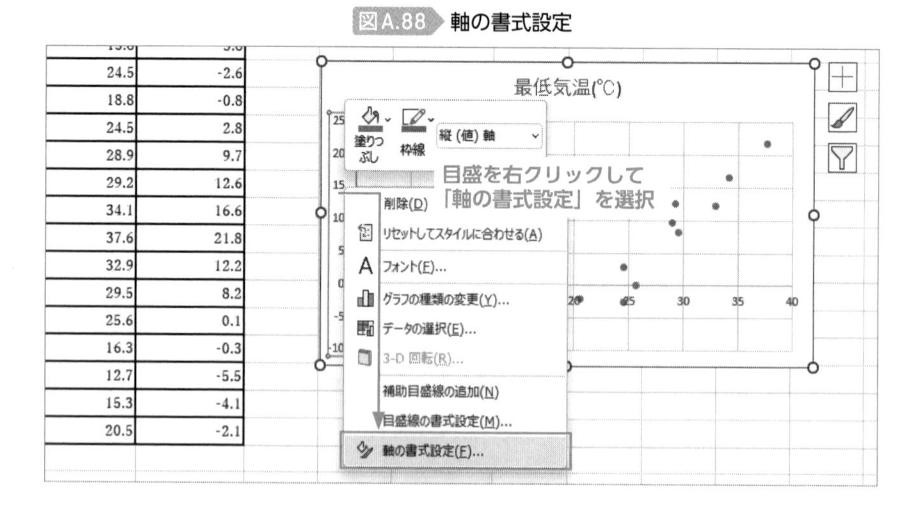

5 x軸とy軸の交点の位置を調整するために、図A.89を参考に①②軸のオプションから軸の値を③「−10」に設定します。必要であれば、ほかの値も変更しておきましょう。

図A.89 軸の値の指定

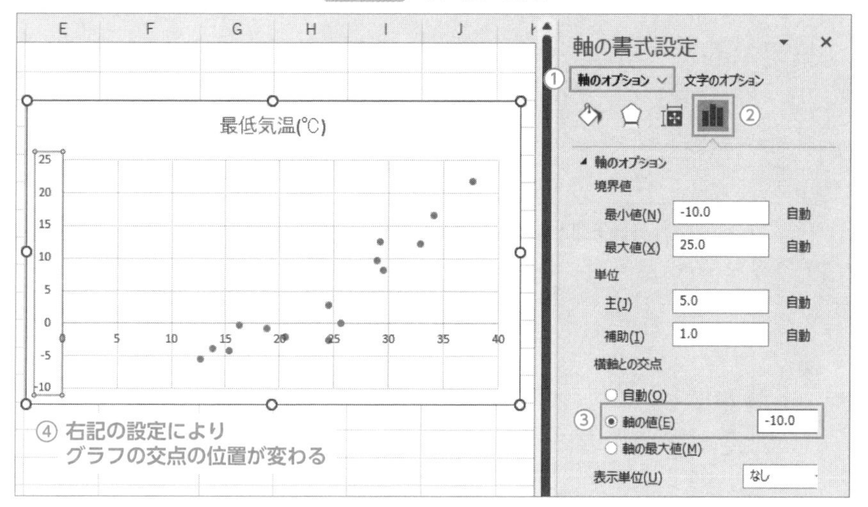

6 軸のラベルやタイトルなどを適切に設定すると、散布図の完成です（図A.90）。

図A.90 散布図の完成

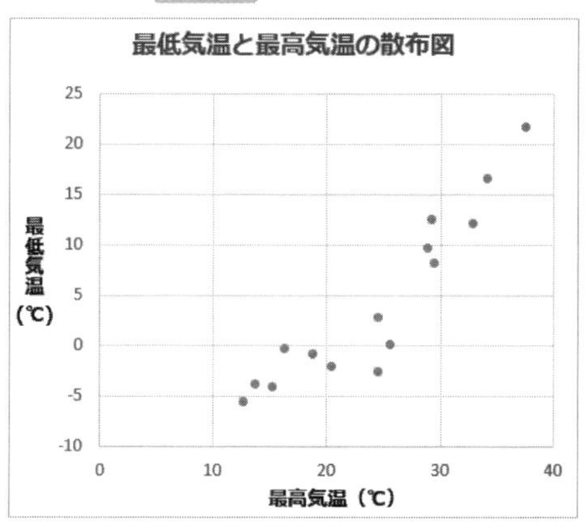

散布図としてはこれで完成ですが、本文で紹介した、近似曲線を散布図に追加し、回帰係数の値を確認する方法についても紹介します。

7 ①グラフ全体部分をクリックし、②「+」ボタンから、③「近似曲線」にチェックを入れます（図A.91）。近似曲線というメニュー名ですが、近似直線についても同メニューとなります。

図A.91 近似直線の追加

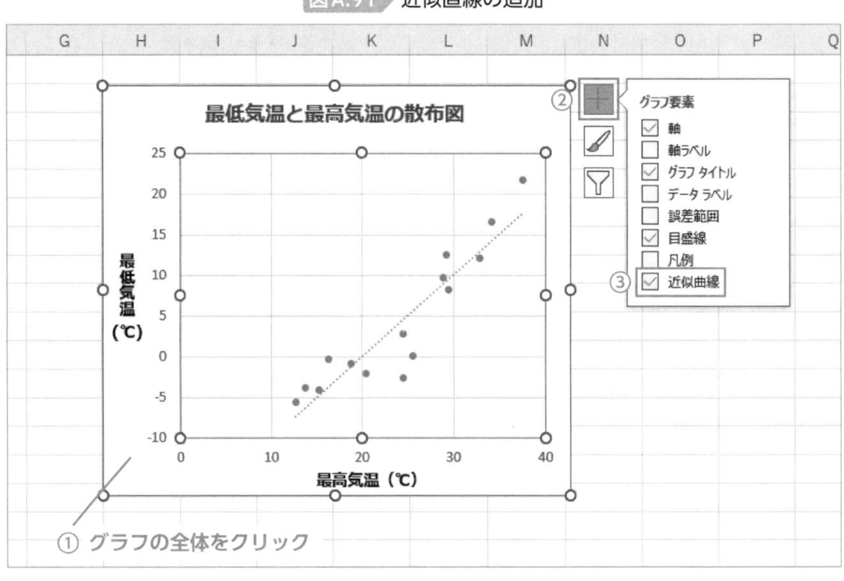

8 グラフ上の近似直線をクリックし、右側の書式設定から、①「近似曲線のオプション」、②「バケツ」アイコン、の順にクリックし、③の設定項目から色や太さなどを設定します（図A.92）。特に、矢印の形状を変更したい場合には③の下方にある「始点矢印の種類」および「終点矢印の種類」から設定することが可能です。

図A.92 近似直線のデザインの変更

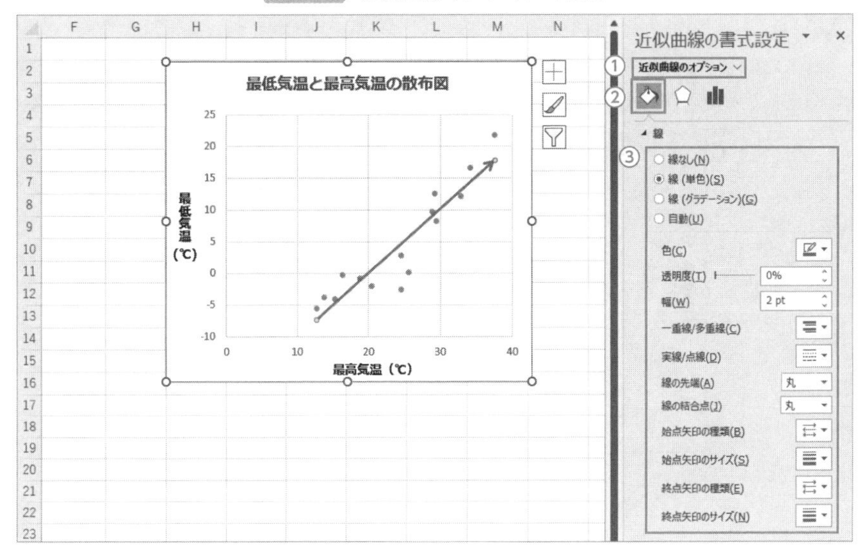

9 近似直線を追加した散布図が完成します（図A.93）。

図A.93 近似直線を追加した散布図

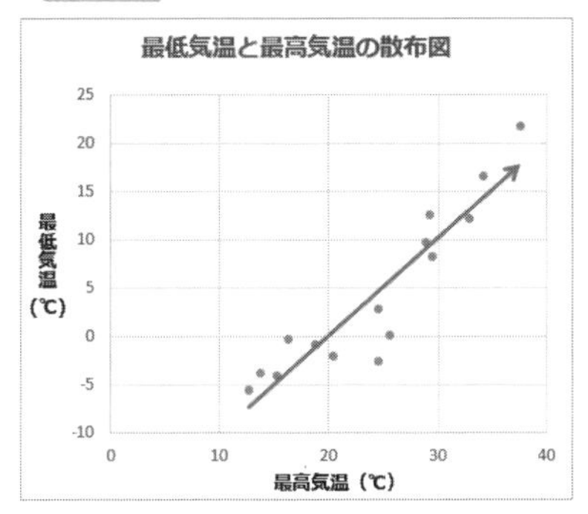

最後に近似直線の傾き、すなわち回帰係数の確認をしましょう。グラフ上の近似直線をクリックし、右側の書式設定メニューから、①「近似曲線のオプション」、②「グラフアイコン」のクリック、③「グラフに数式を表示する」にチェックを入れましょう。チェックを入れると、グラフに「y＝1.00094x－20.188」のように近似直線の数式が表示されます。この式中のxの係数である

「1.00094」の値が回帰係数となります。

図A.94 近似直線を追加した散布図

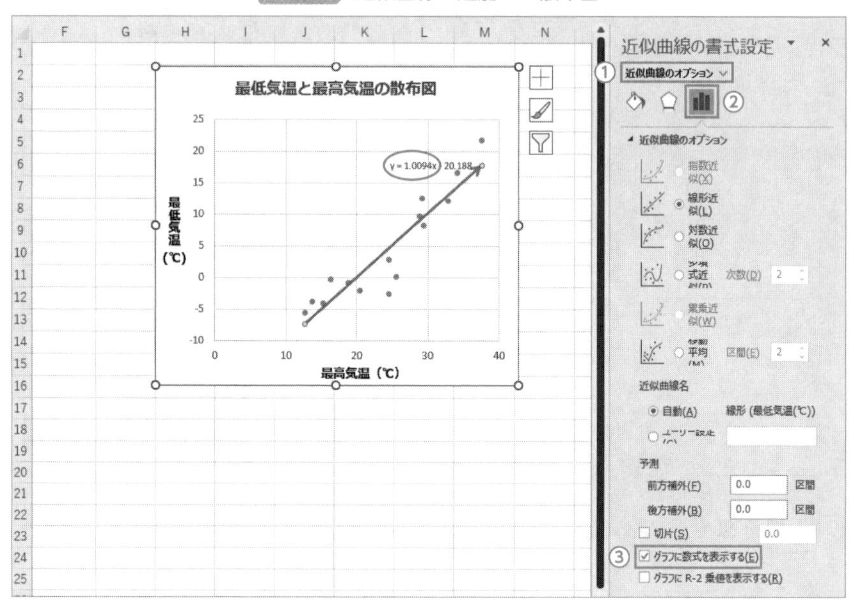

解釈としては、全体的に横軸（最高気温）が1℃上がると、縦軸（最低気温）が1.00094℃上がる傾向にあります、ということになります。ただし、それがどの程度当てはまりが良く、信頼できるかを示す値ではないので注意しましょう。近似直線の当てはまりの良さや信頼性を示す値は、本文でも解説したように相関係数の方になります。

相関係数の算出

前項と同じ最高気温と最低気温のデータを利用し、相関係数を求めていきます。

操作手順

1 「14.xlsx」のExcelファイルを開き、「元データ」シートを開き、F2のセルに「=CORREL(B2:B16, C2:C16)」と入力します（図A.95）。

図A.95 CORREL関数

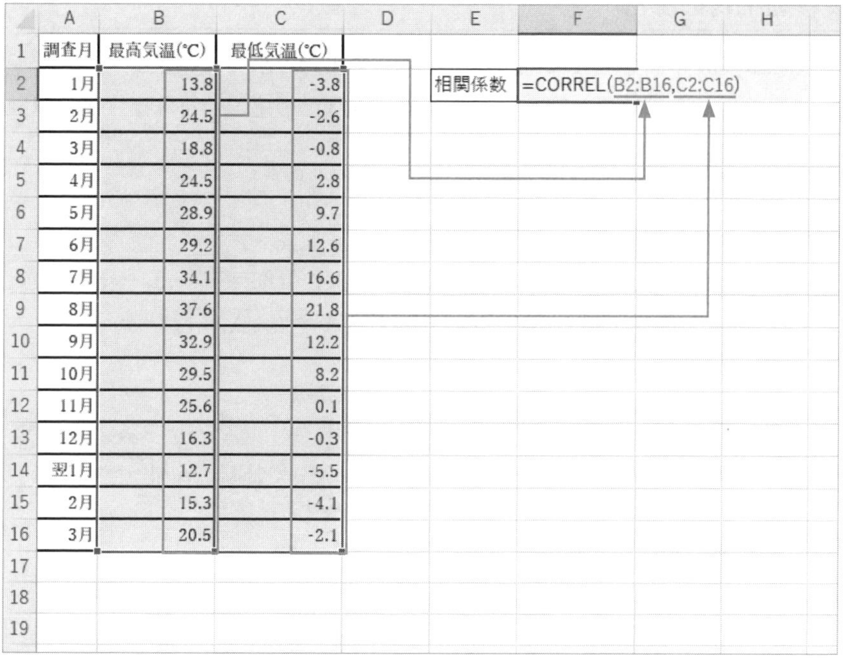

	A	B	C	D	E	F	G	H
1	調査月	最高気温(℃)	最低気温(℃)					
2	1月	13.8	-3.8		相関係数	=CORREL(B2:B16,C2:C16)		
3	2月	24.5	-2.6					
4	3月	18.8	-0.8					
5	4月	24.5	2.8					
6	5月	28.9	9.7					
7	6月	29.2	12.6					
8	7月	34.1	16.6					
9	8月	37.6	21.8					
10	9月	32.9	12.2					
11	10月	29.5	8.2					
12	11月	25.6	0.1					
13	12月	16.3	-0.3					
14	翌1月	12.7	-5.5					
15	2月	15.3	-4.1					
16	3月	20.5	-2.1					
17								
18								
19								

2 「0.9238…」という値が表示されます。実はこの値が相関係数になり、CORREL関数を利用すると非常に簡単に相関係数を求めることができます。

CORREL関数は、相関（CORRELATION）の先頭文字の部分を取った関数名となっています。また、計算のために与える情報は、図A.95にも示したように、2つのデータの範囲となりますが、このときの指定順序は問わず

=CORREL(B2:B16, C2:C16)

と書いても、

=CORREL(C2:C16, B2:B16)

と書いても、同様の値となります。

移動平均の算出

東京都の51年間分の最高気温について移動平均を求めていきます。ここでは各月ごとに最高気温を利用し、後ろ12ヶ月区間の平均値を算出する、単純移動平均を求めます。

操作手順

1 「15.xlsx」のExcelファイルを開き、「東京都の気象データ」シートを開き、「データ」タブから、「データ分析」を選択します（図A.96）。

図A.96 データ分析の選択

2 一覧の中から「移動平均」を選択し、OKボタンをクリックします（図A.97）。

図A.97 移動平均の選択

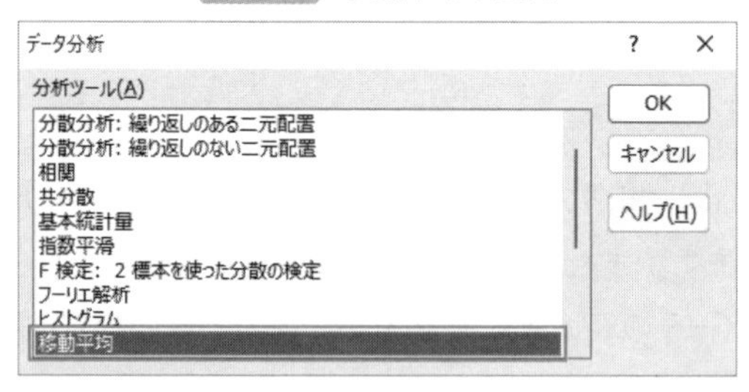

3 各項目の値を設定していきます（図A.98）。まず今回は最高気温について移動平均を求めるので、入力範囲はC1～C613であるので、「C1:C613」を入力します（①）。先頭行のC1は値ではなく見出しですので、②「先頭行をラベルとして使用」にチェックを入れます。③区間については、今回は12点単純移動平均を求めるので、「12」と入力します。最後の出力先ですが、こ

ちらは出力先の先頭セルとなる④「G2」と入力すれば良いです。出力の際にはラベルは付きませんので、値がどのセルから入力されれば良いかを指定します。

図A.98 各項目の値の設定

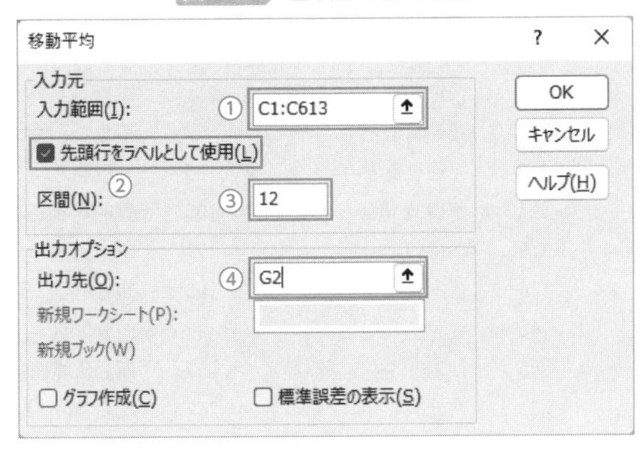

4 「OK」ボタンを押すと、単純移動平均値が計算されます。最初の値は1962年12月に入力されます。それ以前は、移動平均を求めることができないので、値なしを示す「#N/A」という値が入力されます。

図A.99 単純移動平均値の完成

	E	F	G	H
(°C)	平均気温(°C)	降水量の合計(mm)		
	4.5	40.5	#N/A	
	5.9	13.5	#N/A	
	8.2	65.5	#N/A	
	3.2	0.2	26.21667	
	4.8	21.3	25.45	
	7.6	86.7	25.59167	
	13.9	76.1	25.79167	

確認として、613行目を見ておくようにしましょう。データの切れ目と、今回求めた移動平均の値がともに613行目で終わっていれば正しく求められています。必ず、値がずれていないかを確認しておきましょう。

索引

著者略歴

大川内隆朗（おおかわうちたかあき）

1982年東京都生まれ。博士（早稲田大学：国際情報通信学）。
2019年4月より日本大学文理学部勤務。
同大学で講義を担当しながら、主に教育システムの開発や学習データの分析に関する研究に従事する。

●装丁／本文デザイン／DTP　BUCH+
●編集　矢野俊博

解(と)**きながら学**(まな)**ぶ**
統計学(とうけいがく)　**超入門**(ちょうにゅうもん)

2022年10月5日　初版　第1刷発行

著　者　大川内隆朗(おおかわうちたかあき)
発行者　片岡 巌
発行所　株式会社技術評論社
東京都新宿区市谷左内町 21-13
電話　03-3513-6150 販売促進部
03-3513-6160 書籍編集部
印刷／製本　昭和情報プロセス株式会社

ISBN978-4-297-13018-3 C3041　Printed in Japan

◆ お問い合わせについて

・ご質問は本書に記載されている内容に関するもののみに限定させていただきます。本書の内容と関係のないご質問には一切お答えできませんので、あらかじめご了承ください。
・電話でのご質問は一切受け付けておりませんので、FAXまたは書面にて下記問い合わせ先までお送りください。また、ご質問の際には書名と該当ページ、返信先を明記してくださいますようお願いいたします。
・お送りいただいたご質問には、できる限り迅速にお答えできるよう努力いたしておりますが、お答えするまでに時間がかかる場合がございます。また、回答の期日をご指定いただいた場合でも、ご希望にお応えできるとは限りませんので、あらかじめご了承ください。
・ご質問の際に記載された個人情報は、ご質問への回答以外の目的には使用しません。また、回答後は速やかに破棄いたします。

◆ お問い合わせ先

〒162-0846
東京都新宿区市谷左内町21-13
株式会社技術評論社　書籍編集部
「解きながら学ぶ　統計学　超入門」係
FAX:03-3513-6167
技術評論社のウェブページ
https://book.gihyo.jp/116